T0281328

Dortmunder Beiträge zur Entwicklung und Erforschung des Mathematikunterrichts

Band 54

Reihe herausgegeben von

Stephan Hußmann, Fakultät für Mathematik, Technische Universität Dortmund, Dortmund, Deutschland

Marcus Nührenbörger, Fakultät für Mathematik, Technische Universität Dortmund, Dortmund, Deutschland

Susanne Prediger, Fakultät für Mathematik, IEEM, Technische Universität Dortmund, Dortmund, Deutschland

Christoph Selter, Fakultät für Mathematik, IEEM, Technische Universität Dortmund, Dortmund, Deutschland

Eines der zentralen Anliegen der Entwicklung und Erforschung des Mathematikunterrichts stellt die Verbindung von konstruktiven Entwicklungsarbeiten und rekonstruktiven empirischen Analysen der Besonderheiten, Voraussetzungen und Strukturen von Lehr- und Lernprozessen dar. Dieses Wechselspiel findet Ausdruck in der sorgsamen Konzeption von mathematischen Aufgabenformaten und Unterrichtsszenarien und der genauen Analyse dadurch initiierter Lernprozesse.

Die Reihe „Dortmunder Beiträge zur Entwicklung und Erforschung des Mathematikunterrichts" trägt dazu bei, ausgewählte Themen und Charakteristika des Lehrens und Lernens von Mathematik – von der Kita bis zur Hochschule – unter theoretisch vielfältigen Perspektiven besser zu verstehen.

Reihe herausgegeben von
Prof. Dr. Stephan Hußmann
Prof. Dr. Marcus Nührenbörger
Prof. Dr. Susanne Prediger
Prof. Dr. Christoph Selter
Technische Universität Dortmund, Deutschland

Kim Quabeck

Interaktionsqualität im sprachbildenden Mathematikunterricht

Instrumententwicklung und differentielle Analysen

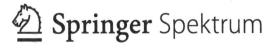 Springer Spektrum

Kim Quabeck
IEEM, Technische Universität Dortmund
Dortmund, Deutschland

ISSN 2512-0506 ISSN 2512-1162 (electronic)
Dortmunder Beiträge zur Entwicklung und Erforschung des Mathematikunterrichts
ISBN 978-3-658-43696-4 ISBN 978-3-658-43697-1 (eBook)
https://doi.org/10.1007/978-3-658-43697-1

Die Deutsche Nationalbibliothek verzeichnet diese Publikation in der Deutschen Nationalbibliografie; detaillierte bibliografische Daten sind im Internet über http://dnb.d-nb.de abrufbar.

Das Projekt „MuM-MESUT 2 – Mathematisches Verständnis entwickeln mit Sprachunterstützung – Empirische Studie zu differentiellen Gelingensbedingungen fach- und sprachintegrierter Förderungen im Angebots-Nutzungs-Modell" wurde von 2018–2021 (kostenneutral verlängert bis 2023) unter der Projektleitung von Prof. Dr. Susanne Prediger und Prof. Dr. Kirstin Erath durchgeführt. Das Projekt wurde von der Deutschen Forschungsgemeinschaft (Förderkennzeichen Prediger: PR662/14-2, Erath: ER880/1-2) gefördert.

Planung/Lektorat: Marija Kojic
Springer Spektrum ist ein Imprint der eingetragenen Gesellschaft Springer Fachmedien Wiesbaden GmbH und ist ein Teil von Springer Nature.
Die Anschrift der Gesellschaft ist: Abraham-Lincoln-Str. 46, 65189 Wiesbaden, Germany

Das Papier dieses Produkts ist recyclebar.

Die Originalversion des Buchs wurde revidiert. Ein Erratum ist verfügbar unter
https://doi.org/10.1007/978-3-658-43697-1_10

Geleitwort

Seit vielen Jahrzehnten untersucht die qualitative interpretative Unterrichtsforschung Interaktionen im Mathematikunterricht und hat dabei zunehmend auch Qualitätskriterien herausgestellt. Auch sprachbildender Mathematikunterricht lässt sich nicht allein durch sorgfältig designte Aufgaben herstellen, denn die fachlichen und sprachlichen Lerngelegenheiten ergeben sich vor allem auch in der Interaktion zwischen Lehrkräften und Lernenden. Diese hohe Relevanz und Varianz der Interaktionsqualität ist in qualitativen Fallstudien vielfach belegt.

Auch in quantitativen Studien der Unterrichtsqualitätsforschung findet Interaktionsqualität zunehmend Berücksichtigung, allerdings wird sie in sehr unterschiedlicher Tiefe und mit sehr heterogenen Konzeptualisierungen und Operationalisierungen erfasst. Dieser Forschungslücke widmet sich diese Dissertation, indem sie ein hochauflösendes Analyseinstrument für die Qualitäten der Aktivierung und Partizipation in moderierten Kleingruppen-Interaktionen mit entwickelt und untersucht.

Die Dissertation ist im Kontext des DFG-Projekts MuM-MESUT (Leitung S. Prediger & K. Erath, PR662/14-2 und ER880/1-2) entstanden, in dem sprach- und fachintegrierte Förderungen unterschiedlicher Versionen in einer groß angelegten Interventionsstudie mit über 90 Kleingruppen untersucht wurden. Die videographierten Lehr-Lernprozesse aus 49 dieser Kleingruppen wurden in MuM-MESUT II aufwändig bzgl. der Interaktionsqualität analysiert. Es ist der Beitrag der vorliegenden Dissertation zu dem DFG-Projekt, die vorgeschlagenen Konzeptualisierungen von Interaktionsqualität auf verschiedene Weisen zu operationalisieren, diese Operationalisierungen durch einen substantiellen Forschungsüberblick theoretisch zu fundieren und empirisch auf ihre Übereinstimmungen und Unterschiede zu untersuchen. Zudem wird die Ausprägung von Interaktionsqualität in Abhängigkeit von den Hintergründen der Lernenden differenziell untersucht.

Im Theorieteil der Arbeit (Kapitel 1–5) wird zunächst der Forschungsstand zum sprachbildenden Mathematikunterricht vorgestellt, auf den diese Arbeit aufbaut. Herausgearbeitet werden insbesondere drei Designprinzipien, von denen später die diskursive, konzeptuelle und lexikalische Qualitätsdimensionen in den Konzeptualisierungen des Projekts abgeleitet werden. Der Forschungsüberblick zur Unterrichtsqualitätsforschung zeigt auf, dass zwar die Interaktionsqualität (neben z. B. Aufgabenqualitäten) immer schon mit betrachtet wird, allerdings in sehr heterogenen Konzeptualisierungen und Operationalisierungen, deren Entscheidungen bislang nur teilweise explizit gemacht werden. Einen zentralen innovativen Beitrag zur Theoriebildung leistet der Forschungsüberblick zu den existierenden Operationalisierungen, für den die wichtige Unterscheidung in aufgabenbasierte, impulsbasierte und praktikenbasierte Operationalisierungen kohärent herausgearbeitet wurde. Daraus leiten sich die zentralen Fragestellungen ab, inwiefern sich die unterschiedlichen denkbaren Konzeptualisierungen und Operationalisierungen tatsächlich empirisch überlappen oder unterscheiden.

Im Methodenteil der Arbeit (Kapitel 6) werden die eingesetzten Methoden der Videoerhebung während der Interventionsstudie in 49 Kleingruppen und die Methoden der Video-Kodierung (mit acht konzeptualisierten Qualitätsdimensionen und 17 operationalisierten Qualitätsmerkmalen) ebenso dargestellt wie die Methoden der statistischen Datenauswertung.

Der Empirieteil besteht aus zwei Kapiteln: In Kapitel 7 werden die methodologisch relevanten Fragen zum Analyseinstrument der 17 Qualitätsmerkmale bearbeitet. Spannend sind die Befunde zur Prävalenz und Korrelationen der Qualitätsmerkmale, die zeigen, dass die Prävalenzen je nach Konzeptualisierung und Operationalisierung sehr unterschiedlich sind und verdeutlich so, wie viel methodologische Sorgfalt für die Auswahl der Operationalisierungen notwendig ist. Dieses Kapitel wird hoffentlich von vielen Forschenden in der Unterrichtsqualitätsforschung zur Kenntnis genommen, um die methodologischen Entscheidungen in Zukunft tiefgehender zu kommunizieren und zu begründen.

In Kapitel 8 werden differentielle Analysen vorgenommen, die die Qualitätsmerkmale in Relation setzen zu den Hintergründen der Kinder. Diese Auswertung differenziert bestehende Befunde zu Kompositionseffekten bzgl. Unterrichtsqualität erheblich weiter aus: Aufgezeigt wird, dass trotz gleicher Aufgaben, Methoden, Materialien und gemeinsamer Vorbereitung aller Lehrkräfte die Interaktionsqualität im Risiko-Kontext (mit mathematisch schwachen Lernenden nicht-gymnasialer Schulformen und heterogener sozialer und sprachlicher Hintergründe) deutlich niedriger ausfällt als im Schulerfolgskontext (mit bildungserfolgreichen Lernenden an Gymnasien mit ebenfalls heterogenen sozialen und sprachlichen Hintergründen). Diese Differenzen bleiben auch nach Kontrolle der individuellen Hintergründe der Kinder signifikant. Die Analysen zeigen auf der Mikroebene die in Leistungsstudien identifizierten differentiellen Lernmilieus und geben damit der Trennung in Angebots- und Nutzungsmerkmale deutliches Gewicht.

Insgesamt liegt damit eine Dissertation vor, die den Forschungsstand zu sprachbildendem Mathematikunterricht und zur Unterrichtsqualitätsforschung in sehr innovativer Weise systematisiert und zu ihm methodologisch relevante Ergebnisse zur hohen Relevanz der Operationalisierungen als auch theoriegenerierende Ergebnisse zu differentiellen Lernmilieus auf der Mikroebene beiträgt. Es entsteht dadurch insgesamt ein höchst interessantes und tiefgehendes Bild von der großen Varianz an Interaktionsqualitäten in der Umsetzung sprachbildender Unterrichtskonzepte, die die Forschungsgruppe als Ganze substantiell voranbringen.

Ich wünsche der Arbeit daher viele Lesende!

Susanne Prediger

Prof. Dr. Susanne Prediger

Inhaltsverzeichnis

Einleitung 1

Der Unterrichtsqualität im Mathematikunterricht kommt eine Schlüsselfunktion für die umgesetzten Lerngelegenheiten von Lernenden zu (Bostic, Lesseig, Sherman & Boston, 2021; Brophy, 2000; Hiebert et al., 2003; Lipowsky et al., 2009). Aufgrund der großen Relevanz forschen international zahlreiche Forschungsgruppen zum Konstrukt der Unterrichtsqualität, naturgemäß mit unterschiedlichen Schwerpunkten und Fokussierungen (Cai et al., 2020; Charalambous & Praetorius, 2018; Praetorius & Charalambous, 2018). Aus diesem Grund wird in letzter Zeit wiederholt ein stärkerer Austausch über Ansätze zur validen Erfassung und Bewertung des Unterrichts hinsichtlich seiner Qualität gefordert, um mittelfristig auch die empirischen Ergebnisse mehrerer Studien besser miteinander vergleichen zu können (Mu, Bayrak & Ufer, 2022; Praetorius & Charalambous, 2018).

Im Zentrum dieser Dissertation steht der *verstehensorientierte, sprachbildende Mathematikunterricht*. Dieser wurde ursprünglich für die Zielgruppe der sprachlich schwachen, mehrsprachigen Lernenden entwickelt (z. B. Gibbons, 2002; Moschkovich, 1999). Inzwischen hat sich gezeigt, dass ein verstehensorientierter, sprachbildender Mathematikunterricht bei entsprechender Gestaltung auch für alle anderen Lernenden wirksam sein kann (Neugebauer & Prediger, 2023; Prediger, Erath, Weinert & Quabeck, 2022). Zentral in der Gestaltung ist die Berücksichtigung der kognitiven Funktion von Sprache: Das heißt, dass Sprache als ein unverzichtbares Denkwerkzeug verstanden wird, um Verständnis für mathematische Konzepte, Zusammenhänge und Rechenverfahren aufzubauen (Prediger, 2022). Es ist jedoch nicht davon auszugehen, dass alle Lernenden im deutschen Bildungssystem die für den Aufbau von Verständnis notwendigen sprachlichen Lernvoraussetzungen mitbringen, vielmehr müssen einige Lernende diese erst erwerben (Prediger, 2020, 2022; Schilcher, Röhrl & Krauss, 2017). Aus diesem Grund ist es notwendig, Sprache gezielt im Rahmen eines verstehensorientierten,

K. Quabeck, *Interaktionsqualität im sprachbildenden Mathematikunterricht*, Dortmunder Beiträge zur Entwicklung und Erforschung des Mathematikunterrichts 54, https://doi.org/10.1007/978-3-658-43697-1_1

sprachbildenden Mathematikunterrichts zu unterstützen, um allen Lernenden den bestmöglichen Zugang zu mathematischen Lerngelegenheiten zu ermöglichen.

Für die Umsetzung eines solchen verstehensorientierten, sprachbildenden Mathematikunterrichts gilt neben qualitativ hochwertigem Unterrichtsmaterial auch die *Interaktionsqualität* als eine zentrale Gelingensbedingung (Erath, Ingram, Moschkovich & Prediger, 2021). Als Interaktion wird in dieser Arbeit der interaktive Austausch zwischen Lehrkraft, Lernenden und dem mathematischen Gegenstand verstanden mit dem Ziel, durch Aushandlung von Ideen Bedeutung zu mathematischen Konzepten, Zusammenhängen, Verfahren oder Strategien zu erzeugen (Bauersfeld, 1988; Walshaw & Anthony, 2008). Mathematiklernen umfasst die Beteiligung an spezifischen sozialen Praktiken der jeweiligen Gruppe durch Kommunikation (Krummheuer, 2011). Interaktionsqualität ist somit ein entscheidender Teilbereich von Unterrichtsqualität, die eng mit dem mathematisch und diskursiv reichhaltigen Austausch zusammenhängt. Andere Dimensionen von Unterrichtsqualität, wie Aufgabenqualität oder Klassenführung (Klieme, 2006) werden in dieser Dissertation hingegen nicht fokussiert.

Um sich an mathematisch und diskursiv reichhaltigen Interaktionen beteiligen zu können, sind bestimme Lernvoraussetzungen, wie zum Beispiel eine hohe Sprachkompetenz in der Bildungssprache, vorteilhaft, über die allerdings nicht alle Lernenden gleichermaßen verfügen (Prediger, 2020; Schilcher et al., 2017). Auch das Lernmilieu, also beispielsweise der Standort der Schule in einem sozial herausfordernden Einzugsgebiet, kann ungünstigere Bedingungen für die Erzeugung reichhaltiger Interaktionen mit sich bringen (Becker, Lüdtke, Trautwein & Baumert, 2006). Wenig bekannt ist jedoch, welche Rolle unterschiedliche Lernvoraussetzungen und Lernmilieus für die Umsetzung von Interaktionsqualität im sprachbildenden Mathematikunterricht spielen (Erath et al., 2021).

Diese Dissertation ist innerhalb des größeren DFG-Projekts MuM-MESUT2 (im Folgenden: MESUT2, Förderkennzeichen PR662/14-2 und ER880/3-3 Projektleitung S. Prediger / K. Erath) angesiedelt. In MESUT2 wurde eine Interventionsstudie zu Wirkungsweisen und Gelingensbedingungen von sprachbildenden Förderansätzen für Lernende mit unterschiedlichen fachlichen und sprachlichen Lernvoraussetzungen durchgeführt. Unterrichtet wurde in allen Kleingruppen mit Material zum konzeptuellen Verständnis von Brüchen (Prediger & Wessel, 2013), welches gemäß der Prinzipien für den sprachbildenden Mathematikunterricht gestaltet wurde. Die Förderungen wurden in Kleingruppen zu je vier bis sechs Lernenden und einer Förderlehrkraft durchgeführt. Durch die ähnlichen Aufgabenanforderungen in den Unterrichtsmaterialien konnten bereits Unterschiede in der Aufgabenqualität, welche in anderen Studien einen relevanten Aspekt darstellten (z. B. PYTHAGORAS, Lipowsky et al., 2009), verringert werden.

Die Lernenden, die an der Intervention teilnahmen, entstammten einerseits dem Risiko-Kontext, der in dieser Studie Lernende mit nicht hinreichendem konzeptuellem Wissen zu Brüchen aus nicht-gymnasialen Schulformen der Sekundarstufe I umfasst (Prediger & Wessel, 2018). Weiterhin entstammen die Lernenden dem Schulerfolgs-Kontext, also von Gymnasien. Die beiden Stichproben aus den zwei Schulkontexten wurden jeweils so gezogen, dass sie heterogene sprachliche Lernvoraussetzungen (bzgl. Mehrsprachigkeit und Sprachkompetenz im Deutschen) widerspiegeln, die gezielt kontrastiert werden können.

Im Projekt MESUT2 wurden verschiedene Forschungsfragen zu Leistungszuwächsen und Lernprozessen der Lernenden bearbeitet (u.a. Prediger, Erath, Quabeck & Stahnke, accepted; Prediger, Erath et al., 2022). Diese Dissertation trägt innerhalb des übergreifenden Projekts dazu bei, die Unterrichtsqualitätsforschung bezüglich des Teilbereichs Interaktionsqualität zu fundieren und diesen bislang eher holistisch innerhalb von Unterrichtsqualitätsforschung fokussierten Teilbereich im Detail zu untersuchen.

Dazu werden in dieser Dissertation die Videodaten sowie einige Daten zu Lernvoraussetzungen und Lernmilieus verwendet, um die Interaktionsqualität in dem gezielt gestalteten verstehensorientierten, sprachbildenden Mathematikunterricht genauer zu erforschen und dabei auch die Erfassungsinstrumente selbst zum Forschungsgegenstand zu machen.

Das erste, methodisch-systematisierende Erkenntnisinteresse in dieser Dissertation liegt auf der *Konzeptualisierung* und *Operationalisierung von Interaktionsqualität im sprachbildenden Mathematikunterricht* und wird im Rahmen von Forschungsfrage 1 adressiert:

Forschungsfrage 1: Welche Zusammenhänge zeigen sich zwischen verschiedenen Konzeptualisierungen von Interaktionsqualität mit ihren unterschiedlichen Operationalisierungen?

Zur Beantwortung der Forschungsfrage 1 bieten die existierenden theoretischen Beiträge und Erfassungsinstrumente (u.a. Bostic et al., 2021; Praetorius & Charalambous, 2018) Ansätze zur Konzeptualisierung und Operationalisierung von Interaktionsqualität. Jedoch weist die große Vielzahl an Erfassungsinstrumenten mit unterschiedlichen Schwerpunkten eine große Heterogenität bezüglich der Konzeptualisierung und Operationalisierung der zu untersuchenden Konstrukte auf (Bostic et al., 2021). Insbesondere der Fokus auf die individuelle Partizipation von Lernenden ist in quantitativen Untersuchungen oft unterrepräsentiert (Decristan et al., 2020; Erath et al., 2021; Ing & Webb, 2012). Zudem kritisieren Pauli und Reusser (2015) sowie Ing und Webb (2012), dass vor allem für die

Erfassung der Gespräche oft eine zu große Simplifizierung der Erfassung vorgenommen wird, die die Validität in Bezug auf die zu erfassenden Konstrukte bedrohen könnte. Dieser Herausforderung wird in dieser Arbeit folgendermaßen begegnet: Mögliche methodologische Entscheidungen in der Konzeptualisierung und Operationalisierung von Interaktionsqualität werden zunächst systematisiert, dann bewusst verschiedene Konzeptualisierungen und Operationalisierungen von Interaktionsqualität in den Videodaten codiert und anhand der empirischen Ergebnisse miteinander in Beziehung gesetzt. So können Auswirkungen möglicher Simplifizierungen der Codierung untersucht werden und somit methodologischen Entscheidungen in Zukunft empirisch substantiiert werden.

Das zweite, hypothesenprüfende Erkenntnisinteresse in dieser Dissertation liegt auf der *Rolle der Lernmilieus und Lernvoraussetzungen* für die Interaktionsqualität. In vielen Leistungsstudien (z. B. Baumert & Schümer, 2002; Köller & Baumert, 2002) wurde der generelle Einfluss von Lernmilieus auf mathematische Leistungsentwicklung nachgewiesen:

> „(…) junge Menschen [erhalten] *unabhängig von und zusätzlich zu* ihren unterschiedlichen persönlichen, intellektuellen, kulturellen, sozialen und ökonomischen Ressourcen je nach besuchter Schulform differenzielle Entwicklungschancen (…), die schulmilieubedingt sind" (Baumert, Stanat & Watermann, 2006, 98 f.)

In der Literatur werden für die abweichende Leistungsentwicklung in unterschiedlichen Lernmilieus *Voraussetzungs-Effekte, Kompositions-Effekte* und *institutionelle Effekte* als Ansätze zur Erklärung herausgearbeitet (Baumert et al., 2006; Neumann et al., 2007; Schiepe-Tiska, 2019). In der hier vorliegenden Studie werden die institutionellen Effekte minimiert, indem die Merkmale der Lehrkräfte (z. B. Professionalität), die Lernziele der Intervention und die Aufgabenqualität konstant gehalten werden. Voraussetzungs- und Kompositions-Effekte, die sich aus familiären und individuellen Lernvoraussetzungen ergeben, können dann gezielt miteinander in Kontrast gesetzt werden.

Während für die Leistungsentwicklung in Mathematik der generelle Einfluss von Lernmilieus und Lernvoraussetzungen bereits von mehreren Forschern quantitativ nachgewiesen wurde (z. B. Baumert et al., 2006), liegt für die Umsetzung von unterrichtlichen Prozessen eine überwiegend qualitative Forschungsbasis vor. Qualitative Studien haben immer wieder die höhere Interaktionsqualität in günstigeren Lernmilieus gezeigt (Boaler, 2002; Erath et al., 2018). Allerdings ist die Vergleichbarkeit dieser Fallstudien aufgrund der heterogenen Bedingungen innerhalb der Fallstudien zu hinterfragen. Zudem steht eine systematische Analyse hinsichtlich verschiedener Formen von Reichhaltigkeit der Interaktion noch aus (Erath & Prediger, 2021). In der vorliegenden Dissertation wird die Interaktionsqualität in Schulerfolgs- und Risiko-Kontext unter Konstanthaltung der Lehrpersonen, Aufgaben und Rahmenbedingungen verglichen:

Forschungsfrage 2: Zeigt sich im Schulerfolgs-Kontext eine höhere Interaktionsqualität als im Risiko-Kontext, auch wenn Aufgabenqualität und Rahmenbedingungen konstant gehalten werden?

Es ist anzunehmen, dass auch in der in dieser Arbeit untersuchten Stichprobe Lernende aus dem Schulerfolgs-Kontext mit einer höheren Interaktionsqualität lernen als Lernende aus dem Risiko-Kontext. Dann wäre in der Tat auch von zwei Lernmilieus auf Mikro-Ebene der Förderungen zu sprechen. Da aufgrund der Stichprobenziehung ebenfalls anzunehmen ist, dass sich Schülerinnen und Schüler aus Risiko- und Schulerfolgs-Kontext bezüglich ihrer Lernvoraussetzungen unterscheiden, könnte die unterschiedliche Interaktionsqualität auch auf Lernvoraussetzungen zurückführen sein. Dann würden Voraussetzungs- und Kompositions-Effekte, die auf Lernmilieus sowie familiäre und individuelle Lernvoraussetzungen zurückgeführt werden können, die unterschiedliche Interaktionsqualität erklären. Daher wird Forschungsfrage 3 gestellt:

Forschungsfrage 3: Hängt die Interaktionsqualität mit dem Lernmilieu zusammen, wenn die Lernvoraussetzungen der Lernenden kontrolliert werden?

Aufbau dieser Arbeit
Die Dissertation ist klassisch strukturiert in die Teilabschnitte Einleitung, Theorieteil (Kapitel 2–5), Forschungsmethoden (Kapitel 6), empirische Ergebnisse (Kapitel 7–8) sowie einer abschließenden Diskussion (Kapitel 9).

• Im *Theorieteil* (Kapitel 2–5) werden in Kapitel 2 zuerst der Forschungsstand zur Rolle der Sprache beim Lehren und Lernen von Mathematik und die Prinzipien für die Konzeption und Ausgestaltung des verstehensorientierten, sprachbildenden Mathematikunterrichts dargelegt. Die Zielgruppe und die spezifischen Lernmilieus des sprachbildenden Mathematikunterrichts sowie die Interaktion als entscheidender Gestaltungsbereich des sprachbildenden Mathematikunterrichts werden erläutert. Kapitel 3 stellt den Forschungsstand zur Konzeptualisierung von Interaktionsqualität dar, in dem häufig verwendete Qualitätsbereiche und Fokusse zur Konzeptualisierung von Interaktionsqualität dokumentiert sind. In Kapitel 4 werden Operationalisierungen von Interaktionsqualität identifiziert und systematisiert. Vor dem theoretischen Hintergrund und den empirischen Ergebnissen der Kapitel 2 bis 4 werden in Kapitel 5 das Erkenntnisinteresse dieser Arbeit herausgearbeitet und die in dieser Dissertation verfolgten Forschungsfragen und Forschungshypothesen abgeleitet.

- Im *Methodenteil* (Kapitel 6) wird zunächst der Forschungskontext des Dissertationsprojekts im übergreifenden DFG-Projekt MESUT2 erläutert. Der Forschungsrahmen der Videostudie für Interaktionsqualität sowie die Methoden der Datenerhebung werden vorgestellt. Schließlich werden im Methodenteil die Methoden der Datenauswertung erläutert, innerhalb derer der Analyserahmen – als Erfassungsinstrument für Interaktionsqualität – das strukturierende Mittel darstellt.

- Im *Empirieteil* (Kapitel 7–8) wird zunächst in Kapitel 7 die Interaktionsqualität anhand qualitativer Einblicke in die Förderung der Kleingruppen dargestellt. Anschließend werden Zusammenhänge zwischen verschiedenen Konzeptualisierungen (Forschungsfrage 1.1) und Operationalisierungen (Forschungsfrage 1.2) von Interaktionsqualität anhand von Korrelations- und Regressionsmodelle herausgearbeitet. Weiterhin wird in Kapitel 8 die Rolle von Lernmilieus und Lernvoraussetzungen für die Interaktionsqualität durch Hypothesentests (Hypothesen 2.1, 2.2) und durch Regressionsmodelle (Hypothesen 3.1, 3.2) untersucht. Durch qualitative Einblicke werden bestehende Unterschiede der Interaktionsqualität im Risiko- und Schulerfolgs-Kontext vertieft.

- In der *Zusammenfassung und Diskussion* (Kapitel 9) werden schlussendlich die Ergebnisse aus dem Empirieteil (Kapitel 7–8) vor dem Hintergrund des aktuellen Forschungsstands interpretiert und diskutiert. Die Grenzen der Untersuchung innerhalb dieser Arbeit werden aufgezeigt. Zuletzt werden Konsequenzen und ein Fazit der Arbeit gezogen.

Insgesamt wird also in dieser Dissertation methodisch-systematisierend und hypothesenprüfend zur Interaktionsqualität im sprachbildenden Mathematikunterricht gearbeitet, um:

- Ein Erfassungsinstrument für Interaktionsqualität zu entwickeln und somit die Limitation auf hauptsächlich qualitative Forschungsmethoden zu überwinden. Mit dem Erfassungsinstrument soll zudem bestimmt werden, wie bestimmte Konzeptualisierungen und Operationalisierungen von Interaktionsqualität zusammenhängen; und

• die Rolle der Lernmilieus und Lernvoraussetzungen zur Interaktionsqualität im sprachbildenden Mathematikunterricht besser zu verstehen, also inwiefern sich Kompositions-Effekte, Voraussetzungs-Effekte und institutionelle Effekte auch auf Mikro-Ebene der Förderungen als relevant erweisen.

In den meisten Ländern besteht eine große Heterogenität zwischen den Schülerinnen und Schülern in den jeweiligen Bildungssystemen, wie internationale (z. B. Flores, 2007) und nationale Studien (z. B. IQB-Bildungstrends für die Klassenstufen 9 und 4, Stanat, Schipolowski, Mahler, Weider & Henschel, 2019; Stanat et al., 2022) belegen. Diese Heterogenität bezieht sich auf verschiedene Aspekte wie familiäre und individuelle Lernvoraussetzungen oder Lernmilieus, aus denen die Schülerinnen und Schüler stammen. Für das Mathematiklernen hat sich neben dem jeweiligen mathematischen Vorwissen insbesondere die Sprachkompetenz in der Bildungssprache als Prädiktor erwiesen (Prediger, Wilhelm, Büchter, Gürsoy & Benholz, 2015; Ufer & Bochnik, 2020). Sprache ist also elementar wichtig, um beispielsweise mathematische Konzepte und Zusammenhänge zu erklären oder Rechenverfahren zu erläutern. Gleichzeitig haben die Lernenden sehr unterschiedliche (bildungs-)sprachliche Kompetenzen (Heller & Morek, 2015; Prediger, 2022). Um im Sinne von mehr Bildungsgerechtigkeit allen Lernenden den Zugang zum Mathematiklernen zu ermöglichen, liegt es daher in der Verantwortung der Lehrkräfte, Sprache als Denkwerkzeug für das mathematische Verständnis zu fördern. Eine wesentliche Möglichkeit für die Unterstützung von Mathematiklernen ist die Interaktion im Unterricht, in der die Bedeutung von beispielsweise mathematischen Konzepten, Zusammenhängen oder Verfahren gemeinsam ausgehandelt wird (Bauersfeld, 1988). Daher wird in der vorliegenden Dissertation die Sprache in der unterrichtlichen Interaktion fokussiert.

In den folgenden Abschnitten wird der Forschungsstand zur Rolle der Sprache für das Mathematiklernen dargestellt (Abschnitt 2.1) und es werden Begründungen und Wirksamkeitsnachweise für die Prinzipien eines verstehensorientierten, sprachbildenden Mathematikunterrichts zusammengestellt (Abschnitt 2.2). Anschließend werden heterogene Lernvoraussetzungen und Lernmilieus sowie

K. Quabeck, *Interaktionsqualität im sprachbildenden Mathematikunterricht*, Dortmunder Beiträge zur Entwicklung und Erforschung des Mathematikunterrichts 54, https://doi.org/10.1007/978-3-658-43697-1_2

ihr Einfluss auf das Mathematiklernen dargestellt (Abschnitt 2.3). Kapitel 2
wird geschlossen mit der Betrachtung von Interaktion als entscheidender Gestaltungsbereich eines verstehensorientierten, sprachbildenden Mathematikunterrichts
(Abschnitt 2.4).

2.1 Forschungsstand zur Rolle der Sprache beim Mathematiklernen

Sprache spielt im Mathematikunterricht und in mathematikdidaktischer Perspektive auf den Mathematikunterricht seit jeher eine wichtige Rolle (Erath et al.,
2021; M. Lampert & Cobb, 2003; Maier & Schweiger, 1999; Pimm, 1987).
Das Lernen und Lehren von Mathematik erfolgen durch schriftliche und mündliche Kommunikation, wie zum Beispiel das Schreiben von Begründungen oder
die Teilnahme an Unterrichtsgesprächen. In den folgenden beiden Abschnitten
wird daher die genaue Funktion von Sprache für das Lernen und Lehren von
Mathematik spezifiziert. Dazu wird zunächst ein Überblick über sprachbedingte
Leistungsdisparitäten beim Mathematiklernen gegeben (Abschnitt 2.1.1) und darauf aufbauend die Funktion der Sprache für das Mathematiklernen dargestellt
(Abschnitt 2.1.2).

2.1.1 Sprachbedingte Leistungsdisparitäten als Ausgangspunkt der Forschung und Entwicklung

Nationale und internationale Studien (z. B. Baumert & Schümer, 2002; Flores, 2007) haben wiederholt gezeigt, dass bestimme Zielgruppen von Lernenden
geringere Mathematikleistungen und mathematische Leistungszuwächse im Ver-
lauf der Schulzeit erzielen. Die Ursachen für diese *achievement gaps* (im Folgenden: Leistungsdisparitäten) wurde von Forschenden in den Lernmilieus sowie in
den familiären und individuellen Lernvoraussetzungen vermutet (Abschnitt 2.3).
Von den Lernvoraussetzungen, die sich beispielsweise in TIMSS 2011 wiederholt als prädiktiv für das Mathematiklernen erwiesen haben (Wendt, Bos,
Selter & Köller, 2012), hat sich neben dem mathematischen Vorwissen insbesondere die individuelle *Sprachkompetenz* als signifikanter Prädiktor für die
Mathematikleistung (Prediger et al., 2015; Secada, 1992) und für mathematische Leistungszuwächse (Paetsch, Radmann, Felbrich, Lehmann & Stanat, 2016;
Ufer & Bochnik, 2020) erwiesen. Dabei belegen unter anderem die empirischen Studien von Prediger et al. (2015) sowie Bochnik und Ufer (2016), dass

die Sprachkompetenz einen stärkeren Einfluss auf die Mathematikleistung hat als beispielsweise die reine Lesekompetenz, der Migrationshintergrund oder der sozioökonomische Status der Lernenden. Dies kann und wird somit auch als *sprachbedingte Leistungsdisparitäten* bezeichnet. Die identifizierten, sprachbedingten Leistungsdisparitäten bildeten den Ausgangspunkt für die Dortmunder *Mathematik und Mehrsprachigkeit-Forschungsgruppe* einen Ausgangspunkt für Forschung und Entwicklung zur Rolle der Sprache beim Mathematiklernen (Prediger, 2020).

Um die Rolle der Sprache für das Mathematiklernen besser zu verstehen, wird im Folgenden erläutert, welche wichtige Rolle die Sprache für das Mathematiklernen hat.

2.1.2 Sprache als Lernmedium, ungleichverteilte Lernvoraussetzung und Lerngegenstand

Sprache als Lernmedium
Mündliche oder schriftliche Sprache dient als wesentliches Lernmedium im Mathematikunterricht, da alle Unterrichtsgespräche und Unterrichtsmaterialen zum Mathematiklernen auf Sprache basieren und Sprache für das Denken über Mathematik benötigt wird (Meyer & Tiedemann, 2017; Prediger, 2020).

Sprache hat eine *kommunikative Funktion* inne: Sie dient dem interaktiven Austausch, der Informationsweitergabe und der Verständigung im Unterricht (Maier & Schweiger, 1999; Morek & Heller, 2012; Prediger, 2020). Die Vermittlung mathematischer Inhalte erfolgt durch Lehrkräfte, durch wechselseitigen Austausch der Lehrkräfte mit den Lernenden oder der Lernenden untereinander. Auch die Rezeption von (Text-)Aufgaben oder die Produktion eigener Texte zählen dazu.

Sprache hat darüber hinaus eine *kognitive Funktion*, denn unter anderem nutzen Schülerinnen und Schüler Sprache, um sich mathematische Inhalte zu erschließen (z. B. Schleppegrell, 2007). Für die Prozesse der Wissenskonstruktion ist die kognitive Funktion von Sprache bedeutsam: Sprache dient als Medium, als Werkzeug des Denkens für den mathematische Erkenntnisgewinn (Maier & Schweiger, 1999; Pimm, 1987; Prediger, 2020; Schleppegrell, 2004). Gerade im Fach Mathematik, in dem die Lerngegenstände häufig abstrakte Phänomene oder Beziehungen darstellen, hat die Sprache als Werkzeug der Gedankenverarbeitung eine hohe Relevanz für das Verstehen (Prediger, 2020).

Sprache kommt im Fachunterricht in verschiedenen Sprachebenen vor: in Alltags-, Bildungs- und Fachsprache. Allgemein wird Bildungssprache am häufigsten in Bildungskontexten gebraucht, um Wissen zu vermitteln und zu erwerben (Haag, Heppt, Stanat, Kuhl & Pant, 2013). Auch im Mathematikunterricht werden für das Denken und Verbalisieren komplexerer mathematischer Inhalte und verdichteter Relationen insbesondere bildungs- und fachsprachliche Diskurspraktiken und Ausdrücke benötigt und im Unterricht verwendet. Diese Ausdrücke können dann selbst zu neuen Denkobjekten werden, wohingegen alltagssprachliche Ausdrücke aufgrund ihrer oft nicht hinreichend expliziten und ggf. unpräzisen Natur nicht ausreichen (Prediger, 2020). Fachsprache enthält auf der kleinsten bedeutungstragenden Einheit domänenspezifische Fachwörter und Symbole mit spezifischer Bedeutung, abstrakte (Passiv-)Formulierungen, die im alltagssprachlichen Gebrauch unüblich sind, und zeichnet sich durch Prägnanz und Eindeutigkeit aus (Maier & Schweiger, 1999; Schilcher et al., 2017). Im Gegensatz dazu ist die Alltagssprache der Lernenden häufig kontextgebunden, enthält Handlungssequenzen sowie kürzere, unvollständige Sätze (Maier & Schweiger, 1999). Bildungssprache wird als Mittler zwischen Fach- und Alltagssprache verstanden (Prediger, 2022; Snow & Uccelli, 2009). Sie zeichnet sich im Vergleich zur Alltagssprache durch Kontextreduktion und eine stärkere konzeptuelle Verschriftlichung aus. Mit und durch Bildungssprache wird im Mathematikunterricht Bedeutung konstruiert, insbesondere durch struktur- und bedeutungsbezogene Sätze oder Phrasen (Prediger, 2022).

Diskurspraktiken als Lernmedium sind für ein verstehensorientiertes Mathematiklernen und -lehren von besonderer Relevanz (Erath et al., 2021; Prediger, 2020). Die Konzeption reichhaltiger Diskurspraktiken wird in dieser Arbeit Erath, Prediger, Quasthoff und Heller (2018) folgend aus der theoretischen Perspektive der *Interaktionalen Diskursanalyse* (Quasthoff, Heller & Morek, 2017) abgeleitet. Es wird auf folgende Definition von Diskurspraktiken zurückgegriffen:

> "In this framework, oral discourse practices are defined as multi-unit turns that are interactively co-constructed (…). Hence, discourse practices rely on patterns available in speech communities' knowledge, for instance, to solve the communication-related problem of conveying or constructing knowledge (explanations) or negotiating divergent validity claims (argumentation)." (Erath et al., 2018, 164 f.)

Diskurspraktiken werden interaktiv zwischen Lehrpersonen und Lernenden etabliert. Sie stellen wiederkehrende Muster dar, in die Lernende und Lehrende eingebunden sind (Erath et al., 2018). Oft werden Diskurspraktiken vereinfacht als Sprachhandlungen in Praxiskontexten verwendet (Prediger, 2020).

Allerdings sind nicht alle Diskurspraktiken als Lernmedium für das Mathematiklernen gleichermaßen wichtig (Erath et al., 2018; Moschkovich, 2015; Prediger, 2022). In Tabelle 2.1 wird gezeigt, wie verschiedene Diskurspraktiken mit verschiedenen Arten von Wissen, das im Mathematikunterricht erworben werden soll, zusammenhängen.

Tabelle 2.1 Zusammenhang zwischen mathematischen Lernzielen, ausgewählten notwendigen Diskurspraktiken und Sprachmitteln (ähnlich in Prediger, 2020)

Mathematisches Lernziel	Notwendige Diskurspraktiken	Notwendige Sprachmittel
Konzepte Zusammenhänge Strategien	• Reichhaltige Diskurspraktiken, zum Beispiel Erklären von Bedeutung oder Beschreiben abstrakter Strukturen	• Bildungssprache, insbesondere bedeutungsbezogener Denkwortschatz und Visualisierungen
Verfahren	• Sequenzierende Diskurspraktiken, zum Beispiel Erläutern Von Vorgehensweisen	• Fachsprache, insbesondere formalbezogene Fachwörter und Symbole

Ein Mathematikunterricht, in dem reichhaltiges Wissen über Konzepte, Zusammenhänge und Vorgehensweisen gelehrt und gelernt werden soll und nicht nur das Erlernen von kalkülhaften Rechenverfahren, benötigt reichhaltige Diskurspraktiken (Prediger, 2020). Allein durch sequenzierende Diskurspraktiken, die einen chronologischen Charakter haben, kann die Komplexität der Adressierung zum Beispiel eines Konzepts sprachlich nicht ausreichend nachvollzogen werden (Erath et al., 2018; Quasthoff, Heller, Prediger & Erath, 2021).

Um reichhaltige Diskurspraktiken wie das Erklären von Bedeutung ausführen zu können, wird in der Regel auf Bildungssprache zurückgegriffen. Wie Tabelle 2.1 zeigt, ist hierfür der bedeutungsbezogene Denkwortschatz innerhalb der Bildungssprache von besonderer Bedeutung. Er umfasst alle strukturtragenden Phrasen und mathematischen Darstellungen, die zur Bedeutungserklärung notwendig sind (Prediger, 2020, 2022).

Sprache als ungleichverteilte Lernvoraussetzung
Da das Mathematiklernen und Mathematiklehren an den verstehenden und darstellenden Gebrauch von Sprache gebunden ist, ist Sprache im Mathematikunterricht nicht nur ein Lernmedium, sondern auch eine notwendige *Lernvoraussetzung* (Meyer & Tiedemann, 2017; Prediger, 2020).

Alltagssprache kann bei den Lernenden in den meisten Fällen vorausgesetzt werden. Dagegen ist die Verwendung der mathematischen Fachsprache ein Ziel des Mathematikunterrichts und daher offensichtlich keine Lernvoraussetzung. In den heterogenen Klassen eines Schulsystems, wie zum Beispiel in Deutschland, ist für einige Schülerinnen und Schüler neben der formalbezogenen Fachsprache aber auch die Bildungssprache nicht unbedingt eine mitgebrachte Lernvoraussetzung (Prediger, 2020; Schilcher et al., 2017). Für diese Zielgruppe Lernender mit geringen bildungssprachlichen Ressourcen ist das Mathematiklernen deutlich schwieriger als für ihre sprachlich stärkeren Mitlernenden, da sie neben den fachlichen Lernzielen zusätzlich die Sprache als Lerngegenstand haben (M. Lampert & Cobb, 2003; Moschkovich, 2015; Prediger, 2022). Insbesondere bei reichhaltigen Diskurspraktiken wie dem Erklärung von Bedeutungen (Tabelle 2.1), die zum Verständnis mathematisch reichhaltigen Wissens wie Konzepten relevant sind, sind Lernvoraussetzungen ungleich verteilt (Erath et al., 2018; Ing et al., 2015). Während in einigen Familien konträre Positionen argumentativ verhandelt oder die Bedeutung von Sachverhalten erklärt werden und somit viele Lerngelegenheiten für reichhaltige Diskurspraktiken bestehen, findet dies in anderen Familien weniger oder gar nicht statt (Heller & Morek, 2015; Quasthoff et al., 2021). Im Unterricht führt dies dazu, dass sich einige Lernende selbstverständlich mit reichhaltigen Diskurspraktiken beteiligen, während andere Lernende große Schwierigkeiten damit haben. Für viele Lernende spielt die Sprache also eine Doppelrolle: Sie ist sowohl *Lernmedium* als auch *Lerngegenstand* und stellt somit ein potentielles Lernhindernis für den Erwerb mathematischen Wissens dar, wenn keine Lerngelegenheiten für Sprache angeboten werden.

Leistungsdisparitäten für Lernende mit unterschiedlichen familiären Voraussetzungen, wie die sprachbedingte Leistungsdisparitäten (Abschnitt 2.1.1), werden in der Forschung neben den individuellen Lernvoraussetzungen auch auf unterschiedliche Lerngelegenheiten in unterschiedlichen Lernmilieus zurückgeführt (z. B. Boaler, 2002; Flores, 2007). Dies bedeutet, dass einige Schulen keine ausreichenden oder hinreichend adaptiven Lerngelegenheiten für reichhaltiges Mathematiklernen oder für das Lernen der notwendigen Sprache zum Verstehen von Mathematik zur Verfügung gestellt haben (Meyer & Tiedemann, 2017). Um die sprachbedingten Leistungsdisparitäten zu verringern, wird zunehmend ein Mathematikunterricht gefordert, entwickelt und erforscht, in dem allen Lernenden reichhaltige Lerngelegenheiten geboten und in dem die für das Mathematiklernen relevante (bedeutungsbezogene) Sprache explizit Lerngegenstand ist (Prediger, 2022).

Sprache als Lerngegenstand im verstehensorientierten, sprachbildenden Mathematikunterrichts

Der letzte Abschnitt verdeutlicht die Notwendigkeit einer integrierten Sprachbildung im Mathematikunterricht, das heißt, eines verstehensorientierten, sprachbildenden Mathematikunterrichts, der sprachbedingte mathematische Leistungsdisparitäten verringert. Unklar ist allerdings noch, *was* an der Sprache genau für eine bessere Teilhabe an reichhaltigen Diskurspraktiken gefördert werden sollte und *wie* diese Unterstützung umgesetzt werden kann.

Sprache umfasst verschiedene Ebenen (Snow & Uccelli, 2009). Auf lexikalischer Ebene werden einzelne Wörter (z. B. Wortschatz oder Wortbedeutungen) fokussiert, auf syntaktischer Ebene die Flexionen und Satzgrammatik. Auf diskursiver Ebene wird die übersatzmäßige, diskursive Umsetzung von Sprache in den bereits beschriebenen Diskurspraktiken fokussiert (Snow & Uccelli, 2009). In der mathematikdidaktischen Forschung hat sich eine funktional verknüpfte Betrachtung der Ebenen etabliert, in der der Wortschatz und der syntaktischer Fokus als notwendige Voraussetzung für die Realisierung von diskursiv reichhaltigen Äußerungen – wie mathematischen Erklärungen – verstanden werden (Moschkovich, 2010; Schleppegrell, 2007; Snow & Uccelli, 2009).

Für die Realisierung der übersatzmäßigen, diskursiven Umsetzung in Form reichhaltiger Diskurspraktiken sind Bildungssprache und insbesondere die bedeutungsbezogene Sprache innerhalb der Bildungssprache wichtig, zudem Fachsprache für mathematische Verfahren (Tabelle 2.1). Die bedeutungsbezogene Sprache ist besonders wichtig, um die relevanten mathematischen Strukturen zu adressieren (Prediger, 2020, 2022). Sie ist ebenso prägnant und explizit im Ausdruck von Zusammenhängen wie die Fachsprache und stellt so die Brücke zu den formalbezogenen Fachbegriffe und symbolischen Darstellungen dar (Prediger & Pöhler, 2015; Prediger, 2022). Verfügen die Lernenden nicht über den notwendigen bedeutungsbezogenen Wortschatz und Fachwortschatz oder können sie sich nicht grammatisch korrekt ausdrücken, ist eine Beteiligung an reichhaltigen Diskurspraktiken schwierig, da komplexere mathematische Inhalte und verdichteter Zusammenhänge allein mit alltagssprachlichen Mitteln oft nur unzureichend ausgedrückt werden können (Prediger, 2020). Neben der Fachsprache muss daher insbesondere für diejenigen Lernenden, für die die Bildungssprache nicht Lernvoraussetzung, sondern Lerngegenstand ist, gerade der bedeutungsbezogene Teil der Bildungssprache mit seinen Diskurspraktiken Erklären von Bedeutung und Beschreiben abstrakter Strukturen expliziter Lerngegenstand des verstehensorientierten, sprachbildenden Mathematikunterrichts sein (Prediger, 2022).

Die vorangegangenen Abschnitte verdeutlichen die Notwendigkeit eines verstehensorientierten, sprachbildenden Mathematikunterrichts, um sprachbedingte Leistungsunterschiede zu verringern und heterogenen sprachlichen Lernvoraussetzungen gerecht zu werden. Im Folgenden werden Prinzipien zur Gestaltung und Umsetzung eines solchen Unterrichts erläutert und vorhandene Wirksamkeitsnachweise zusammengestellt.

2.2 Prinzipien eines verstehensorientierten, sprachbildenden Mathematikunterrichts

In Abschnitt 2.2 werden die *didaktischen Prinzipien* (im Folgenden: Prinzipien) des verstehensorientierten, sprachbildenden Mathematikunterrichts erläutert, die in dieser Arbeit fokussiert werden. Unter Prinzipien werden im Rahmen dieser Arbeit Grundsätze beziehungsweise Maßnahmen zur Umsetzung des Lehrens im Unterricht verstanden, also Maßnahmen zum Design und zur Ausgestaltung des Unterrichts in Hinblick auf bestimmte zu erreichende Ziele. Wie auch von Erath et al. (2021) beschrieben, sind neben den *Designprinzipien* (für die Gestaltung des Materials) auch *Ausgestaltungsprinzipien* (für die Umsetzung in den Unterrichtssituationen) von Bedeutung. Durch vorab gestaltetes Unterrichtsmaterial, das den Prinzipien verstehensorientierten, sprachbildenden Mathematikunterrichts entspricht, können Lehrkräfte bei der Ausgestaltung des Unterrichts unterstützt werden. Prediger und Neugebauer (2021) betonen die Relevanz der Design- und Ausgestaltungsprinzipien:

> "Supporting language in mathematics classrooms requires both curriculum material that follows language-responsive design principles and teaching practices that enact these principles with high instructional quality" (Prediger & Neugebauer, 2021, S. 289).

Ob die Grundsätze beziehungsweise Maßnahmen zur Umsetzung auch zu den intendierten Zielen führen, wird in der Regel zunächst untersucht, indem die Wirksamkeit im Rahmen von Lernprozess-Analysen ermittelt wird (z. B. Prediger & Wessel, 2013). Anschließend wird die Wirksamkeit in größeren Interventions- und Implementationsstudien bestätigt (z. B. Götze & Baiker, 2021). Nur so kann sichergestellt werden, dass der Unterricht nach diesen Prinzipien konzipiert und ausgestaltet werden kann. Die entsprechenden Wirksamkeitsnachweise für die Prinzipien des verstehensorientierten, sprachbildenden Mathematikunterrichts sind bei dem jeweiligen Prinzip aufgeführt.

In dieser Arbeit wird mit Daten aus der Interventionsstudie MESUT1 und MESUT2 gearbeitet, also einem bereits gestalteten und erprobten Design (Prediger & Wessel, 2013). Da dieses bereits in seiner Wirksamkeit bestätigt wurde (Prediger & Wessel, 2013, 2018; Prediger, Erath et al., 2022), sind insbesondere die Ausgestaltungsprinzipien für die Umsetzung im Unterricht von Bedeutung.

Zunächst werden die Prinzipien, die einen qualitativ hochwertigen Mathematikunterricht kennzeichnen, erläutert, um dann ergänzende Prinzipien für einen verstehensorientierten, sprachbildenden Mathematikunterricht hinzuzufügen.

2.2.1 Verstehensorientierung als Prinzip zum Design und zur Ausgestaltung eines qualitätsvollen Mathematikunterrichts

Durch das Prinzip der *Verstehensorientierung* ist normativ festgelegt, dass ein qualitativ hochwertiger Mathematikunterricht auf die Entwicklung eines konzeptuellen Verständnisses von mathematischen Konzepten, Zusammenhängen und Verfahren abzielen sollte (Hiebert & Carpenter, 1992). Lernende sollen mathematische Verfahren mit den zugrunde liegenden mathematischen Konzepten verknüpfen, sodass Wissen durch die Vernetzung verschiedener Wissenselemente entsteht und so Bedeutung konstruiert wird (Hiebert & Carpenter, 1992; Prediger, 2009; Prediger, Götze, Holzäpfel, Rösken-Winter & Selter, 2022).

Dass Lernende Vorstellungen zu mathematischen Konzepten bedeutungsbezogen aufbauen und damit nachhaltig verankern, wird immer wieder gefordert (u. a. Hiebert & Grouws, 2007; Malle, 2004). Empirische Befunde bestätigen diese Forderung: Bestimmte Rechenverfahren sind ohne Bedeutungskonstruktionen schwer oder gar nicht zu verstehen, da Konzepte, Kontexte, Strategien und Verfahren als Grundlage benötigt werden, an denen die Verfahren angeknüpft werden (Kilpatrick & Schifter, 2003).

Im verstehensorientierten Mathematikunterricht wird ernst genommen, dass der Aufbau von Vorstellungen und die Bedeutungskonstruktion von Mathematik in Alltagssituationen und Alltagserfahrungen beginnt. Die Lernenden erfahren die Bedeutung und Anwendung der Mathematik in ihrem Alltag, indem sie verschiedene Darstellungen miteinander in Beziehung setzen, um mathematische Strukturen zu begreifen (Hiebert & Carpenter, 1992; Prediger, Götze et al., 2022). Statt sich nur auf das Auswendiglernen oder die Anwendung von Formeln und Regeln zu konzentrieren, wird so der vorstellungsbasierte Aufbau von Konzepten, Zusammenhängen und Verfahren erreicht (Prediger, 2009). Die Sequenzierung des verstehensorientierten Mathematikunterrichts erfolgt also von der Erkundung einer oder mehrerer Sachsituationen, die exemplarisch für das zu lernende mathematische Konzept sind, über die Systematisierung, Abstraktion und Übertragung des Konzepts auf andere Situationen (van den Heuvel-Panhuizen, 2003). Die Verwendung von Sachsituationen bietet den Schülerinnen und Schülern die Möglichkeit, das neue Konzept in einem konkreten und bedeutungsvollen Kontext zu erfassen, zu verstehen und anschließend die formalen Elemente und Verfahren anzubinden (Prediger, 2009). Die kontinuierliche Rückanbindung des Kalküls an seine sinnhafte Erarbeitung ist zentral für einen verstehensorientierten Mathematikunterricht (Hiebert & Carpenter, 1992; Prediger, 2009).

Um Lerngelegenheiten für konzeptuelles Verständnis im verstehensorientierten Mathematikunterricht bereitzustellen, muss sowohl das Unterrichtsangebot mathematisch reichhaltig sein und die Lernenden sich intensiv mit dem reichhaltigen Angebot auseinandersetzen (Hiebert & Grouws, 2007). Die Umsetzung eines solchen verstehensorientierten Mathematikunterrichts hat sich für Lehrkräfte als herausfordernd erwiesen (Kunter et al., 2013; Schoenfeld, 2014). Diese Schwierigkeiten spiegeln sich in empirischen Studien wider, insbesondere bei leistungsschwächeren Lernenden: So werden wichtige Konzepte aus der Grundschulzeit, unter anderem ein tragfähiges Stellenwertverständnis, im regulären Mathematikunterricht nicht nachhaltig erworben (z. B. Freesemann, 2014; Moser Opitz et al., 2017). Für diese leistungsschwachen Schülerinnen und Schüler ist eine Förderung im Sinne eines verständnisorientierten Mathematikunterrichts besonders wichtig.

Die Wirksamkeit des verstehensorientierten Mathematikunterrichts, in dem verschiedene Darstellungen für den Aufbau eines nachhaltigen, konzeptuellen Verständnisses vernetzt werden, wurde mehrfach nachgewiesen (u. a. Erath et al., 2021). Unter anderem zeigten Moser Opitz et al. (2017) in einer Interventionsstudie zum Stellenwertverständnis und zu den Grundrechenarten bei rechenschwachen Kindern im Vergleich zur Kontrollgruppe eine hohe Wirksamkeit des verstehensorientierten Mathematikunterrichts.

·Das Prinzip der Verstehensorientierung bildet die Grundlage zum Design und zur Ausgestaltung eines qualitativ hochwertigen Mathematikunterrichts. Für den verstehensorientierten, sprachbildenden Mathematikunterricht ergeben sich jedoch weitere Prinzipien, die die spezifischen Bedarfe der ursprünglichen Zielgruppe der sprachlich schwachen Mehrsprachigen aufgreifen (Austin & Howson, 1979; de Araujo, Roberts, Willey & Zahner, 2018). Diese Prinzipien werden im Folgenden erläutert.

2.2.2 Prinzipien zum Design eines verstehensorientierten, sprachbildenden Mathematikunterrichts

Das zentrale Ziel eines verstehensorientierten Mathematikunterrichts besteht darin, dass die Lernenden mathematische Konzepte, Zusammenhänge oder Strategien bedeutungsvoll erlernen und so auch das Kalkül nachhaltig mit Bedeutung verknüpfen. Dies ist jedoch für sprachlich schwache Lernende besonders schwierig, insbesondere, wenn die Denksprache zur Erklärung von Bedeutung noch Lerngegenstand ist (Abschnitt 2.2.2). Wenn aber die kognitive Funktion von Sprache als Denkwerkzeug ernst genommen wird und gleichzeitig klar ist, dass nicht alle Lernenden die notwendige Denksprache als Lernvoraussetzung in den Unterricht mitbringen, braucht ein verstehensorientierter Mathematikunterricht als logische Konsequenz eine *integrierte Sprachbildung*, um diesen Sprachlernbedürfnissen gerecht zu werden (Erath et al., 2021; Prediger, Erath et al., 2022). Solche Ansätze eines Mathematikunterrichts, der Sprachbildung integriert, werden als *verstehensorientierter, sprachbildender Mathematikunterricht* bezeichnet.

Ein verstehensorientierter, sprachbildender Mathematikunterricht umfasst alle Ansätze, die fachliches und sprachliches Lernen in einem engen Zusammenhang verstehen. Sprachbildung bezieht sich dabei auf die mündliche und schriftliche Kommunikation (Paetsch & Kempert, 2022; Prediger, 2020). Ziel eines verstehensorientierten, sprachbildenden Mathematikunterrichts ist es, dass die Schülerinnen und Schüler mathematische Inhalte sprachlich durchdringen und gleichzeitig die dafür notwendigen bildungs- und fachsprachlichen Kompetenzen entwickeln (Prediger, 2020, 2022; Woerfel et al., 2020). Er wird nicht als Selbstzweck verstanden, sondern immer im Zusammenhang mit den fachlichen Lernzielen gesehen. Nicht gemeint sind also sprachbildende Ansätze, in denen primär sprachliche Lernziele verfolgt werden, wie etwa das Vokabellernen im Fremdsprachenunterricht.

In dieser Arbeit wird in Anlehnung an Prediger (2020) davon ausgegangen, dass ein sprachbildender Mathematikunterricht dem übergeordneten Prinzip der Verstehensorientierung dienen soll. Dies begründet hier die Fokussierung dieser Arbeit auf vor allem zwei weitere Prinzipien, die im Folgenden erläutert werden.

Wenn in dieser Arbeit nachfolgend von *sprachbildendem Mathematikunterricht* die Rede ist, meint dies immer einen verstehensorientierten, sprachbildenden Mathematikunterricht. Es gilt die dabei Annahme, dass er auch auf eine Unterstützung der Sprache für mathematisches Verstehen ausgerichtet ist.

Initiierung und Unterstützung reichhaltiger Diskurspraktiken

Das Prinzip *Initiierung und Unterstützung reichhaltiger Diskurspraktiken* wurde für den sprachbildenden Mathematikunterrichts aus dem Prinzip *Pushed Output* für den Fremdsprachenunterricht (Swain, 1985) weiterentwickelt (Prediger, 2022). Innerhalb der Weiterentwicklung wurde es mit dem Scaffolding-Prinzip (Gibbons, 2002) und Prinzip der minimalen Hilfe kombiniert (Prediger, 2020).

Gemäß dem Prinzip Pushed Output erfolgt der Spracherwerb durch die konsequente Anregung zum Sprechen und Schreiben (Swain, 1985). Denn die Anregungen zum Sprechen und Schreiben „zwingen den Sprecher dazu, seine eigenen Gedanken zu ordnen und diese möglichst klar und präzise zu formulieren" (Lipowsky, Rakoczy, Pauli, Reusser & Klieme, 2007, S. 126). Aktuelle empirische Befunde zeigen jedoch wiederholt, dass bestimmte Diskurspraktiken für ein verstehensorientiertes Mathematiklernen wichtiger sind als andere (Abschnitt 2.1.2, u. a. Erath et al., 2018; Moschkovich, 2015). Daher wurde das Prinzip für den sprachbildenden Mathematikunterricht zum Prinzip *Initiierung und Unterstützung reichhaltiger Diskurspraktiken* weiterentwickelt (Prediger, 2022).

Das Prinzip der Initiierung und Unterstützung reichhaltiger Diskurspraktiken wird als das Einbeziehen der Lernenden in *reichhaltige* Diskurspraktiken wie Erklären, Begründen und Argumentieren verstanden (Quasthoff et al., 2021). Reichhaltige Diskurspraktiken sind von grundlegender Bedeutung für den Erwerb konzeptuellen Wissens:

> "Whereas facts and procedural skills can be learnt without communication, acquiring conceptual understanding and higher-order mathematical practices (such as reasoning, modelling, problem-problem) require rich mathematical discourses." (Prediger, Götze et al., 2022).

Der Nutzung von reichhaltigen Diskurspraktiken kommt eine hohe Relevanz zu. Das Zitat impliziert, dass sie wichtiger sind als die weniger anspruchsvoller, sequenzierender Diskurspraktiken, zu denen beispielsweise das Berichten über Vorgehensweisen zählt (Quasthoff et al., 2021). Die aktive Teilhabe an reichhaltigen Diskurspraktiken ermöglicht sowohl die Entwicklung von Vorstellungen zu Konzepten, Verfahren oder Strategien (Hiebert & Grouws, 2007), als auch die Stärkung der Diskurskompetenz (Quasthoff et al., 2021). Denn Unterrichtsmaterialien, die lediglich auf das Ausführen und eine anschließende Beschreibung von Rechenverfahren abzielen, sind für ein verstehensorientiertes und nachhaltiges Mathematiklernen nicht ausreichend (Prediger, 2020).

Gemäß dem Designprinzip der Initiierung und *Unterstützung* reichhaltiger Diskurspraktiken sollte das Unterrichtsmaterial nicht lediglich Arbeitsaufträge zur mündlichen oder schriftlichen Produktion reichhaltiger Diskurspraktiken enthalten, sondern auch sprachlich schwächere Lernende dabei unterstützen, die hohen Anforderungen auch erfüllen zu können. Dies erfolgt etwa durch Formulierungshilfen, mündliche Impulse und weitere Unterstützungsformate umgesetzt werden. Die Umsetzung der Unterstützung sollte stets dem Prinzip der minimalen Hilfe entsprechen, sodass sich auch sprachlich schwächere Lernende zunehmend selbständig an reichhaltigen Diskurspraktiken beteiligen können (Beese et al., 2014; Gibbons, 2002; Leisen, 2010; Prediger, 2020).

Dass die Initiierung und Unterstützung reichhaltiger Diskurspraktiken für das Mathematiklernen beziehungsweise die Leistungszuwächse in Mathematik notwendig und hilfreich ist, wird durch Überblicksartikel über qualitative Studien (Walshaw & Anthony, 2008) und eine kleine, aber in letzter Zeit wachsende Anzahl quantitativer Studien (Erath et al., 2021) belegt. Beispielsweise konnten Ing et al. (2015) zeigen, dass die Lernenden in der Interventionsgruppe mit geschulten Lehrkräften häufiger an Diskussionen teilnahmen als in der Kontrollgruppe mit regulärem Unterricht. Mehr Diskussionen hingen positiv mit Leistungszuwächsen in Mathematik zusammen. Darüber hinaus ist die Wirksamkeit eines sprachbildenden Mathematikunterrichts, der in gesamten Schulklassen implementiert wurde, hinsichtlich konzeptuellen Leistungszuwachses nachgewiesen (Prediger & Neugebauer, 2023). Insgesamt zeigt sich die entscheidende Bedeutung der Beteiligung der Lernenden an mathematischen Gesprächen für ihren mathematischen Lernfortschritt, unter besonderer Berücksichtigung reichhaltiger Diskurspraktiken.

Integrierte Förderung des bedeutungsbezogenen Wortschatzes
Für Lernende mit geringer Sprachkompetenz in der Unterrichtssprache – zum Beispiel sprachlich schwache Lernende – kann ein sorgfältig eingeführter Wortschatz zur Unterstützung der Teilhabe an reichhaltigen und sequenzierenden Diskurspraktiken dienen (Prediger, 2022; Smit, 2013). Daher ist die integrierte Förderung des bedeutungsbezogenen Wortschatzes ein wichtiges Prinzip des sprachbildenden Mathematikunterrichts.

Das Prinzip der *integrierten Förderung des bedeutungsbezogenen Wortschatzes* zielt auf eine zusätzliche integrierte Förderung der lexikalischen Mittel (Wörter, Phrasen) der Bildungssprache und der Fachsprache ab (Erath & Prediger, 2021; Prediger, 2022). Wie beim fachlichen Lernen (Abschnitt 2.2.2) führt auch das sprachliche Lernen von den alltagssprachlichen Ressourcen der Lernenden über bedeutungstragende, bildungssprachliche Mittel hin zur Fachsprache (Gibbons,

2002; Prediger, 2022). Die bedeutungsbezogene Sprache nimmt eine wichtige Mittlerfunktion ein, um die alltagssprachlichen Ressourcen der Lernenden mithilfe der bedeutungsbezogenen Sprache an die formalbezogene Fachsprache anzuknüpfen (Herbel-Eisenmann, 2002; Prediger, 2022).

Besonders wichtig für die Konstruktion von Bedeutung ist die integrierte Förderung des bedeutungsbezogenen Denkwortschatzes (Prediger, 2020). Er ist Teil der Bildungssprache und mit ihm können mathematische Strukturen adressiert werden. Für Brüche ist dies zum Beispiel die Teil-Ganzes Beziehung für die Grundvorstellung des Anteils als Teil eines Ganzen (Malle, 2004), die durch das Fachwort Anteil ausgedrückt werden kann, aber auch bedeutungsbezogen in der situativen Darstellung als die Anzahl der Stücke des gesamten Duplo (Prediger & Wessel, 2013). Qualitative Studien zeigen, dass formalbezogene Sprachmittel wie Nenner oder Zähler vor allem zur Beschreibung von Rechenverfahren und weniger zur Konstruktion von Bedeutung zu Konzepten verwendet werden (z. B. Prediger & Wessel, 2013).

Wichtig für die Gestaltung der Wortschatzförderung ist, dass sie nicht ausschließlich auf der Wortebene durch Auswendiglernen erfolgt, sondern der neue Wortschatz integriert in reichhaltigen Diskurspraktiken verwendet wird (Prediger, 2022; Schleppegrell, 2007; Snow & Uccelli, 2009). Denn isolierte Wortschatzförderung hat sich als wenig förderlich für mathematische Lernprozesse erwiesen (Prediger, 2022).

Für eine integrierte Wortschatzförderung sollten Leseaufträge für mathematische Texte mit neuen sprachlichen Mitteln und weiterführenden Aufforderungen, die Bedeutung dieser sprachlichen Mittel auszuhandeln und diese sprachlichen Mittel in den eigenen Sprachgebrauch beim Erklären oder Begründen zu integrieren, im Material verankert sein (Riccomini, Smith, Hughes & Fries, 2015). Weitere mögliche Aktivitäten, die durch das Material initiiert werden können, sind Aufforderungen zum Identifizieren, Sammeln, Anwenden und Reflektieren von nützlichen Phrasen und Wortspeicher zur langfristigen Sicherung des Wortschatzes, immer in Bezug auf das mathematische Lernziel (Wessel & Erath, 2018).

Trotz der Relevanz der Unterstützung des bedeutungsbezogenen Wortschatzes für sprachlich schwache Lernende (Abschnitt 2.1) ist die integrierte lexikalische Förderung aus mathematikdidaktischer Perspektive bislang wenig beforscht, da sie oft als Voraussetzung beziehungsweise Bestandteil für die Umsetzung von Diskurspraktiken verstanden wird (Erath et al., 2021). Für die Mathematikdidaktik weisen bisher einige qualitative Fallstudien auf eine große Relevanz der bedeutungsbezogenen Sprache für fachliche Lernprozesse hin (z. B. Prediger &

Zindel, 2017), zudem gibt es auch erste Wirksamkeitsnachweise (z. B. Götze & Baiker, 2021).

Für die Konzeption und Umsetzung eines sprachbildenden Mathematikunterrichts sind die beiden vorgestellten Prinzipien (Initiierung und Unterstützung reichhaltiger Diskurspraktiken, integrierte Förderung des bedeutungsbezogenen Wortschatzes) von Bedeutung. Mit ihnen kann die Realisierung der Verstehensorientierung für alle Lernenden, auch solche mit sprachlich heterogenen Lernvoraussetzungen, gewährleistet werden.

Nach der Erläuterung der Prinzipien des sprachbildenden Mathematikunterrichts werden im Folgenden die Zielgruppe und die verschiedenen Lernmilieus eines solchen Unterrichts behandelt.

2.3 Von heterogenen Lernvoraussetzungen und differentiellen Lernmilieus zum sprachbildenden Mathematikunterricht für alle

Für die Forschung zum sprachbildenden Mathematikunterricht ist es entscheidend, die Zielgruppen genauer zu bestimmen und die spezifischen Bedingungen dieser Zielgruppen im Blick zu behalten. Die ersten Ansätze sprachbildenden Mathematikunterrichts waren zunächst nur für eine sehr kleine Zielgruppe konzipiert. Austin und Howson (1979) etwa konzentrierten sich auf Schülerinnen und Schüler aus der Arbeiterklasse und aus mehrsprachigen Familien. Erst später wurde die Zielgruppe sukzessive ausgeweitet (Moschkovich, 2010; Prediger, Erath et al., 2022). Im Projekt MESUT2, in dessen Rahmen diese Dissertation entstanden ist, konnte gezeigt werden, dass sprachbildender Mathematikunterricht für verschiedene Zielgruppen lernwirksam sein kann, allerdings mit sehr unterschiedlichen Effektstärken (Prediger, Erath et al., 2022). Diese Befunde sollen im Rahmen dieser Arbeit weiter differenziert werden. Dabei wird von der Annahme ausgegangen, dass Bedingungen guten Lernens – die mit Lernwirksamkeit in Mathematik zusammenhängen – in verschiedenen Zielgruppen unterschiedlich schwer herzustellen sind.

Um dies zu erzielen, müssen zunächst einige Konstrukte definiert und Forschungsergebnisse kurz zusammengefasst werden.

Familiäre und individuelle Lernvoraussetzungen als generelle Einflussfaktoren auf Lernprozesse
Als *familiäre Lernvoraussetzungen* werden solche bezeichnet, die durch Charakteristika der Herkunftsfamilien gegeben sind. Dabei wird davon ausgegangen,

dass Menschen aufgrund ähnlicher sozioökonomischer Lagen, Lebenserfahrungen, Werthaltungen, Lebensstilen, Lebenschancen, Risiken und anderes mehr jeweils geprägt werden (Austin & Howson, 1979). Das in den 1970er Jahren noch übliche Klassenkonzept (Austin & Howson, 1979) wurde später durch Schichten- oder Milieukonzepte abgelöst, die in ihre Konzeptualisierungen höhere Durchlässigkeit und subtilere Mechanismen einbeziehen (Groß, 2008). Innerhalb einer Schicht oder eines Milieus sind ähnliche familiäre Lernvoraussetzungen zu erwarten. Dazu zählen neben dem sozioökonomischen Status die finanzielle Ausstattung und der Bildungshintergrund der Familien. Sie scheinen das Aufwachsen ebenso zu prägen wie die ethnische Zugehörigkeit, der Migrationshintergrund sowie die Mehrsprachigkeit (Dumont, Maaz, Neumann & Becker, 2014).

In Deutschland werden im Hinblick auf Bildungsgerechtigkeit vor allem der *sozioökonomische Status* und der *Migrationshintergrund* erfasst (z. B. in den IQB-Bildungstrends für die Klassenstufen 9 und 4, Stanat et al., 2019; Stanat et al., 2022), im Hinblick auf Sprache vor allem *Mehrsprachigkeit* (Woerfel et al., 2020). Für diese drei familiären Lernvoraussetzungen liegen zahlreiche Befunde vor, die einen starken Zusammenhang mit dem Schulerfolg erkennen lassen (Chiu, 2010; Lamb & Fullarton, 2001; Tillack & Mösko, 2013).

Noch unmittelbarer als die familiären Lernvoraussetzungen wirken sich jedoch die *individuellen Lernvoraussetzungen* auf das fachliche Lernen aus. Als diese werden beispielsweise das fachliche Vorwissen, die Aufmerksamkeitssteuerung, das Arbeitsgedächtnis sowie verschiedene motivational-volitionale Lernvoraussetzungen regelmäßig als hoch relevant identifiziert (Hasselhorn & Gold, 2009). Auch die *bildungssprachliche Kompetenz* in der Unterrichtssprache (hier: Deutsch) erweist sich in zahlreichen Studien als stärker prädiktiv für Mathematikleistungen und Leistungszuwächse als die Mehrsprachigkeit oder der Migrationshintergrund (Paetsch et al., 2016; Prediger et al., 2015; Ufer, Reiss & Mehringer, 2013).

Diese statistischen Befunde aus längs- und querschnittlichen Leistungsstudien belegen zwar den Einfluss familiärer und individueller Lernvoraussetzungen auf die Mathematikleistung, erklären allerdings nicht, wie sich Lernvoraussetzungen und Lernprozesse in Angebot und Nutzung zueinander verhalten (Vieluf, Praetorius, Rakoczy, Kleinknecht & Pietsch, 2020).

Lernmilieus als genereller Einfluss auf Lernprozesse
Individuelle und familiäre Lernvoraussetzungen beeinflussen, in welche Schulen Lernende gehen: Zunächst entscheiden soziale und ethnische Segregationsprozesse darüber, in welche Grundschule die Lernenden eingeschult werden (Parade & Heinzel, 2020). Beim Übergang in die weiterführenden Schulen in der

fünften Jahrgangsstufe sind zusätzlich leistungsbezogene Selektionsprozesse entscheidend (Dumont et al., 2014). Vielfach wurde nachgewiesen, dass die Schulen mit ihren jeweils spezifischen Zusammensetzungen selbst differentielle Lernmilieus darstellen, das heißt Lernende je nach Schule unterschiedlich viel dazulernen können (Baumert & Schümer, 2002; Köller & Baumert, 2002). Neumann et al. (2007) fassen dies wie folgt zusammen:

> „Die Schulformen im deutschen Sekundarschulwesen scheinen differenzielle Lern- und Entwicklungsmilieus darzustellen, die Schülerinnen und Schülern – auch bei vergleichbaren Startvoraussetzungen – unterschiedliche Entwicklungsmöglichkeiten bieten." (Neumann et al., 2007, S. 400).

Als Gründe für größere Leistungszuwächse in Gymnasien, im Vergleich zu anderen Schulformen der Sekundarstufe 1, werden in der Literatur drei Effekte herausgearbeitet: *(a) Voraussetzungs-Effekte, (b) institutionelle Effekte* und *(c) Kompositions-Effekte* (Baumert et al., 2006; Dumont, Neumann, Maaz & Trautwein, 2013; Neumann et al., 2007; Schiepe-Tiska, 2019). Es ist anzunehmen, dass diese drei Effekte auch im sprachbildenden Mathematikunterricht relevant sind.

Als erster Erklärungsansatz werden *Voraussetzungs-Effekte* identifiziert, das heißt differentielle Leistungszuwächse aufgrund unterschiedlicher Lernvoraussetzungen der Einzelnen (Baumert et al., 2006). Denn die Ungleichverteilung unterschiedlicher familiärer und individueller Lernvoraussetzungen beeinflusst zusätzlich zum Vorwissen und anderen Lernvoraussetzungen, die im vorangegangenen Absatz aufgeführt sind, nachweislich den Lernfortschritt (Baumert et al., 2006; Howe & Abedin, 2013).

Größere Leistungszuwächse ergeben sich allerdings auch durch *institutionelle Effekte*, indem unterschiedliche Unterrichtskulturen die Leistungsentwicklung beeinflussen (Baumert et al., 2006; Becker et al., 2006). Nach Köller (2013) können etwa 40 % der Leistungsunterschiede auf institutionelle Effekte zurückgeführt werden. Dieser Effekt manifestiert sich unter anderem in verschiedenen Lehrplänen, zu erreichenden Kompetenzerwartungen, verschiedenen didaktischen Traditionen in den Schulformen der Sekundarstufe 1 (Schiepe-Tiska, 2019) sowie in unterschiedlicher Lehrkräfte-Professionalität (Flores, 2007; D. Richter, Marx & Zorn, 2018).

Als dritter Effekt ließen sich *Kompositions-Effekte* nachweisen, nach denen die Zusammensetzung der Lernenden in einer Schule prädiktiv für Leistungsunterschiede ist (Dumont et al., 2013). In Mehrebenen-Analysen konnte gezeigt werden, dass Leistungszuwächse nicht allein durch die Zugehörigkeit zu einer

Schulform erklärt werden, sondern auch durch Lernvoraussetzungen in den Klassen der jeweiligen Schule (Baumert et al., 2006; Becker et al., 2006). Neben den familiären und individuellen Lernvoraussetzungen beeinflussen also auch Lernvoraussetzungen der Mitschülerinnen und Mitschüler die sich ergebenden Lerngelegenheiten (Baumert et al., 2006). Trotz des nachgewiesenen Einflusses auf die Leistungsentwicklung in Mathematik ist die Befundlage zu den Kompositions-Effekten im Vergleich zur Befundlage bei den institutionellen Effekten noch gering (Köller, 2013). Es lohnt sich daher, zu untersuchen, wie diese Kompositions-Effekte wirken.

Um die statistischen Befunde in ihren Wirkmechanismen genauer zu verstehen, werden sie in dieser Arbeit auf der Mikro-Ebene der unterrichtlichen Interaktion analysiert. Für die Wirkung der Kompositions-Effekte auf der Mikro-Ebene kann der Empirieteil (Kapitel 8) dieser Arbeit einen Beitrag leisten.

Damit in dieser Arbeit die drei Effekte auf der Mikro-Ebene genauer in ihrem Zusammenwirken untersucht werden können, werden die Professionalität der Förderlehrkräfte, die Lernziele und die Aufgabenqualität konstant gehalten und auf diese Weise die institutionellen Effekte minimiert (Abschnitt 6.1). Ziel ist, die als unterschiedlich zu erwartende Unterrichtskultur zwischen gymnasialen und nicht-gymnasialen Schulformen aufzubrechen, also die institutionellen Effekte so weit wie möglich zu reduzieren. Voraussetzungs- und Kompositions-Effekte, operationalisiert über familiäre und individuelle Lernvoraussetzungen, können so gezielt gegenübergestellt werden. Es werden also zwei kontrastierende *Lernmilieus* betrachtet und auf der Mikro-Ebene untersucht, inwiefern die Metapher des Lernmilieus auch für das hier vorliegende Datenkorpus tatsächlich tragfähig ist:

Als *Risiko-Kontext* werden im Projekt MESUT2 – unter Hinzunahme der Daten aus dem Projekt MESUT1 (Prediger & Wessel, 2018) – nur spezifische Teilbereiche der nicht-gymnasialen Schulformen adressiert. Der Risiko-Kontext umfasst Lernende mit *schwachen Mathematikleistungen* in den *nicht-gymnasialen Schulformen*. Lernende im Risiko-Kontext besitzen in der Regel ungünstigere Lernvoraussetzungen als Lernende aus dem Schulerfolgs-Kontext (Dumont et al., 2014). Um den Einfluss der Voraussetzungs- und Kompositions-Effekte gezielt untersuchen zu können, werden Jugendliche mit unterschiedlichen sprachlichen Lernvoraussetzungen einbezogen, sowohl einsprachige als auch mehrsprachige, sowohl sprachlich starke als auch sprachlich schwache. Es werden also Jugendliche mit günstigen familiären und sprachlichen Lernvoraussetzungen gezielt überrepräsentiert, um Kontrastierungen vornehmen zu können (Abschn. 6.1, Prediger & Erath, 2022; Prediger, Erath et al., 2022).

Unter *Schulerfolgs-Kontext* werden in dem Projekt MESUT2 gymnasiale Kontexte verstanden und die Lernenden aus den gymnasialen Kontexten wiederum hinsichtlich ihrer sprachlichen Lernvoraussetzungen gezielt variiert. Die Schülerinnen und Schüler an Gymnasien verfügen tendenziell über günstigere Lernvoraussetzungen – wie beispielsweise eine höhere Sprachkompetenz in der Unterrichtssprache – und potentiell mehr Schulerfolg als Lernende aus anderen Schulformen der Sekundarstufe 1. In MESUT2 wurden allerdings die Zielgruppen der Gymnasial-Lernenden mit den eher selteneren, ungünstigen familiären und individuellen Lernvoraussetzungen, wie beispielsweise eine geringere Sprachkompetenz, gezielt überrepräsentiert. Um das Vorwissen vergleichbar zur Stichprobe des Risiko-Kontexts zu gestalten, wurden die Jugendlichen vor Thematisierung von Bruchrechnung einbezogen.

Traditionelle und erweiterte Zielgruppen des sprachbildenden Mathematikunterrichts
Der sprachbildende Mathematikunterricht wurde ursprünglich als kompensatorische Fördermaßnahme für Lernende aus Risiko-Kontexten mit ungünstigen sprachlichen Lernvoraussetzungen und schwachen fachlichen Leistungen konzipiert, vor allem für Lernende mit Migrationshintergrund im Kontext des Zweitspracherwerbs (Austin & Howson, 1979; de Araujo et al., 2018; Stanat, 2006). Diese Zielgruppe wird auch weiterhin untersucht (z. B. Kempert et al., 2016) und es wurde durch viele qualitative und quantitative Studien nachgewiesen, dass ungünstige Lernvoraussetzungen und schwache fachliche Leistungen durch zusätzliche Lernangebote kompensiert werden können (u. a. Barwell, 2016; Erath et al., 2021; Moschkovich, 2002; Prediger, Erath et al., 2022).
Innerhalb der letzten Jahre wurde die ursprüngliche Zielgruppe des sprachbildenden Mathematikunterrichts der sprachlich schwachen, mehrsprachigen Lernenden aus Risiko-Kontexten mit fachlichen Förderbedarfen mehrfach ausgeweitet (Prediger, Erath et al., 2022). Abbildung 2.1 zeigt diese drei Schritte der Ausweitung und die Häufigkeit der Sprachbildungsforschung mit diesen Zielgruppen.

Abb. 2.1 Ausweitung der Zielgruppe des sprachbildenden Mathematikunterrichts, übersetzt aus Prediger und Erath et al. (2022)

Ausweitung 1 umfasst die Erweiterung der Zielgruppe sprachbildenden Mathematikunterrichts um *sprachlich schwache, einsprachige Lernende mit mathematischen Förderbedarfen*. Ebenso wie für sprachlich schwache, mehrsprachige Lernende ist auch für die Zielgruppe der sprachlich schwachen, einsprachigen Lernenden mit mathematischem Förderbedarfen die Lernwirksamkeit eines solchen Unterrichts in kontrollierten Interventionsstudien nachgewiesen worden (Götze & Baiker, 2021; Prediger & Wessel, 2013).

In Ausweitung 2 wurden auch *sprachlich starke* Lernende in der Forschung berücksichtigt. Auch für diese sprachlich starken, ein- und mehrsprachigen Lernende mit fachlichen Förderbedarfen an nicht-gymnasialen Schulformen erwies sich der sprachbildende Mathematikunterricht als lernwirksam. Dass die Schülerinnen und Schüler der nicht-gymnasialen Schulformen im sprachbildenden Mathematikunterricht mehr lernten als die Kontrollgruppe im regulären Mathematikunterricht, zeigte sich nicht nur als kompensatorische Maßnahme zum Aufholen des noch nicht erfolgreich gelernten Stoffs (Prediger & Wessel, 2018), sondern auch für neue Lerngegenstände (Prediger & Neugebauer, 2023; Smit & van Eerde, 2013).

Im Rahmen des Projekts MESUT2, in dem diese Arbeit verortet ist, wurde schließlich auch die Ausweitung 3 auf den *Schulerfolgs-Kontext* vorgenommen. Zu dieser Zielgruppe der potentiell Schulerfolgreichen gehören Schülerinnen und Schüler, die eine Schule mit günstigen Lernbedingungen (in dieser Arbeit Gymnasien) besuchen und in ihrer Schullaufbahn potentiell in allen Fächern erfolgreich waren. Lernende aus dem Schulerfolgs-Kontext zeichnen sich nicht durch mathematische Nachholbedarfe aus, sondern erhalten sprachbildenden Mathematikunterricht in der Erstbegegnung mit dem Thema. Es konnte gezeigt werden, dass auch für diese erweiterte Zielgruppe ein sprachbildender Mathematikunterricht für das konzeptuelle Verständnis (von Brüchen) wirksam ist, also nicht nur für die sprachlich schwachen Ein- und Mehrsprachigen aus dem Risiko-Kontext (Prediger, Erath et al., 2022). Gleichzeitig belegen die quantitativen Befunde von Prediger und Erath et al. (2022) aber auch differentielle Wirksamkeiten: Lernende aus dem Schulerfolgs-Kontext profitierten, auch unter statistischer Kontrolle der Lernvoraussetzungen, stärker vom sprachbildenden Mathematikunterricht als die Lernenden aus dem Risiko-Kontext. Diese Befunde sollen in der vorliegenden Arbeit weiter aufgeklärt werden. Dazu gilt es, die institutionellen Effekte weitgehend auszuklammern und die Auswirkungen von Kompositions- und Voraussetzungs-Effekten auf der Mikro-Ebene zu untersuchen.

Differentielle unterrichtliche Prozesse in den Lernmilieus
Auch wenn der Forschungsbedarfs zur Erklärung der *Voraussetzungs- und Kompositions-Effekte* kontinuierlich artikuliert wird (z. B. Fauth, Atlay, Dumont & Decristan, 2021), liegen bereits erste Hinweise zu Unterschieden in der unterrichtlichen Umsetzung für verschiedene Lernmilieus vor (Boaler, 2002; für den sprachbildenden Mathematikunterricht Erath et al., 2021).

Für den regulären Mathematikunterricht konnte bereits eine höhere Unterrichtsqualität, zum Beispiel in Form der geführten Gespräche, im gymnasialen Schulkontext im Vergleich zu anderen nicht-gymnasialen Schulformen der Sekundarstufe 1 nachgewiesen werden (Lipowsky et al., 2007). Darüber hinaus gibt es empirische Befunde, dass sich leistungsstärkere Schülerinnen und Schüler qualitativ hochwertiger am Unterricht beteiligen, zum Beispiel durch mündliche Beiträge im Unterrichtsgespräch (Decristan et al., 2020; Pauli & Lipowsky, 2007; Sedova et al., 2019). Pauli und Reusser (2015) konnten zeigen, dass mathematisch und diskursiv reichhaltigere Gespräche in Klassen im Schulerfolgs-Kontext – in ihrem Fall an Gymnasien – in der Tendenz häufiger umgesetzt werden. In nicht-gymnasialen Schulformen zeichneten sich die Gespräche hingegen häufiger durch eine geringere diskursive Reichhaltigkeit und ein geringeres Anspruchsniveau aus. In allen diesen Studien wurden jedoch die Aufgabenqualität und die Lehrkräfte-Professionalität als regulär auftauchende Möglichkeit von Qualitätsunterschieden erfasst, während sie in der vorliegenden laborartigen Studie konstant gehalten wird.

Insgesamt ist festzuhalten, dass sowohl *institutionelle Effekte* als auch *Lernvoraussetzungs- und Kompositions-Effekte* nicht nur für die Lernwirksamkeit und den Lernverlauf, sondern auch für die Analyse des Unterrichts relevant sind.

Lernmilieubezogene Unterschiede in Unterrichtsinteraktionen und Aufgabenanforderungen wurden in der Mathematikdidaktik bereits vielfach als institutionelle Effekte aufgedeckt (Boaler, 2002; DIME, 2007; Gresalfi, Martin, Hand &
Greeno, 2009). Auch für den sprachbildenden Mathematikunterricht gibt es
erste Hinweise für institutionell bedingte Unterschiede: de Araujo und Smith
(2022) zeigen die geringeren Aufgabenanforderungen in Mathematiklehrwerken
für sprachlich schwache Mehrsprachige im Vergleich zu den Aufgabenanforderungen für sprachlich stärkeren Lernende. In ihrer Analyse wird deutlich, dass
gerade sprachlich und mathematisch schwache Lernende weniger anspruchsvolle
und mathematisch weniger reichhaltige Lerngelegenheiten erhalten.

Erath und Prediger (2021) sprechen von *opportunity gaps* (im Folgenden:
fehlende Lerngelegenheiten) für Lernende der ursprünglichen Zielgruppe des
sprachbildenden Mathematikunterrichts (sprachlich schwache Mehrsprachige aus
dem Risiko-Kontext, Abbildung 2.1). Sie erhalten oft eine diskursiv weniger anspruchsvolle Aktivierung (Gresalfi, Martin, Hand & Greeno, 2009) und
darüber hinaus zu wenig oder zu wenig passgenaue Unterstützung für die Teilnahme an Unterrichtsgesprächen beziehungsweise anspruchsvollen Äußerungen
über Mathematik (de Araujo et al., 2018; Moschkovich, 2013). Gleichzeitig ist ihre Partizipation durch ungünstigere Lernvoraussetzungen wie eine
geringe bildungssprachliche Kompetenz in der Unterrichtssprache im Vergleich
zu sprachlich stärkeren Lernenden zusätzlich erschwert. Während für einige
Lernvoraussetzungen, vor allem für das Geschlecht, bereits einige empirische Studien den Zusammenhang zwischen Lernvoraussetzungen und der Partizipation an
Unterrichtsgesprächen belegen, liegen für andere Lernvoraussetzungen wie die
Sprachkompetenz kaum Befunde vor (Howe & Abedin, 2013). Wie genau das
Unterrichtsgespräch beziehungsweise anspruchsvolle mathematische Gespräche
mit den Lernmilieus und den Lernvoraussetzungen in der jeweiligen Schulklasse
zusammenhängen, ist demnach auf der Mikro-Ebene noch zu wenig geklärt.

Zusammenfassend kann davon ausgegangen werden, dass sowohl unterschiedliche *Lernmilieus* als auch unterschiedliche *Lernvoraussetzungen* in Zusammenhang mit den Unterrichtsprozessen stehen. Zusätzlich ist anzunehmen, dass eine
qualitativ hochwertige unterrichtliche Umsetzung für bestimmte Zielgruppen an
Lernenden (u. a. Lernende aus dem Risiko-Kontext) für die Lehrkräfte nicht
einfach zu realisieren ist. Da die unterrichtlichen Prozesse, also konkret die
Interaktion zur Ausgestaltung des sprachbildenden Mathematikunterrichts, zentral sind (Erath et al., 2021), wird die Interaktion als entscheidender Bestandteil
sprachbildenden Mathematikunterrichts im Folgenden näher betrachtet.

2.4 Interaktion als entscheidender Bereich der Ausgestaltung des sprachbildenden Mathematikunterrichts

Hiebert und Grouws (2007) beschreiben Mathematikunterricht als komplexes System mit unterschiedlichen Qualitätsbereichen, die jeweils unterschiedliche Lerngelegenheiten für Schülerinnen und Schüler mit sich bringen können. Als solche Bereiche von Unterrichtsqualität unterscheiden sie die folgenden:

> „The emphasis teachers place on different learning goals and different topics, the expectations for learning that they set, the time they allocate for particular topics, the kinds of tasks they pose, the kinds of questions they ask and responses they accept, the nature of the discussions they lead – all are part of teaching and all influence the opportunities students have to learn." (Hiebert & Grouws, 2007, S. 379).

In Bezug auf diese verschiedenen Bereiche des Mathematikunterrichts betonen die Forschenden der aktuellen, großen TALIS-Videostudie (im Folgenden: TALIS), dass erst noch besser verstanden werden müsse, inwiefern und wie diese Bereiche des Unterrichts tatsächlich die Qualität des Mathematikunterrichts prägen (OECD, 2020). Da es sehr komplex, wenn nicht gar unmöglich wäre, alle diese Bereiche des Mathematikunterrichts im Rahmen einer Dissertation zu untersuchen, musste zwangsläufig eine Auswahl getroffen werden.

Diese Auswahl fiel auf Interaktion, zum einen weil ihr in vielen qualitativen Studien große Bedeutung beigemessen wird: Wie unter anderem die Überblicksartikel von Walshaw und Anthony (2008) und M. Lampert und Cobb (2003) zeigen, wird die Bedeutung reichhaltiger Interaktion als zentrale Rahmenbedingung hervorgehoben, die mathematische Lerngelegenheiten für Lernende ermöglicht oder einschränkt. Zum anderen wurde gezeigt, dass Interaktion, die reichhaltige Lerngelegenheiten mit sich bringt, noch nicht durchgängig etabliert ist (Walshaw & Anthony, 2008). Eine genauere Untersuchung der Interaktion passt darüber hinaus insofern gut zu das vorhandene Datenkorpus aus der Interventionsstudie MESUT2, als dass vier weitere Bereiche der Unterrichtsgestaltung (aufgelistet bei Hiebert & Grouws, 2007, S. 379) konstant gehalten werden: (1) die Lernziele, (2) die für bestimmte Themen zur Verfügung stehende Zeit, (3) die Aufgaben und (4) die Darstellungen. Dies ermöglicht es, auftretende Unterschiede in der Interaktion genauer und detaillierter zu untersuchen als im regulären Mathematikunterricht (mit unterschiedlichen Lernzielen, zur Verfügung stehender Zeit, Aufgaben, Darstellungen).

Insgesamt stellt die Interaktion im Mathematikunterricht also einen lohnen-
den Bereich der Forschung dar, der in dieser Dissertation fokussiert wird. Denn
während die Prinzipien (Abschnitt 2.2) das Design eines verstehensorientierten,
sprachbildenden Mathematikunterrichts ermöglichen, gewährleistet der Fokus auf
die Interaktion eine Untersuchung der konkreten Ausgestaltung eines solchen
Mathematikunterrichts.

Nachfolgend werden zunächst die für die Erforschung von Interaktion im
Mathematikunterricht zentralen theoretischen Grundlagen und Konstrukte erläutert (Abschnitt 2.4.1). Anschließend werden qualitative Forschungsbefunde zur
Interaktion dargelegt (Abschnitt 2.4.2). Abschließend wird die Notwendigkeit
begründet, die bisher primär verwendeten *qualitativen* Forschungsmethoden um
quantitative Methoden zu erweitern und damit Interaktionsqualität auch messbar
zu machen (Abschnitt 2.4.3).

2.4.1 Interaktion als breit angelegter Forschungsgegenstand im Mathematikunterricht

Die frühe mathematikdidaktische Forschung ab den 1960er Jahren konzen-
trierte sich zunächst auf eine eher oberflächliche Erfassung einzelner, direkt
beobachtbarer Ereignisse und Prozesse im Mathematikunterricht. Im damals
häufig vorherrschenden *Prozess-Produkt-Paradigma* wurde davon ausgegangen,
dass Lehrpersonen einen bestimmten Unterricht umsetzen, der wiederum eine
bestimmte Wirkung auf die mathematischen Lernprozesse der Lernenden hat.
Es wurde daher untersucht, welche Unterrichtsprozesse jene Lehrpersonen initiierten, deren Lernenden hohe Leistungszuwächse erzielten (vertiefend Huber &
Mandl, 1982). Ein frühes Beispiel der Untersuchung von Oberflächenstrukturen,
die im Unterricht direkt beobachtet werden können, ist die vielzitierte Studie
von Flanders (1970). Dieser entdeckte ein vielfach empirisch repliziertes Muster der Verteilung von Redeanteilen, die sogenannte „Zwei-Drittel-Regel": Zwei
Drittel der Unterrichtszeit werden für Unterrichtsgespräche mit der gesamten
Klasse aufgewendet, zwei Drittel davon spricht die Lehrperson. Die Studie stellt
einen frühen Beleg für das Problem des begrenzten Raums für Äußerungen der
Lernenden dar.

Zunehmend wurden jedoch auch Bedenken geäußert, dass Mathematikunterricht ein weitaus komplexeres und dynamischeres Phänomen ist, als dass es sich
durch die einfache Erfassung eher oberflächlicher Prozesse abbilden ließe (u.a
Huber & Mandl, 1982; Mercer & Dawes, 2014). Das Prozess-Produkt-Paradigma
wurde daher kritisiert:

"However, it is not suitable for examining how the structure and content of talk develops through lessons, or how specific participants contribute to the development of shared understanding." (Mercer & Dawes, 2014, S. 431).

Das Prozess-Produkt-Paradigma mit seiner vorherrschenden Perspektive auf die Lehrperson und ihre Wirkung auf die Lernenden wurde dann in den 1980er Jahren zunehmend von einer mathematikdidaktischen Forschung abgelöst, in der die Interaktion der Beteiligten im Mittelpunkt stand. Das heißt, dass ein im Gespräch ko-konstruktiv hervorgebrachtes Phänomen in den Mittelpunkt rückte, das nicht nur bezüglich Redeanteile zu erfassen ist, sondern in seinen interaktiven Mechanismen tiefgehend rekonstruiert werden kann (Bauersfeld, 1988; Cobb & Bauersfeld, 1995; Maier & Voigt, 1991; Prediger & Erath, 2014). In der neu begründeten *interaktionistischen Perspektive* der Mathematikdidaktik (Bauersfeld, 1988; Maier & Voigt, 1991) wurde ein anderes Verständnis von Mathematiklernen und der Forschung im Mathematikunterricht etabliert als noch mit dem Prozess-Produkt-Paradigma. Eine Grundannahme der interaktionistischen Perspektive in der Mathematikdidaktik ist, dass, anstatt von einer Wirkung des Verhaltens der Lehrenden auf die Lernenden auszugehen, die soziale Interaktion als grundlegender Ausgangspunkt von Lernprozessen betrachtet und analysiert wird (Schütte, Jung & Krummheuer, 2021):

"Both teacher and students contribute to the classroom processes. It is a jointly emerging 'reality' rather than a systematic proceeding or caused by independent subjects' actions. As one would describe this perspective now: Teacher and students jointly constitute the reality of the classroom." (Bauersfeld, 1988, 29 f.)

Mathematische Bedeutungen werden in der interaktionistischen Perspektive als soziales Produkt aufgefasst, das durch gemeinsame Aushandlungsprozesse der entsprechenden Mikrokultur ko-konstruiert wird (Bauersfeld, 1988; Cobb & Bauersfeld, 1995; Krummheuer & Voigt, 1991; Maier & Voigt, 1991; Schütte et al., 2021). Im Rahmen der Interaktion im Mathematikunterricht erhält das Individuum die Möglichkeit, sich an einer gemeinsamen Bedeutungskonstruktion zu neuem Wissen zu beteiligen, zu der es zuvor noch keine Bedeutung konstruiert hat, und somit etwas zu lernen. Die Beteiligung der einzelnen Lernenden an dieser Interaktion, bildet somit die Grundlage für individuelles mathematisches Lernen (Schütte et al., 2021).

Aus interaktionistischer Perspektive bedeutsam für die Konstruktion mathematischer Bedeutungen ist das Konstrukt der *Mikrokultur*. Dieser Begriff wird in Anlehnung an die Charakterisierung von Erath (2017a) verstanden: In jeder

Klasse etablieren Lehrkräfte und Lernende gemeinsam eine spezifische Mikrokultur, also geteilte „Handlungs-, Deutungs- und Wahrnehmungsmuster" (Erath, 2017a, S. 29). Sie werden durch die *sozialen* und *soziomathematischen Normen* sowie etablierten *Praktiken* konstituiert (Prediger & Erath, 2014; Schütte et al., 2021; Yackel & Cobb, 1996). Normen und Praktiken sind neben der Mikrokultur zwei weitere grundlegende Konstrukte für die Beschreibung und Analyse der stattfindenden Interaktionen. Soziale und soziomathematische Normen bleiben oft implizit; sie stellen Wertmaßstäbe für „gutes" Handeln beziehungsweise „gutes" mathematisches Handeln dar, beispielsweise immer geschickt zu rechnen statt umständlich schriftlich (Erath, 2017a; Krummheuer & Voigt, 1991). Analytisch sind sie jedoch schwer zu fassen, da sie – außer bei Verstößen gegen sie – im Unterricht nicht explizit in Erscheinung treten, sondern eher implizit handlungsleitend sind (Maier & Voigt, 1994; Yackel & Cobb, 1996). Für die Rekonstruktion von Interaktion wurde zudem das Konstrukt der mathematischen *Praktiken* eingeführt, da diese das beobachtbare, analysierbare Konstrukt bilden, an denen die dahinterliegenden sozialen und soziomathematischen Normen sichtbar werden (u. a. Erath, 2017a; Krummheuer & Voigt, 1991). Für diese Dissertation ist daher das Konstrukt der Praktiken für die Analyse der Interaktion zentral.

Als *mathematische Praktiken* werden regelgeleitete und routiniert wiederkehrende, interaktive Handlungsweisen bezeichnet, die von Lernenden und Lehrkräften im Mathematikunterricht ausgeführt werden (Cobb, Stephan, McClain & Gravemeijer, 2001; Prediger & Erath, 2014). Praktiken werden interaktiv in einer Mikrokultur etabliert; sie entstehen in der sozialen Interaktion (Cobb et al., 2001). Aus einer analytischen Perspektive können sie in der Interaktion eines jeden Mathematikunterrichts rekonstruiert werden (Erath, 2017a; Erath et al., 2018).

Für einen sprachbildenden Mathematikunterricht sind neben den mathematischen Praktiken auch die *Diskurspraktiken* bedeutsam (Prediger, 2022; Quasthoff et al., 2021; Abschnitt 2.1.2). Sie werden ebenso wie mathematische Praktiken interaktiv zwischen allen Beteiligten etabliert. Zudem wird auch die soziale Interaktion als Lernkontext für das Erlernen von Diskurspraktiken verstanden (Heller & Morek, 2015). Diskurspraktiken werden als Routinen der Kommunikation charakterisiert, mit denen im Mathematikunterricht unterschiedliche Wissensarten adressiert werden (Erath et al., 2018). Quasthoff et al. (2021) sowie Erath et al. (2018) unterscheiden sie bezüglich ihrer Reichhaltigkeit: Als reichhaltiger wurden das Erklären von Bedeutung oder das Argumentieren eingeschätzt. Mit diesen reichhaltigen Diskurspraktiken können tendenziell mathematisch reichhaltige Wissensarten – wie konzeptuelles Wissen – adressiert werden, indem mehrere Gedanken integriert werden. Im Vergleich dazu gehört das Erläutern von Vorgehensweisen zu den weniger reichhaltigen, sequenzierenden Diskurspraktiken, die Gedanken nacheinander, oft nur in zeitlicher Reihenfolge, etablieren. Sequenzierende Diskurspraktiken werden eher für die Adressierung proceduralen Wissens benötigt. Die Unterscheidung zwischen reichhaltigen und lediglich sequenzierenden Diskurspraktiken für die Analyse der Interaktion ist daher für die Unterscheidung der Reichhaltigkeit der reichhaltigeren Wissensarten von den weniger reichhaltigen Wissensarten für einen sprachbildenden Mathematikunterricht von Bedeutung.

Für diese Arbeit werden als *Praktiken* somit interaktiv etablierte, routinierte Handlungsweisen bezeichnet, die analytisch rekonstruiert werden können; sie umfassen in Anlehnung an Cobb et al. (2001) sowohl mathematische Praktiken als auch Diskurspraktiken (u. a. Quasthoff et al., 2021).

Nach einer Einführung in die Anfänge der Forschung zur Interaktion und die wichtigsten theoretischen Konstrukte für diese Arbeit werden im Folgenden einige Ergebnisse der meist qualitativ-rekonstruktiven Forschung zur Interaktion im sprachbildenden Mathematikunterricht zusammengefasst.

2.4.2 Qualitätsbereiche reichhaltiger Interaktion aus qualitativen Studien im sprachbildenden Mathematikunterricht

Während in Abschnitt 2.2 Prinzipien für das Design eines sprachbildenden Mathematikunterrichts erläutert wurden, werden nachfolgend *Qualitätsbereiche* für seine *Gestaltung* aus den Ergebnissen der qualitativen Forschung zur Interaktion herausgearbeitet. Mit Qualitätsbereichen sind Aspekte von Interaktionen gemeint, die in mehreren qualitativen Studien als relevant für die sich ergebenden Lerngelegenheiten der Schülerinnen und Schüler rekonstruiert wurden. Mögliche Aspekte betreffen zum Beispiel die Art und Weise, wie Lehrkräfte und Lernende miteinander kommunizieren, die Qualität der Rückmeldungen und Fragen, die von Lehrkräften und Lernenden formuliert werden, die individuelle Beteiligung an Aushandlungsprozessen oder die Art und Weise, wie Lernende zusammenarbeiten. Weil sich die Qualitätsbereiche für die Umsetzung von reichhaltigen Interaktionen als relevant herausgestellt haben, eignen sie sich nicht nur zur Rekonstruktion von Interaktionen, sondern auch als Konstrukt, um deren Qualität zu bewerten.

Für die Identifikation von Qualitätsbereichen reichhaltiger Interaktion im regulären Mathematikunterricht stellen die beiden Forschungsüberblicke von Walshaw und Anthony (2008) und M. Lampert und Cobb (2003) den Ausgangspunkt dar.

Sie werden durch empirische Befunde aus Studien zum sprachbildenden Mathematikunterricht ergänzt, unter anderem aus dem Forschungsüberblick von Erath et al. (2021).

Bereits in frühen Arbeiten zur Interaktion wurde immer wieder gezeigt, dass *Raum für Lernendenäußerungen* eine notwendige – wenn auch nicht hinreichende – Bedingung bildet, damit Lernende interaktiv Wissen konstruieren und Bedeutungen aushandeln können (M. Lampert & Cobb, 2003). Begrenzter Raum für den Austausch zwischen Lernenden oder zwischen Lehrenden und Lernenden hat sich als problematisch erwiesen, denn wenn Lernenden nicht genügend Raum für eine aktive Teilnahme an der Interaktion gegeben wird, schränkt dies ihre Möglichkeiten ein, Ideen auszutauschen, Wissen auszuhandeln und dadurch vertiefend mathematisch zu kommunizieren; das heißt, das Aushandeln von Bedeutungen, bei dem die Lernenden als aktive Teilnehmerinnen und Teilnehmer des Gesprächs betrachtet werden, wurde als unterstützend für ihre mathematischen Lernprozesse identifiziert (M. Lampert & Cobb, 2003; Walshaw & Anthony, 2008). Vor dem Hintergrund, dass soziale Interaktion als entscheidender Lernkontext verstanden wird (Abschnitt 2.4.1; z. B. Schütte et al., 2021), ist die Bereitstellung von Raum für die aktive Teilnahme mit Äußerungen eine notwendige Bedingung für mathematische Lernprozesse, denn in der Aushandlung können nicht nur korrekte Lösungen verbessert, Fehlvorstellungen aufgedeckt, sondern auch reichhaltige Diskurspraktiken wie das Formulieren mathematischer Erklärungen erarbeitet und geübt werden.

Da jedoch nicht alle Arten von Äußerungen und Diskurspraktiken der Lernenden gleichermaßen produktiv für das Mathematiklernen sind (O'Connor, Michaels, Chapin & Harbaugh, 2017), ist der Qualitätsbereich des rein mengenmäßigen Raums für Lernendenäußerungen lediglich eine potentiell förderliche, aber keineswegs hinreichende Bedingung für reichhaltigere mathematische Gespräche.

Verschiedene Studien haben darüber hinaus die Bedeutung der Qualität der *mathematischen Reichhaltigkeit* der Interaktion herausgearbeitet. Das bedeutet, dass Schülerinnen und Schüler günstigere mathematische Lerngelegenheiten haben, wenn die Interaktion um reichhaltige mathematische Ideen kreist und durch hohe kognitive Anforderungen gekennzeichnet ist (Walshaw & Anthony, 2008). Mathematische Reichhaltigkeit kann sich dabei auf verschiedene Aspekte beziehen, zum Beispiel auf konzeptuelles Verständnis, Problemlösen oder hohe kognitive Anforderungen durch Aufgaben oder deren Umsetzung in der Interaktion (Henningsen & Stein, 1997; Hiebert & Grouws, 2007; Schoenfeld, 2014). Eine mathematisch reichhaltige Interaktion wird dabei nicht allein durch die von den Lehrkräften eingebrachte Aktivierung bestimmt: So zeigen empirische Studien, dass zwischen der von den Lehrkräften intendierten Aktivierung – im Sinne von Aufgabenpotentialen – und der tatsächlichen Umsetzung dieser Potentiale deutliche Unterschiede bestehen können (Henningsen & Stein, 1997; Stein & Lane, 1996). Für die Adressierung mathematischer Reichhaltigkeit in Gesprächen wird die Relevanz diskursiv reichhaltiger Gespräche betont (Erath et al., 2021; Howe & Abedin, 2013; Howe, Hennessy, Mercer, Vrikki & Wheatley, 2019). Dies umfasst sowohl Gespräche zwischen Lernenden und Lehrenden als auch Gespräche zwischen Lernenden, wobei zu letzteren bereits mehr empirische Forschung vorliegt als zu ersteren (Howe et al., 2019).

Viele qualitative Studien untersuchen auch die Übereinstimmung und Ausrichtung der mathematischen Reichhaltigkeit auf die *diskursive Reichhaltigkeit* der Interaktion. Für diskursive Reichhaltigkeit gibt es viele verschiedene Konzeptualisierungen (Drageset, 2015; Erath et al., 2021; Howe & Abedin, 2013), die in Studien mit unterschiedlichen Fragestellungen, Motivationen etc. entstanden sind. Nach Walshaw und Anthony (2008) lässt sich diskursive Reichhaltigkeit als respektvoller Austausch von Ideen, die kontinuierliche Initiierung und Unterstützung von Begründungen und Erklärungen sowie gemeinsam orchestrierte Diskussionen und Argumentationen charakterisieren. Zu diskursiv reichhaltigen Interaktionen gehört zum Beispiel auch der oft erwähnte *exploratory talk* (Mercer, Wegerif & Dawes, 1999). Es liegt in der Verantwortung der Lehrkräfte, die Gespräche angemessen herausfordernd und reichhaltig zu gestalten und dafür zu sorgen, dass die Lernenden die Möglichkeit haben, ihre Gedanken und Ideen auszudrücken (Walshaw & Anthony, 2008). Angesichts der Vielzahl möglicher Konzeptualisierungen von diskursiver Reichhaltigkeit stellt sich die Frage, was genau entscheidend ist, um eine reichhaltige Interaktion mit reichhaltigen mathematischen Lerngelegenheiten zu realisieren.

Für die Konstruktion von reichhaltigem mathematischem Wissen, wie beispielsweise konzeptuellem Wissen, wird auf die Bedeutung reichhaltiger Diskurspraktiken hingewiesen:

"Qualitative studies have elaborated that classroom interaction is a crucial learning opportunity for language learners only when they are engaged in rich discourse practices" (Erath & Prediger, 2021, 167 f.)

Mittlerweile liegen mehrere weitere Studien vor, die empirisch Zusammenhänge zwischen mathematisch reichhaltigen Interaktionen, beispielsweise zur Aushandlung konzeptuellen Wissens, und reichhaltigen Diskurspraktiken herausarbeiten.

Diese reichhaltigen Diskurspraktiken werde benötigt, um die Aushandlung mathematischen Wissens in der Interaktion adäquat adressieren zu können (Erath et al., 2018; Mercer et al., 1999; Moschkovich, 2015). Beispielhaft hierfür zeigen Erath et al. (2018), dass Interaktion nur dann zu einer zielgerichteten Lerngelegenheit für konzeptuelles mathematisches Wissen wird, wenn die Lernenden in reichhaltige Diskurspraktiken eingebunden sind, die zur Thematisierung des konzeptuellen Wissens passen. Solche reichhaltigen Diskurspraktiken sind unter anderem das Beschreiben mathematischer Strukturen oder das Erklären von Bedeutung im Gegensatz zum reinen Nennen von Fakten oder dem Erzählen von Erlebnissen als weniger reichhaltige, sequenzierende Diskurspraktiken (Erath et al., 2021; Prediger, 2022; Quasthoff et al., 2021; Abschnitt 2.1.2).

Es konnte bereits gezeigt werden, dass die Umsetzung von diskursiver und mathematischer Reichhaltigkeit in der Interaktion in verschiedenen Mikrokulturen zum Teil deutlich voneinander abweicht (Erath, 2017a; Erath et al., 2018; Howe & Abedin, 2013; Walshaw & Anthony, 2008). Innerhalb einer Mikrokultur erfolgt die Umsetzung einer reichhaltigen und anspruchsvollen Diskurspraktik häufig in der Interaktion mit Unterstützung der Lehrkraft (Quasthoff et al., 2021), das heißt, auch eher kollektiv als monologisch hervorgebracht. Darüber hinaus gibt es empirische Belege dafür, dass einige individuelle Lernende mehr als andere Lernende mit reichhaltigeren Äußerungen in reichhaltigen Diskurspraktiken an der Interaktion beteiligt sind (Erath et al., 2018). Diese Ergebnisse weisen darauf hin, dass es wichtig sein könnte, was genau im Fokus einer quantifizierenden Analyse von Interaktion steht. Also, dass sich auch bei ihrer quantitativen Erfassung die Ergebnisse unterscheiden können, je nachdem, ob der Fokus auf eine spezifische Mikrokultur, auf eine Lehrkraft und Lernende in der Interaktion zusammen oder auf einzelne Lernende gelegt wird.

Einige qualitative Lernprozess- und Interventionsstudien zeigen darüber hinaus, dass Lernende in einem sprachbildenden Mathematikunterricht mitunter zusätzliche *integrierte Wortschatzförderung* im Sinne lexikalischer Reichhaltigkeit benötigen, um sich an diskursiv und mathematisch reichhaltigen Interaktionen beteiligen zu können (u. a. Barwell, 2023; Götze & Baiker, 2021; Prediger & Pöhler, 2015; Wessel, 2015, Überblick in Erath et al., 2021). Eine solche integrierte Wortschatzförderung im Sinne lexikalischer Reichhaltigkeit ist vor allem für diejenigen lexikalischen Sprachmittel relevant, die für die aktive Teilnahme an mathematisch und diskursiv reichhaltigen Interaktionen notwendig sind (Erath et al., 2021; Prediger, 2022, Abschnitt 2.1.2). Für Lernende mit geringeren sprachlichen Lernvoraussetzungen in der Unterrichtssprache, wie z. B. die Zielgruppe der Zweitsprachlernenden (im Englischen als „English Language

Learner", kurz ELL bezeichnet), wurde daher eine integrierte Wortschatzförderung gefordert, in welcher der relevante Wortschatz in diskursiv reichhaltigen und mathematisch bedeutsamen Situationen erworben wird:

> "The question is not whether students who are ELLs should learn vocabulary, but rather how instruction can best support students to learn vocabulary as they actively engage in mathematical reasoning about important mathematical topics." (Moschkovich, 2013, S. 46).

Im Zusammenhang mit sprachbildendem Mathematikunterricht ist daher die integrierte Wortschatzförderung im Sinne der lexikalischen Reichhaltigkeit als zusätzlicher, von M. Lampert und Cobb (2003) zunächst nicht aufgeführter Qualitätsbereich zu beachten. So kann sichergestellt werden, dass bestehende individuelle Bedarfe beim Wortschatzlernen (z. B. Prediger & Pöhler, 2015; Wessel, 2017, 2020, Abschnitt 2.1.2) berücksichtigt werden, um die Teilhabe an mathematisch und diskursiv reichhaltigen Interaktionen zu unterstützen.

Zusammenfassung: Qualitätsbereiche für die Bewertung der Reichhaltigkeit der Interaktion

Seit den ersten Analysen zur Interaktion in der Mathematikdidaktik (u. a. Bauersfeld, 1988; Cobb & Bauersfeld, 1995, Abschnitt 2.4.1) wurden in vielen qualitativen Fallstudien nicht nur die subtilen Mechanismen in der Interaktion untersucht, sondern auch die Bedeutung qualitativ hochwertiger Interaktion für die Stärkung oder Einschränkung mathematischer Lerngelegenheiten herausgearbeitet (M. Lampert & Cobb, 2003; Walshaw & Anthony, 2008). Über mehrere Jahrzehnte hat sich ein großer Fundus an qualitativen Fallstudien zur Interaktion im Mathematikunterricht entwickelt. Diese haben tiefe Einblicke in die interaktiven Mechanismen bei der gemeinsamen Konstruktion von Ideen und Bedeutungen ermöglicht, wie die Forschungsüberblicke von M. Lampert und Cobb (2003) sowie Walshaw und Anthony (2008) zeigen und in diesem Abschnitt zusammengefasst wurde.

Basierend auf diesem Verständnis der komplexen Mechanismen konstruierter Interaktionen trugen die qualitativen Fallstudien auch zur Bewertung der Interaktionsqualität bei. Es wurden vier wesentliche Qualitätsbereiche für reichhaltige Interaktionen identifiziert:

- *Raum für Lernendenäußerungen,*
- *mathematische Reichhaltigkeit,*

- *diskursive Reichhaltigkeit* sowie
- *lexikalische Reichhaltigkeit* im Sinne einer integrierten Wortschatzförderung.

Die Qualitätsbereiche korrespondieren (mit Ausnahme des rein quantitativen Raums für Lernendenäußerungen) mit den Prinzipien eines sprachbildenden Mathematikunterrichts (Abschnitt 2.2). Ein verstehensorientiertes Unterrichtsdesign (mit entsprechenden Lernpfaden, Aufgaben, Darstellungen, usw., Abschnitt 2.2.1) braucht in der unterrichtlichen Umsetzung zu seiner Entfaltung eine mathematisch – insbesondere konzeptuell – reichhaltige Interaktion. Das Prinzip der Initiierung und Unterstützung reichhaltiger Diskurspraktiken kann im Unterrichtsdesign durch Aufgaben- und Methodenwahl verfolgt werden (Abschnitt 2.2.2), bedarf in der unterrichtlichen Umsetzung jedoch auch eine diskursiv reichhaltige Interaktion. Die integrierte Förderung des bedeutungsbezogenen Wortschatzes wird neben den entsprechenden Aufgaben, Methoden und Unterstützungsformaten im Unterrichtsdesign dann in der Ausgestaltung durch lexikalisch reichhaltige Interaktion realisiert.

2.4.3 Von qualitativen Studien zur Interaktion zur Messung der Interaktionsqualität

In den Abschnitten 2.4.1 und 2.4.2 wurden Ergebnisse qualitativer Studien zusammengetragen, die zeigen, dass die Reichhaltigkeit der Interaktion im Mathematikunterricht für die sich daraus ergebenden Lerngelegenheiten der Lernenden bedeutsam ist. Allerdings sind die überwiegend qualitativen Befunde zur Interaktion – wie alle qualitativen Forschungsergebnisse – insofern begrenzt, als sie sich auf kleine Fallstudien beziehen und schwer auf größere Datensätze übertragbar sind. Daher fordern unter anderem Erath und Prediger (2021) die Konzeptualisierung und quantifizierte Operationalisierung der *Interaktionsqualität*, um die Reichhaltigkeit der Interaktion auch quantitativ erforschen zu können. Hierfür liefern die qualitativen Studien zur Interaktion bzw. zur Interaktion im sprachbildenden Mathematikunterricht (Abschnitt 2.4.1, 2.4.2) wichtige Anhaltspunkte, die auch für die quantitative Erfassung der Interaktionsqualität bedeutsam sind.

Im Gegensatz zu den qualitativen Fallstudien in den Abschnitten 2.4.1 und 2.4.2, die sich auf kurze Ausschnitte der Interaktion in wenigen Klassen beziehen, zielen quantitative Studien auf die Erfassung größerer Stichproben und längerer Ausschnitte des Unterrichts beziehungsweise den Teilbereich der Interaktion im Unterricht ab. Für eine quantitative Erfassung der Interaktion muss die Analyse im Vergleich zu qualitativen Forschungsansätzen stets simplifiziert werden (Mu et al., 2022; Praetorius & Charalambous, 2018). Eine zentrale Frage für jedes zu quantifizierende latente Konstrukt ist daher, wie relevante Aspekte des Konstrukts valide erfasst werden können (Döring & Bortz, 2016; Praetorius & Charalambous, 2018). Diesbezüglich betonen Howe und Abedin (2013) die Notwendigkeit von empirischer methodenorientierter Forschung, die zunächst abgeschlossen werden muss, um diese Simplifizierung zu bewerten:

"Until the research is complete, it will be unclear whether quantification is a useful proxy or whether the simplification it entails is crippling." (Howe & Abedin, 2013, S. 344).

Insbesondere die diskursive Reichhaltigkeit wurde bislang als zu stark vereinfachend codiert bemängelt (Howe & Abedin, 2013; Pauli & Reusser, 2015), sodass hier die Notwendigkeit besteht, weitere Möglichkeiten für die quantitative Erfassung zu sondieren.

Bei der Erfassung der Interaktionsqualität besteht gegenüber qualitativ-rekonstruktiven Analysen insbesondere die Schwierigkeit, dass feste Kategorien in der Analyse verwendet werden müssen, anstatt die Interaktion deutungsoffen zu rekonstruieren, wie in der interaktionistischen Perspektive der Mathematikdidaktik vorgenommen (z. B. Schütte et al., 2021, Abschnitt 2.4.1). Die empirischen Ergebnisse zur Umsetzung reichhaltiger Interaktion im sprachbildenden Mathematikunterricht (Abschnitt 2.4.2) geben dafür wichtige Anhaltspunkte, welche Deutungsperspektiven eher als andere als feste Kategorien für die quantitative Analyse auszuwählen sind.

Zum einen erweisen sich die *vier Qualitätsbereiche* (Raum für Lernendenäußerungen, mathematische Reichhaltigkeit, diskursive Reichhaltigkeit und lexikalische Reichhaltigkeit) als relevant für die Realisierung reichhaltiger Interaktion, sodass sie auch bei der Bewertung der Interaktionsqualität berücksichtigt werden sollten. Wenn beispielsweise eine Interaktion diskursiv nicht reichhaltig ist, wenn die interaktive Aushandlung nicht auch teilweise in reichhaltigen Diskurspraktiken stattfindet, kann von einer eher geringen Interaktionsqualität ausgegangen werden. Zudem ist es wichtig, eine interaktionistische Perspektive zu berücksichtigen, also, dass Interaktion in interaktiv-etablierenden Praktiken konstituiert wird (Abschnitt 2.4.1), anstatt wie zunächst im Prozess-Produkt-Paradigma eher oberflächliche Unterrichtsprozesse zu analysieren. Entscheidend ist dafür, dass nicht nur die Lehrperson und die initiierten Prozesse im Mittelpunkt stehen, sondern die Interaktion aller Beteiligten als Ganzes erfasst wird. Die Erfassung von *mathematischen Praktiken* und *Diskurspraktiken* könnte hierfür eine Möglichkeit darstellen, die Interaktion aller Beteiligten auch quantitativ zu erfassen, da gleichzeitig die Interaktivität berücksichtigt wird und reichhaltige Praktiken eine aus den qualitativen Ergebnissen geeignete Deutungsperspektive der Interaktion darstellen. Darüber hinaus weisen bereits durchgeführte empirische Studien (u. a. Stein & Lane, 1996) darauf hin, dass die Ergebnisse zwischen der *intendierten* Reichhaltigkeit der Interaktion und der *tatsächlich umgesetzten* Reichhaltigkeit der Interaktion voneinander abweichen können. Dies sollte auch bei der Erforschung der Interaktionsqualität berücksichtigt und besser verstanden werden.

Für die quantitative Forschung besteht allerdings noch ein offenes Problem darin, wie die Qualitätsbereiche (Abschnitt 2.4.2), aber auch die interaktiv etablierten Praktiken (Abschnitt 2.4.1) für die Messung der Interaktionsqualität am besten berücksichtigt werden können, sodass eine valide Messung der Interaktionsqualität erfolgen kann.

2.5   Zusammenfassung

Sprache ist für mathematische Lern- und Verstehensprozesse von zentraler Bedeutung (Erath et al., 2021; M. Lampert & Cobb, 2003; Prediger, 2022). Ausgehend von der Erkenntnis, dass sprachbedingte Leistungsdisparitäten existieren, wurde der sprachbildende Mathematikunterricht zunächst als kompensatorische Maßnahme für bestimmte Zielgruppen an Lernenden initiiert und beforscht (Abschnitt 2.1). Später wurde die Wirksamkeit von sprachbildendem Mathematikunterricht für mathematische Leistungszuwächse für alle Zielgruppen an Lernenden nachgewiesen (Prediger, Erath et al., 2022; Prediger & Neugebauer, 2023). Ein solcher sprachbildender Mathematikunterricht versteht sich als Adressierung heterogener sprachlicher und mathematischer Lernvoraussetzungen und konzeptualisiert damit Sprache nicht nur als Lernmedium im Unterricht, sondern explizit als Lerngegenstand mit dem Ziel, mathematisches Verständnis aufzubauen. Das Design eines sprachbildenden Mathematikunterrichts folgt bestimmten Prinzipien, deren Wirksamkeiten empirisch bestätigt sind (z. B. Erath et al., 2021; Abschnitt 2.2). In der Umsetzung ist in einem solchen sprachbildenden Mathematikunterricht von einem Einfluss unterschiedlicher Lernmilieus und familiärer und individueller Lernvoraussetzungen auf das Mathematiklernen auszugehen (Abschnitt 2.3). Welche Rolle die Lernmilieus und Lernvoraussetzungen genau spielen, ist bislang jedoch noch unklar, sodass Bedarf an weiteren empirischen Untersuchungen besteht.

Unter den verschiedenen Bereichen, die für die Umsetzung reichhaltiger Lerngelegenheiten im Mathematikunterricht relevant sind (Hiebert & Grouws, 2007), ist die Interaktion für alle Zielgruppen von Lernenden von besonderer Bedeutung (Abschnitt 2.4, z. B. Walshaw & Anthony, 2008). In zahlreichen qualitativen Fallstudien wurde rekonstruiert, wie mathematische Lernprozesse in der Interaktion durch Lehrpersonen angeregt und unterstützt werden können. Da die Ergebnisse jedoch nur auf kleinen Stichproben und Ausschnitten der Interaktion beruhen, besteht Forschungsbedarf zur Quantifizierung der *Interaktionsqualität* (Abschnitt 2.4). Dies stellt den Forschungsfokus dieser Dissertation dar.

Im Folgenden wird daher der Forschungsstand zur Konzeptualisierung (Kapitel 3) und Operationalisierung (Kapitel 4) von Interaktionsqualität erläutert. Das bedeutet, dass aktuelle quantitative Erfassungsinstrumente dahingehend untersucht werden, inwiefern sie welche Aspekte von Interaktionsqualität bereits abdecken.

Konzeptualisierung von Interaktionsqualität im sprachbildenden Mathematikunterricht

In Kapitel 2 wurde anhand qualitativer Studien die Bedeutung von reichhaltiger Interaktion für die Umsetzung mathematischer Lerngelegenheiten aufgezeigt. Gleichzeitig wurde die Notwendigkeit begründet, die bisher überwiegend verwendeten qualitativen zu quantitativen Forschungsmethoden zu erweitern, also statt Interaktionen in ihren inhärenten Mechanismen zu rekonstruieren, die Interaktionsqualität quantitativ messbar zu machen (Abschnitt 2.4.3). Dies stellt kein vollkommen neues Unterfangen dar: Bereits in vielen quantitativen Studien zur Unterrichtsqualität wurde Interaktionsqualität immer auch bereits zum Teil berücksichtigt, wenn auch nicht zwangsläufig im Kern (z. B. TRU, Schoenfeld, 2013). In Kapitel 3 wird daher dargestellt, welche Konzeptualisierungen von Interaktionsqualität in quantitativen Studien von anderen Forschungsgruppen bereits verwendet wurden.

Generell ist die quantifizierbare Messung von Unterrichtsqualität, innerhalb der die Interaktionsqualität einen Teilbereich darstellt, deutlich herausfordernder als die Erfassung von Leistungszuwächsen:

"Describing teaching is, in many ways, more challenging than measuring students' learning due, in part, to its bewildering complexity and, in part, to the relatively less attention it has received" (Hiebert & Grouws, 2007, S. 376).

Diese Herausforderungen gelten für Interaktionsqualität sogar in noch stärkerem Maße als für andere Bereiche von Unterrichtsqualität (Erath & Prediger, 2021; Hiebert & Grouws, 2007, Abschnitt 2.4) und besonders für einen sprachbildenden Mathematikunterricht, für den bislang nur wenige quantitative Studien vorliegen (Erath et al., 2021). Während die Wirksamkeit des sprachbildenden Mathematikunterrichts für mathematische Leistungszuwächse in (quasi-)experimentellen

K. Quabeck, *Interaktionsqualität im sprachbildenden Mathematikunterricht*, Dortmunder Beiträge zur Entwicklung und Erforschung des Mathematikunterrichts 54, https://doi.org/10.1007/978-3-658-43697-1_3

Interventionsstudien bereits mehrfach nachgewiesen wurde (Götze & Baiker, 2021; Neugebauer & Prediger, 2023; Prediger, Erath et al., 2022), besteht bislang weniger Wissen darüber, worauf die größeren differentiellen Leistungszuwächse zurückzuführen sind. Um mehr Klarheit darüber zu gewinnen, sollte die bislang oft als „Blackbox" behandelten sprachbildenden Interventionen genauer auf die Lehr-Lern-Prozesse untersucht werden (Erath et al., 2021). Dies erfolgte bislang vor allem durch qualitative Studien zur Interaktion (u. a. Barwell, 2023; Wessel, 2015; Abschnitt 2.4.2) und soll nun aus als Teil der quantitativen Forschung zur Unterrichtsqualität vertieft werden.

Um Unterrichtsqualität und insbesondere den Teilbereich Interaktionsqualität quantitativ messbar zu machen, muss das zu untersuchenden Konstrukt (hier: Interaktionsqualität) *konzeptualisiert* werden. Allgemein umfasst die Konzeptualisierung den gesamten Prozess, ein abstraktes Konstrukt zu definieren und zu strukturieren, um es im nächsten Schritt operationalisieren zu können. Dies ist mit grundlegenden theoretischen Annahmen und Entscheidungen verbunden (Döring & Bortz, 2016; Hiebert & Grouws, 2007; Praetorius & Charalambous, 2018).

Forschende kritisierten immer wieder, dass für die Konzeptualisierung von Konstrukten wie Unterrichtsqualität bislang eine große Heterogenität und zu wenig Transparenz über das besteht, *was* genau konzeptualisiert wird. Dies erschwert einerseits den Vergleich von empirischen Ergebnissen aus empirischen Studien (Mu et al., 2022; Praetorius & Charalambous, 2018). Andererseits besteht zuweilen die irrtümliche Annahme, dass zwei gemessene Aspekte, wie zum Beispiel Qualitätsbereiche, gleich sind, weil sie dieselbe Bezeichnung tragen, obwohl sie in Wirklichkeit etwas ganz anderes umfassen. So konnte etwa Brunner (2018) empirisch zeigen, dass die Bewertung des gleichen Unterricht mit unterschiedlichen Erfassungsinstrumenten, denen unterschiedliche Konzeptualisierungen mit teilweise sehr ähnlichen Bezeichnungen zugrunde liegen, zu einer abweichenden Bewertung der Qualität führen kann. Umso wichtiger ist es, Transparenz darüber zu geben, wie die zu erfassenden Konstrukte konzeptualisiert werden.

Die Messung von Interaktionsqualität bietet die Chance, Erkenntnisse aus der qualitativen Forschung zur Interaktion auch explizit in die quantitative Messung von Unterrichtsqualität einfließen zu lassen und damit den Qualitätsbegriff bezüglich Interaktionsqualität aufzuschärfen und bewusst zu integrieren. Das heißt, dass wichtige Kategorien, die auf qualitativen Ergebnissen zur Interaktion beruhen, Eingang in quantitative Erhebungsinstrumente zur Erfassung von Interaktionsqualität finden. Beispielsweise das Konstrukt der reichhaltigen Diskurspraktiken, die für Interaktion im Mathematikunterricht relevanter sind als sequenzierende Diskurspraktiken im sprachbildenden Mathematikunterricht (u. a. Erath et al., 2018;

Abschnitt 2.4.2). Gegenstand der Forschung ist derzeit noch, was Unterrichtsqualität ausmacht, was also konzeptualisiert werden muss, um Unterrichtsqualität zu erfassen:

> „(...) The ways we operationalize 'quality' teaching in observation tools can help reform mathematics teaching and increase the professionalism of the field." (Bostic et al., 2021, S. 6)

Daher ist es wichtig zu identifizieren, welche Aspekte der Interaktionsqualität bereits Eingang in quantitative Erfassungsinstrumente gefunden haben und wie dies umgesetzt wurde. Aber vor allem auch um herauszufinden, welche Aspekte gegebenfalls noch nicht ausreichend enthalten sind, um eventuell notwendige Anpassungen zur Messung von Interaktionsqualität in quantitativen Erfassungsinstrumenten identifizieren zu können.

Im Rahmen dieser Arbeit werden daher im Folgenden *Qualitätsbereiche* und *Fokusse* als Konstrukte für die Artikulation von unterschiedlichen Konzeptualisierungen von Interaktionsqualität vorgeschlagen (Abschnitt 3.1). Durch die Kombination der Qualitätsbereiche und Fokusse ergeben sich zwölf potentielle Konzeptualisierungen von Interaktionsqualität (Tabelle 3.1). Um herauszufinden, inwieweit welche Konzeptualisierungen bisher in quantitativen Erfassungsinstrumenten enthalten sind, werden diese auf das Vorkommen der zwölf potentiellen Konzeptualisierungen – zur Darstellung des Forschungsstands – untersucht (Abschnitt 3.2).

Kapitel 3 basiert auf Vorarbeit von Erath und Prediger (2021) sowie der Weiterführung ihrer Arbeit durch Quabeck, Erath und Prediger (2023), die auch den Forschungsstand zur Konzeptualisierung von Interaktionsqualität dokumentiert haben. Er wird hier vertieft und erweitert.

3.1 Qualitätsbereiche und Fokusse zur Strukturierung potentieller Konzeptualisierungen von Interaktionsqualität

Ziel von Kapitel 3 ist es, die bisher in quantitativen Erfassungsinstrumenten verwendeten *Konzeptualisierungen von Interaktionsqualität* zu identifizieren. Im Folgenden werden dafür die Konstrukte *Qualitätsbereich* und *Fokus* für die Artikulation vorgeschlagen und erläutert.

3.1.1   Qualitätsbereiche reichhaltiger Interaktionen aus qualitativen Studien zur Konzeptualisierung von Interaktionsqualität

Wie in Abschnitt 2.4.2 aufgeführt, ergeben sich aus den qualitativen Studien (u. a. Überblicke in Erath et al., 2021; M. Lampert & Cobb, 2003; Walshaw & Anthony, 2008) zur Interaktion im sprachbildenden Mathematikunterricht *vier Qualitätsbereiche*:

- *Raum für Lernendenäußerungen,*
- *mathematische Reichhaltigkeit,*
- *diskursive Reichhaltigkeit*; sowie
- *lexikalische Reichhaltigkeit* im Sinne einer integrierten Wortschatzförderung.

Dabei werden *Qualitätsbereich* in dieser Arbeit als Aspekte von reichhaltigen Interaktionen verstanden, die sich in qualitativen Studien wiederholt als relevant für die umgesetzten Lerngelegenheiten von Schülerinnen und Schülern erwiesen haben (Abschnitt 2.4.2). Weil sich die vier aufgeführten Qualitätsbereiche in qualitativen Studien als relevant für die Umsetzung reichhaltiger Interaktion gezeigt haben, sollten sie auch bei der Erfassung und Bewertung der Interaktionsqualität, also in der Konzeptualisierung von messbarer Interaktionsqualität, berücksichtigt werden. Damit wird sichergestellt, dass beim Identifizieren von potentiellen Konzeptualisierungen der Interaktionsqualität die Ergebnisse qualitativer Studien zur reichhaltigen Interaktion berücksichtigt werden.

3.1.2   Verschiedene Fokusse zur Konzeptualisierung von Interaktionsqualität in Angebot-Nutzungs-Modellen

Bereits im Überblick über die qualitativen Studien zur Interaktion (Abschnitte 2.4.1, 2.4.2) wird deutlich, dass es neben den verschiedenen Qualitätsbereichen für eine bedeutsame Interaktion sowohl die sich ergebenden Lerngelegenheiten, als auch die Beteiligung der Lernenden an diesen Lerngelegenheiten von Bedeutung sind. So konnte bereits empirisch gezeigt werden, dass zwischen der von Lehrkräften *intendierten* Aktivierung im Sinne von Aufgabenpotentialen und der tatsächlich *umgesetzten* Aktivierung deutliche Unterschiede bestehen können (Henningsen & Stein, 1997; Stein & Lane, 1996). Ebenso können Unterschiede in der individuellen Partizipation einzelner Lernender am Unterrichtsgespräch bestehen, auch wenn Lehrkräfte eine durchschnittlich ähnliche Aktivierung für alle

Lernenden umsetzen (u. a. Erath et al., 2018; Pauli & Lipowsky, 2007; Sedova et al., 2019). Dass nicht nur die im Unterricht angebotenen Lerngelegenheiten für das Mathematiklernen bedeutsam sind, sondern auch, ob und wie die Lernenden diese Lerngelegenheiten für sich nutzen, wird auch in der Konzeption von Angebot-Nutzungs-Modellen aufgegriffen (Brühwiler & Blatchford, 2011; Fend, 1998; Helmke, 2009; Klieme, 2006; Vieluf et al., 2020). Diese sind vor allem im deutschsprachigen Raum für die Konzeptualisierung von Unterrichtsqualität mit dem Teilbereich Interaktionsqualität bekannt. Abbildung 3.1 zeigt ein Beispiel für ein Angebot-Nutzungs-Modell, mit dem die sich ergebenden Lerngelegenheiten und ihre Nutzung durch die Lernenden – neben vielen weiteren Faktoren, die den Unterricht beeinflussen – dargestellt sind.

In Angebot-Nutzungs-Modellen wird auf einem hohen Abstraktionsniveau dargestellt, wie sich verschiedene Faktoren, wie zum Beispiel die von Lehr-kräften umgesetzten Aufgabenpotentiale und die Partizipation der Lernenden, im Unterricht beeinflussen können und wie dies mit Lernprozessen beziehungsweise Leistungszuwächsen im jeweiligen Unterrichtsfach zusammenhängen (Helmke, 2009; Vieluf et al., 2020). Das Konstrukt der Interaktion beziehungsweise quantifiziert als Interaktionsqualität lässt sich vereinfacht in dem in Abbildung 3.1 grau umrandeten Bereich verorten. Eingerahmt wird die Interaktion von den umgebenden Feldern des Angebot-Nutzungs-Modells in Abbildung 3.1. Also

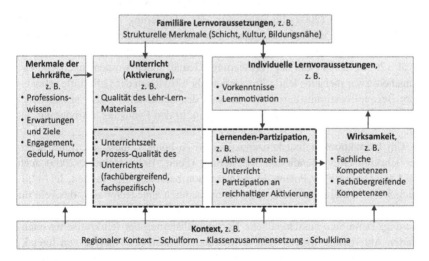

Abb. 3.1 Angebot-Nutzungs-Modell (adaptiert von Helmke, 2009), mit Verortung der Interaktion (schwarze Umrandung)

von familiären und individuellen Lernvoraussetzungen, Kontext und weiteren Faktoren, die nachweislich mit dem mathematischen Lernen zusammenhängen (Abschnitt 2.3).

In dieser Arbeit wird für die Konzeptualisierung von Interaktionsqualität zur quantitativen Erfassung an die Rahmung in Angebot-Nutzungs-Modellen angeknüpft. Wichtig ist dabei die Unterscheidung zwischen Aktivierung (Angebot) und Partizipation (Nutzung). Zur deren Unterscheidung wird das Konstrukt *Fokus* eingeführt und verwendet. Ein Fokus meint, wessen Aktivitäten bei der Bewertung der Interaktionsqualität im Mittelpunkt stehen: Der Aktivitäten der Lehrperson, die Partizipation der Lernenden oder der wechselseitige Austausch zwischen Lernenden und Lehrpersonen.

Die *individuelle Partizipation* der Lernenden kann auch als *Lernenden-Fokus* verstanden werden. Sie stellt einen wichtigen Schwerpunkt für die Forschung zur Interaktionsqualität dar, denn sie umfasst die individuelle Partizipation an Lerngelegenheiten auf der Grundlage individueller Erfahrungen. Der Lernenden-Fokus korrespondiert mit der theoretischen Grundannahme, dass Lernen durch Partizipation erfolgt (Abschnitt 4.2.1). Aufgegriffen wird zudem, dass die individuelle Partizipation an den Lerngelegenheiten – an der intendierten und umgesetzten Aktivierung – interindividuell verschieden sein kann (Decristan et al., 2020; Erath et al., 2018).

Wichtig für die Interaktionsqualität ist weiterhin der Fokus der *Aktivierung*. Das Verständnis dessen, was genau unter den Fokus der Aktivierung fällt, variiert jedoch in verschiedenen Publikationen. Ursprünglich beziehen sich Fend (1998) und auch Helmke (2009) für den Fokus der Aktivierung im Wesentlichen auf die Angebote, die die Lehrkraft durch ihre eigenen Aktivitäten macht, also die *intendierte Aktivierung*. Breiter fassen aktuellere Publikationen, wie von Vieluf et al. (2020), den Fokus der Aktivierung. Gemäß ihnen werden unterrichtliche Angebote zwar meistens lehrkräftezentriert als Aktivitäten der Lehrkräfte erfasst – zum Beispiel bestimmt durch die Auswahl der Lerninhalte – aber sie beziehen auch die *konkrete Umsetzung dieser Potentiale* in den Fokus der Aktivierung mit ein.

Um Interaktionsqualität konzeptualisieren zu können, muss allerdings neben der lehrkraftseitig intendierten Aktivierung (Fend, 1998; Helmke, 2009) auch die Umsetzung dieser Potentiale in Interaktion berücksichtigt werden. In Abbildung 3.1 wird diese Unterscheidung bereits dadurch angedeutet, dass das Feld für die Aktivierung zweigeteilt ist, in die intendierte und tatsächlich umgesetzte Aktivierung. Denn eine ausschließliche Konzeptualisierung der lehrkraftseitig intendierten Aktivierung widerspricht dem Grundgedanken der Analyse von Interaktion als gemeinsamer Aushandlung von Bedeutung durch Lehrende und Lernende

(Abschnitt 2.4.1). Für die Konzeptualisierung von Interaktionsqualität wird daher im Rahmen dieser Arbeit eine Erweiterung des ursprünglichen stark lehrkraftzentrierten Verständnisses von Aktivierung (Fend, 1998; Helmke, 2009) vorgeschlagen (Quabeck et al., 2023): Eine Unterteilung in *Lehrkraft-Aktivitäten-Fokus* und *Lehrkraft-Lernenden-Fokus*. Der Lehrkraft-Lernenden-Fokus als implementierte Aktivitäten im Unterricht korrespondiert dabei mit der Interaktion zwischen Lehrkraft und Lernenden, die so expliziter als noch beim Lehrkraft-Aktivitäten-Fokus berücksichtigt wird in der Konzeptualisierung von Interaktionsqualität. Dass dies eine wichtige Unterscheidung ist, wurde für Unterrichtsqualität bereits empirisch belegt: So wurde durch quantitative und qualitative Studien nachgewiesen, dass die Intention zur Aktivierung durch Aufgabenpotentiale nicht der tatsächlichen Umsetzung der Aktivierung im Unterricht entsprechen muss (Prediger & Neugebauer, 2021; Stein & Lane, 1996).

Zusammenfassend ergeben sich *drei Fokusse*, die für die Konzeptualisierung von Interaktionsqualität bedeutsam sind:

- lehrkraftseitig *intendierte Aktivierung* auf die Lehrkräfte und ihre Wahl der Aufgaben und Impulse zur Umsetzung der Interaktion (Lehrkraft-Aktivitäten-Fokus);
- lehrkraftseitig *umgesetzte Aktivierung* (Lehrkraft-Lernenden-Fokus); sowie
- *individuelle Partizipation* der Lernenden (Lernenden-Fokus).

3.1.3 Zwölf potentielle Konzeptualisierungen von Interaktionsqualität durch Kombination der vier Qualitätsbereiche und drei Fokusse

Zur Konzeptualisierung von Interaktionsqualität in quantitativen Erfassungsinstrumenten bieten sich die artikulierten Konstrukte *Qualitätsbereiche* und *Fokusse* an. Durch die vier Qualitätsbereiche werden die Ergebnisse qualitativer Fallstudien zu reichhaltiger Interaktion berücksichtigt (Abschnitt 2.4.1, 2.4.2). Mit den Fokussen wird berücksichtigt, was sich bereits in den dort aufgeführten qualitativen Studien angedeutet hat; dass es einen Unterschied macht, ob die intendierte Aktivierung der Lehrkräfte, die Gruppe der Lernenden mit der Lehrkraft oder die individuelle Partizipation an den sich ergebenden Lerngelegenheiten im Mittelpunkt der Bewertung steht.

Miteinander kombiniert erlauben diese vier Qualitätsbereiche und drei Fokusse der Interaktionsqualität es, *zwölf potentielle Konzeptualisierungen* von Interaktionsqualität abzuleiten. Sie sind in Tabelle 3.1 dokumentiert. Diese wird aufgespannt durch die vier Qualitätsbereiche in den Zeilen und drei Fokusse in

Tabelle 3.1 Unterschiedliche Konzeptualisierungen von Interaktionsqualität in den Zellen durch eine Kombination von Fokussen (in den Spalten) und Qualitätsbereichen (in den Zeilen)

	a) intendierte Aktivierung	b) umgesetzte Aktivierung	c) Individuelle Partizipation
Raum für Lernenden-äußerungen	Raum für Lernendenäußerungen (z. B. durch Fragen der Lehrkräfte)	Engagement der Gruppe im gegebenen Raum für Lernendenäußerungen	Individuelle Partizipation an Lernendenäußerungen
Mathematische Reichhaltigkeit	Konzeptuelle und andere reichhaltige kognitive Anforderungen (z. B. durch Aufgaben, Darstellungen, Impulse)	Engagement der Gruppe in mathematisch reichhaltigen Aktivitäten (z. B. konzeptuell statt prozedural)	Individuelle Partizipation an mathematisch reichhaltigen Aktivitäten
Diskursive Reichhaltigkeit	Reichhaltige diskursive Anforderungen und Unterstützung (z. B. durch Aufgaben, Darstellungen, Impulse)	Engagement der Gruppe in reichhaltigen diskursiven Aktivitäten (z. B. Erklären) oder sich aufeinander beziehen	Individuelle Partizipation an reichhaltigen diskursiven Aktivitäten (z. B. Erklärungen)
Lexikalische Reichhaltigkeit	Unterstützung zum Wortschatzerwerb	Engagement der Gruppe im Wortschatzerwerb	Individuelle Partizipation an Wortschatzerwerb

den Spalten, in den Zellen sind die zwölf möglichen Konzeptualisierungen der Interaktionsqualität eingetragen (Prediger et al., accepted; Quabeck et al., 2023). Die zwölf potentiellen Konzeptualisierungen von Interaktionsqualität werden im Folgenden erläutert.

Die Qualitätsbereiche *Raum für Lernendenäußerungen, mathematische Reichhaltigkeit, diskursive Reichhaltigkeit* und *lexikalische Reichhaltigkeit* erfassen keine völlig unterschiedlichen Aspekte der Interaktionsqualität, sondern überschneiden sich, da sie sich alle auf mathematische Gespräche bzw. Äußerungen beziehen.

Innerhalb dieser und den vorausgegangenen Publikationen (Erath & Prediger, 2021; Quabeck et al., 2023) wurde entschieden, den Qualitätsbereich *Raum für Lernendenäußerungen* als Ausgangspunkt für mögliche Konzeptualisierungen von Interaktionsqualität zu berücksichtigen. Denn ein Ausbleiben von Raum für Lernendenäußerungen impliziert ein Ausbleiben von reichhaltigeren Äußerungen mit mathematischer, diskursiver oder lexikalischer Reichhaltigkeit. Jedoch sind nicht alle mathematischen Gespräche gleichermaßen wichtig für das Lernen, wie unter anderem von Howe et al. (2019) oder Walshaw und Anthony (2008) feststellten. Der Raum für Lernendenäußerungen umfasst den rein quantitativen Raum, der den Lernenden für die Beteiligung an mathematischen Gesprächen eingeräumt wird. Eine mögliche Konzeptualisierung ist die a) *intendierte Aktivierung*, das heißt, wie viel Raum die Lehrkraft selbst beansprucht oder den Lernenden z. B. durch offene Fragen zur Verfügung stellt. Mit der in der dritten Spalte von Tabelle 3.1 dargestellten b) *umgesetzten Aktivierung* ist gemeint, inwieweit die Gruppe der Lernenden diesen zur Verfügung gestellten Raum für Lernendenäußerungen nutzt. Die c) *individuelle Partizipation* der Lernenden im Raum für Lernendenäußerungen wird als das Ausmaß verstanden, in dem sich die Lernenden individuell mit Äußerungen an mathematischen Gesprächen beteiligen.

Obwohl unbestritten ist, dass nicht alle Gespräche im Mathematikunterricht gleich reichhaltig und für das Mathematiklernen relevant sind (u. a. M. Lampert & Cobb, 2003; Walshaw & Anthony, 2008), hat die genauere quantifizierte Untersuchung des Zusammenhangs zwischen allen mathematischen Gesprächen und reichhaltigeren mathematischen Gesprächen – mit mathematischer, diskursiver oder lexikalischer Reichhaltigkeit – bisher wenig Aufmerksamkeit erhalten (Howe & Abedin, 2013). Indem die drei Konzeptualisierungen des Raums für Lernendenäußerungen als Ausgangspunkt genommen werden, kann dieser Zusammenhang empirisch untersucht werden.

Drei weitere Konzeptualisierungen der Interaktionsqualität beziehen sich auf die *mathematische Reichhaltigkeit* der Gespräche. Sie werden in der zweiten Spalte von Tabelle 3.1 als a) *intendierte Aktivierung* durch konzeptuelle und andere reichhaltige kognitive Anforderungen konzeptualisiert, die durch Aufgabenpotentiale, Darstellungen, Impulse gestellt werden können. Für die in der dritten Spalte von Tabelle 3.1 dargestellte b) *umgesetzte Aktivierung* umfasst mathematische Reichhaltigkeit das Engagement der Gruppe in mathematisch reichhaltigen Aktivitäten, zum Beispiel das Aushandeln von konzeptuellem Wissen anstelle von prozeduralem Wissen. In der letzten Spalte von Tabelle 3.1 liegt der Schwerpunkt auf der c) *individuellen Partizipation* der Lernenden an mathematischer Reichhaltigkeit, d. h. auf dem Ausmaß, in dem einzelne Lernende individuell an mathematisch reichhaltigen Aushandlungsprozessen beteiligt sind.

Die drei möglichen Konzeptualisierungen *diskursiver Reichhaltigkeit* umfassen für die a) *intendierte Aktivierung* die Bereitstellung diskursiv reichhaltiger Anforderungen und Unterstützungen. Wie in der zweiten Spalte von Tabelle 3.1 dargestellt, kann dies beispielsweise durch Aufgabenanforderungen, Darstellungen oder Impulse intendiert sein. Die b) *umgesetzte Aktivierung* zielt auf das Engagement der Gruppe in diskursiv reichhaltigen Aktivitäten, zum Beispiel durch reichhaltige Diskurspraktiken wie das Aushandeln von Bedeutung mit einer gemeinsam erbrachten mathematischen Erklärung. Die c) *individuelle Partizipation* in der letzten Spalte von Tabelle 3.1 ist die Konzeptualisierung von diskursiver Reichhaltigkeit, die die Teilnahme einzelner Lernender an diesen diskursiv reichhaltigen Aktivitäten beschreibt.

Für die Zielgruppe des sprachbildenden Unterrichts wird von einigen Forschenden die lexikalische Reichhaltigkeit der Interaktion als relevant erachtet (Abschnitt 2.1 und 2.2.2, u. a. Prediger, 2020; Wessel & Erath, 2018). Die Konzeptualisierung der *lexikalischen Reichhaltigkeit* als Qualitätsbereich von Interaktionsqualität meint für die a) *intendierte Aktivierung* die bereitgestellte Unterstützung für den Wortschatzerwerb, z. B. Sprachspeicher in den Unterrichtsmaterialien (zweite Spalte von Tabelle 3.1). Bei der b) *umgesetzten Aktivierung* in der dritten Spalte von Tabelle 3.1 bezeichnet lexikalische Reichhaltigkeit das Engagement der Gruppe beim Wortschatzerwerb, also die Art und Weise, wie die Bedeutung von Wortschatz gemeinsam ausgehandelt wird. In der letzten Spalte von Tabelle 3.1 wird die c) *individuelle Partizipation* am Wortschatzerwerb konzeptualisiert, das heißt das Ausmaß, in dem einzelne Lernende sich am Wortschatzerwerb individuell beteiligen.

Mit Hilfe der zwölf möglichen Konzeptualisierungen von Interaktionsqualität in Tabelle 3.1 kann die Definition des Konstrukts Interaktionsqualität aus Kapitel 1 an dieser Stelle ausgeschärft werden. So kann *Interaktionsqualität* einen reichhaltigen, interaktiven Austausch zur Aushandlung von Bedeutung *in allen zwölf Konzeptualisierungen* von Interaktionsqualität umfassen. Also beispielsweise, dass die Lehrkräfte für die Interaktion reichhaltige diskursive

Anforderungen stellen und Unterstützungen dafür bereitstellen (Tabelle 3.1, *a)*
– diskursive Reichhaltigkeit). Aber gleichzeitig auch das Engagement der Gruppe
an diesen diskursiv reichhaltigen Aktivitäten (Tabelle 3.1, *b) – diskursive Reich-*
haltigkeit). Und zudem die individuelle Partizipation einzelner Lernender an
der diskursiv reichhaltigen Interaktion (Tabelle 3.1, *c) – diskursive Reichhaltig-*
keit). Da bislang kein Erfassungsinstrument zur Messung der Interaktionsqualität
im sprachbildenden Mathematikunterricht vorliegt (Abschnitt 3.1), können keine
Schwellenwerte festgelegt werden, ab denen pro Zelle von einer hohen oder
niedrigen Interaktionsqualität auszugehen ist. Vielmehr handelt es sich bei der
Messung von Interaktionsqualität um ein offenes, empirisch zu bearbeitendes
Problem (Erath & Prediger, 2021), sodass die Bewertung, ob und wann von
hoher oder niedriger Interaktionsqualität ausgegangen werden kann, empirisch
beantwortet und untersucht werden muss.

3.2 Konzeptualisierungen von Interaktionsqualität in quantitativen Erfassungsinstrumenten

Im Folgenden sollen die bisher in quantitativen Erhebungsinstrumenten ver-
wendeten *Konzeptualisierungen von Interaktionsqualität* identifiziert werden. Als
Ausgangspunkt dienen dabei die zwölf potentiellen Konzeptualisierungen von
Interaktionsqualität (Tabelle 3.1), die sich aus den neu eingeführten Konstrukten
Qualitätsbereich und Fokus ergeben.

• Die identifizierten Konzeptualisierungen von Interaktionsqualität aus quantitativen Erfassungsinstrumenten werden in den Abschnitten 3.2.1 bis 3.2.4
  den zuvor identifizierten *vier Qualitätsbereichen* der Interaktionsqualität zugeordnet. Für jeden Qualitätsbereich wird also untersucht, inwieweit er bereits
  Eingang in quantitative Erfassungsinstrumente gefunden hat.
• Innerhalb jedes Qualitätsbereichs der Interaktionsqualität wird in den Tabellen 3.2 bis 3.5 in drei Spalten zusätzlich unterschieden, welcher der drei
  Fokusse *intendierte Aktivierung, umgesetzte Aktivierung* oder *individuelle*
  Partizipation bislang im Wesentlichen berücksichtigt wurde.

Dieses Vorgehen bei der Darstellung der Konzeptualisierungen von Interaktionsqualität soll dazu beitragen, mehr Transparenz im Sinne eines systematischeren
methodologischen Austausch herzustellen. Dies wird von Forschenden immer

wieder als wichtig und zugleich noch deutlich zu wenig etabliert herausgestellt (Praetorius & Charalambous, 2018; Schlesinger, Jentsch, Kaiser, König & Blömeke, 2018).

Falls mehrere Konzeptualisierungen desselben Erhebungsinstruments dem gleichen Fokus und Qualitätsbereich entsprechen, wird nur eine der Konzeptualisierungen aufgeführt. Die Bezeichnung der Konzeptualisierung, sowohl auf Deutsch als auch auf Deutsch übersetzt, ist immer kursiv gedruckt. In Kapitel 4 werden die Konzeptualisierungen von Interaktionsqualität durch bisher verwendeten Operationalisierungen von Interaktionsqualität ergänzt.

Auswahl der betrachteten Erfassungsinstrumente
Zur Interaktionsqualität im sprachbildenden Mathematikunterricht liegen bislang nur wenige quantitative Studien vor (z. B. Ing et al., 2015; Überblick in Erath et al., 2021). Von der Autorin konnte lediglich ein quantitatives Erfassungsinstrument für Unterrichtsqualität im sprachbildenden Mathematikunterricht identifiziert werden (Prediger & Neugebauer, 2021), allerdings noch kein Erfassungsinstrument zur Interaktionsqualität im sprachbildenden Mathematikunterricht. Da es sich bei der Interaktionsqualität um einen spezifischen Teilbereich des übergeordneten Konstrukts Unterrichtsqualität (Abschnitt 2.4) handelt, werden daher bestehende Erfassungsinstrumente zur Messung von Unterrichtsqualität als Ausgangspunkt genutzt, um zu identifizieren, welche Aspekte der Interaktionsqualität bereits in quantitativen Erfassungsinstrumenten berücksichtigt werden. Aspekte wie z. B. Orientierungen der Lehrkräfte, weitere Merkmale der Lehrenden und Lernenden und ähnliches (Abbildung 3.1) werden nicht berücksichtigt, da sie für die Zielsetzung dieses Kapitels nicht relevant sind.

Dargestellt werden nachfolgend die Konzeptualisierungen von Interaktionsqualität aus sechs mathematikspezifischen Erfassungsinstrumenten. Die Auswahl der Erfassungsinstrumente, aus denen die Qualitätsmerkmale extrahiert wurden, stammt aus den als valide eingeschätzten Erfassungsinstrumenten aus dem Überblicksartikel von Bostic et al. (2021):

- IQA (Boston, 2012, Teil Unterrichtsbeobachtung)
- EQUIP (Marshall, Smart & Horton, 2010, Teil Instruktion und Diskurs),
- MQI (Charalambous & Litke, 2018),
- RTOP (Sawada et al., 2002),
- TRU (Schoenfeld, 2013) und
- OTOP (Flick, Morell & Wainwright, 2004).

Lexikalische Reichhaltigkeit im Sinne einer integrierten Wortschatzförderung ist nach Kenntnis der Autorin in den Konzeptualisierungen der rezipierten Erfassungsinstrumente nicht explizit als Qualitätsbereich enthalten. Ihre Relevanz ist zwar qualitativ belegt, es liegen jedoch wenig stabilen Befunde zur Lernwirksamkeit vor (z. B. Carlisle, Kelcey & Berebitsky, 2013; Prediger, Erath et al., 2022). Aus diesem Grund werden Lernprozess-Analysen und Interventionsstudien für den Qualitätsbereich lexikalische Reichhaltigkeit hinzugezogen, um mögliche Konzeptualisierungen für die quantitative Erfassung von Interaktionsqualität herauszuarbeiten. Mögliche Konzeptualisierungen, die *nicht* darauf ausgerichtet sind, eine *integrierte* Wortschatzförderung *für* das Mathematiklernen zu erfassen, sondern mit denen die Wortschatzförderung im reinen Sprachlernkontext analysiert wird (z. B. einige Merkmale aus Riccomini et al., 2015) werden für die lexikalische Reichhaltigkeit nicht berücksichtigt, da sie nicht primär dem funktionalen Ansatz eines sprachbildenden Fachunterrichts dienen (Abschnitt 2.1.2, u. a. Prediger, 2022).

3.2.1 Qualitätsbereich Raum für Lernendenäußerungen

In Tabelle 3.2 werden die Konzeptualisierungen aus den untersuchten Erfassungsinstrumenten den drei Fokussen von Interaktionsqualität zugeordnet, und zwar für den Qualitätsbereich Raum für Lernendenäußerungen.

Tabelle 3.2 Konzeptualisierungen von Interaktionsqualität (kursiv) für den Qualitätsbereich Raum für Lernendenäußerungen

a) Intendierte Aktivierung	b) Umgesetzte Aktivierung	c) Individuelle Partizipation
	• IQA (z. B. *mathematische Diskussionen*) • RTOP (z. B. *kommunikative Interaktionen*)	• IQA (z. B. *mathematische Diskussionen*)

Einer der ersten Qualitätsbereiche, der codiert wurde, war der *Raum für Lernendenäußerungen*. Bereits Flanders (1970) konnte zeigen, dass Lehrkräfte zwei Drittel der Zeit der Unterrichtsgespräche für sich beanspruchten (Abschnitt 2.4.1). In aktuelleren Erfassungsinstrumenten wird zum Teil weiterhin die reine Quantität der Lernendenäußerungen erfasst, zum Beispiel in RTOP und IQA. Dies bezieht sich auf die Beteiligung aller Lernender in der umgesetzten Aktivierung sowie auf die individuelle Partizipation einzelner Lernender.

Auffällig ist die große *Heterogenität* der Konzeptualisierungen bereits für den oberflächlichsten Qualitätsbereich von Interaktionsqualität. Einerseits weichen die beiden Bezeichnungen *mathematische Diskussionen* und *mathematische Interaktionen* voneinander aba. Weiterhin ist ersichtlich, dass die gleichen Konzeptualisierungen sich teilweise auf mehrere Fokusse beziehen. Zum Bespiel entspricht die Konzeptualisierung *Mathematische Diskussionen* aus dem IQA (Boston, 2012) zum Teil der b) umgesetzten Aktivierung, als auch der c) individuellen Partizipation. In den untersuchten Erfassungsinstrumenten konnte keine Konzeptualisierung identifiziert werden, die der intendierten Aktivierung entspricht.

Durch empirische Studien im Qualitätsbereich des Raums für Lernendenäußerungen wird eine große Varianz in der reinen quantitativen Ausmaß der Äußerungen zwischen den einzelnen Klassen, als auch zwischen einzelnen Lernenden innerhalb der Klassen nachgewiesen (z. B. Pauli & Lipowsky, 2007; Sedova et al., 2019). Durch wiederholte quantitative Evidenz wurde die in Fallstudien generierte Hypothese bestätigt, dass rein quantifizierte Sprechzeit nicht prädiktiv für den mathematischen Leistungszuwachs ist: Dies umfasst weder die durchschnittliche Sprechzeit innerhalb einer Klasse, noch die individuelle Sprechzeit (Inagaki, Hatano & Morita, 1998; Pauli & Lipowsky, 2007). Dies erklärt, dass nur in zwei der betrachteten Erfassungsinstrumente Konzeptualisierungen für den Qualitätsbereich Raum für Lernendenäußerungen identifiziert werden konnten. In den neuen Erfassungsinstrumenten wurde daher zunehmend mehr versucht, auch die reichhaltigeren Qualitätsbereiche mit zu erfassen.

3.2.2 Qualitätsbereich mathematische Reichhaltigkeit

In Abschnitt 3.2.2 werden Konzeptualisierungen für den Qualitätsbereich mathematische Reichhaltigkeit identifiziert. Sie sind in Tabelle 3.3 dokumentiert.

In allen sechs quantitativen Erfassungsinstrumenten sind Konzeptualisierungen für den Qualitätsbereich mathematische Reichhaltigkeit enthalten. Sie entsprechen hauptsächlich der umgesetzten Aktivierung. Zwei Erfassungsinstrumente (IQA, RTOP) messen auch die intendierte Aktivierung der Lehrkräfte. Hingegen konnten keine Konzeptualisierungen für die individuelle Partizipation einzelner Lernender identifiziert werden. Für die Bewertung der Unterrichtsbeziehungsweise Interaktionsqualität wird also jeweils die gesamte Gruppe oder Gesamtklasse herangezogen. Der sich auch hier zeigende, fehlende Fokus auf

Tabelle 3.3 Konzeptualisierungen von Interaktionsqualität (kursiv) für den Qualitätsbereich mathematische Reichhaltigkeit

a) Intendierte Aktivierung	b) Umgesetzte Aktivierung	c) Individuelle Partizipation
	• EQUIP (z. B. *unterrichtliche Faktoren*)	
• IQA (z. B. *Aufgaben im Unterricht*)	• IQA (z. B. *Gelegenheiten zum anspruchsvollen Denken*)	
	• MQI (z. B. *Beteiligung Lernende in anspruchsvollen Aktivitäten*)	
	• OTOP (z. B. *Wissensart im Unterricht*)	
• RTOP (z. B. *Gestaltung des Unterrichts*)	• RTOP (z. B. *Inhalt bzw. Wissensart des Unterrichts*)	
	• TRU (z. B. *kognitiver Anspruch*)	

die Partizipation einzelner Lernender in quantitativer Erfassung von Unterrichts- beziehungsweise Interaktionsqualität wurde von Forschenden zuletzt häufig als unzureichend kritisiert (u. a. Ing & Webb, 2012; Praetorius & Charalambous, 2018; Webb, Franke, Johnson, Ing & Zimmerman, 2021).

Der Vergleich der Konzeptualisierungen in Tabelle 3.3 zeigt außerdem, dass für die Bewertung der mathematischen Reichhaltigkeit in unterschiedlichem Ausmaß auf die Aufgaben (z. B. *Aufgaben im Unterricht*, IQA), die Umsetzung von Aufgaben mit verschiedenen Wissensarten (z. B. *Wissensart im Unterricht*, OTOP), oder Aktivitäten der Lehrkräfte und Lernenden (z. B. *Beteiligung Lernende an anspruchsvollen Aktivitäten*, MQI) verwendet werden. Dieser Unterschied in den Operationalisierungsbasen wird in Kapitel 4 weiter vertieft.

3.2.3 Qualitätsbereich diskursive Reichhaltigkeit

In Tabelle 3.4 sind die Konzeptualisierungen aus den sechs Erfassungsinstrumenten aufgeführt, die dem Qualitätsbereich diskursive Reichhaltigkeit entsprechen.

Fünf der sechs Erfassungsinstrumente enthalten Konzeptualisierungen zur diskursiven Reichhaltigkeit, mit Ausnahme des MQI (Charalambous & Litke, 2018). Im MQI ist der Qualitätsbereich mathematische Reichhaltigkeit (Abschnitt 3.2.2) zentral, sodass zum Beispiel diskursiv reichhaltige Erklärungen im MQI so dazu

Tabelle 3.4 Konzeptualisierungen von Interaktionsqualität (kursiv) für den Qualitätsbereich diskursive Reichhaltigkeit

a) Intendierte Aktivierung	b) Umgesetzte Aktivierung	c) Individuelle Partizipation
	• EQUIP (z. B. *Diskurs-Faktoren*)	
	• IQA (z. B. *Erklärungen des mathematischen Denkens und Begründungen*)	
	• OTOP (z. B. *Diskurs Lernende*)	
	• RTOP (z. B. *kommunikative Interaktionen*)	
	• TRU (z. B. *Mitbestimmung Lernende*)	

konzeptualisiert sind, die Reichhaltigkeit der Mathematik zu erfassen, aber nicht im Kern die diskursive Reichhaltigkeit. Wie mathematische und diskursive Reichhaltigkeit genau zusammenhängen, ist allerdings eine noch ein empirisch zu bearbeitende Fragestellung, aufgrund erster empirischer Belege, dass sie nicht immer deckungsgleich sind (Prediger & Neugebauer, 2021).

Die identifizierten Konzeptualisierungen in den anderen fünf Erfassungsinstrumenten beziehen sich alle auf die umgesetzte Aktivierung. Für die intendierte Aktivierung und individuelle Partizipation konnten in den bestehenden Erfassungsinstrumenten keine Konzeptualisierungen identifiziert werden.

Innerhalb der umgesetzten Aktivierung weichen die Bezeichnungen voneinander ab, wie bereits in den anderen beiden Qualitätsbereichen (Abschnitt 3.2.1, 3.2.2). Beispielsweise lassen die Bezeichnungen *Diskurs-Faktoren* (EQUIP, Marshall et al., 2010) und *Diskurs-Lernende* (OTOP, Flick et al., 2004) auf eine ähnliche Konzeptualisierung schließen. Ob mit diesen Konzeptualisierungen tatsächlich intendiert wird, dasselbe zu erfassen, davon kann jedoch – trotz der ähnlichen Bezeichnungen – nicht ohne Weiteres von ausgegangen werden (Praetorius & Charalambous, 2018; Schlesinger et al., 2018). Denn gerade die Konzeptualisierungen von diskursiver Reichhaltigkeit weichen deutlich voneinander ab (Erath et al., 2021; Howe & Abedin, 2013). Um herauszufinden, inwiefern die Konzeptualisierungen dieselben Aspekte abdecken, sind detailliertere Analysen der Operationalisierungen notwendig (Kapitel 4).

Darüber hinaus ist die Konzeptualisierung *kommunikative Interaktionen* (RTOP, Sawada et al., 2002), die der diskursiven Reichhaltigkeit entspricht, auch im Qualitätsbereich Raum für Lernendenäußerungen (Tabelle 3.2) aufgeführt. Die zweifache Aufführung weist darauf hin, dass in RTOP Raum für Lernendenäußerungen und diskursive Reichhaltigkeit in der Konzeptualisierung nicht trennscharf voneinander erfasst werden. Also, dass in RTOP Interaktionsqualität sowohl auf die allgemeine Kommunikation ohne weitere Qualifizierung der Reichhaltigkeit, als auch auf diskursiv reichhaltige Interaktion bezieht.

3.2.4   Lexikalische Reichhaltigkeit als zusätzlich wichtiger Aspekt

Für die Umsetzung von Interaktionsqualität stellt die integrierte Wortschatzförderung, also *lexikalische Reichhaltigkeit* der Interaktion, einen bedeutsamen Qualitätsbereich für die Zielgruppe des sprachbildenden Mathematikunterrichts dar (Abschnitt 2.4.2, de Araujo et al., 2018; Erath & Prediger, 2021; Gibbons, 2002). Durch die Initiierung und Unterstützung zum Erwerb des für das Mathematiklernen relevanten Wortschatzes wird auch sprachlich schwächeren Lernenden die Teilhabe an reichhaltigen Diskurspraktiken ermöglicht, wie dem Erklären von Bedeutung (Barwell, 2012; Erath & Prediger, 2021; Moschkovich, 2015).

Da lexikalische Reichhaltigkeit bislang noch kein Qualitätsbereich in quantitativen Erfassungsinstrumenten ist, werden im Folgenden Lernprozess-Studien und Interventionsstudien aus dem sprachbildenden Mathematikunterricht gesichtet, um herauszufinden, inwiefern sie nahelegen, verschiedene Fokusse zu erfassen. Die gesichteten Studien werden, ebenso wie die Konzeptualisierungen in den Abschnitten 3.2.1 bis 3.2.3 dem jeweiligen Fokus, dem sie entsprechen, in Tabelle 3.5 zugeordnet.

In den Lernprozess-Analysen und Interventionsstudien werden sowohl intendierte Aktivierung, umgesetzte Aktivierung, als auch individuelle Partizipation in lexikalischer Reichhaltigkeit untersucht. Ebenso wie in den anderen drei Qualitätsbereichen (Abschnitt 3.2.1 bis 3.2.3) beziehen sich die meisten der Studien auf die umgesetzte Aktivierung. Jedoch lassen sich, mehr als in den anderen drei Qualitätsbereichen, auch Studien mit dem Fokus auf die intendierte Aktivierung und individuelle Partizipation identifizieren. Bei der Hinzunahme von qualitativen Studien in den anderen drei Qualitätsbereichen ist dies auch bei den anderen drei Qualitätsbereichen möglich. Aus den in Tabelle 3.5 aufgeführten Studien mit den drei Fokussen lassen sich für die quantitative Erfassung der lexikalischen Reichhaltigkeit Anhaltspunkte für mögliche Operationalisierungen ableiten (Abschnitt 4.2.4).

Tabelle 3.5 Fokusse von Lernprozess-Analysen und Interventionsstudien für den Qualitätsbereich lexikalische Reichhaltigkeit

a) Intendierte Aktivierung	b) Umgesetzte Aktivierung	c) Individuelle Partizipation
	• Carlisle et al. (2013)	
		• de Araujo et al. (2018)
• de Araujo und Smith (2022)		
	• Prediger und Pöhler (2015)	• Prediger und Pöhler (2015)
• Wessel und Erath (2018)	• Wessel und Erath (2018)	
	• Wessel (2020)	• Wessel (2020)

3.3   Zusammenfassung: Konzeptualisierungen von Interaktionsqualität in quantitativen Erfassungsinstrumenten und offene Fragen

Die Übersicht in Abschnitt 3.2 zeigt, dass alle Erfassungsinstrumente Konzeptualisierungen zur *mathematischen Reichhaltigkeit* (Tabelle 3.3) und mit Ausnahme des MQI (Charalambous & Litke, 2018) auch zur *diskursiven Reichhaltigkeit* (Tabelle 3.4) enthalten. Im IQA (Boston, 2012) und im RTOP (Sawada et al., 2002) finden sich zudem Konzeptualisierungen im Qualitätsbereich Raum für Lernendenäußerungen. In den Lernprozess-Analysen und den Interventionsstudien konnten ebenfalls Konzeptualisierungen zu allen drei Schwerpunkten für den Qualitätsbereich lexikalische Reichhaltigkeit identifiziert werden. Gemeinsam haben sämtliche identifizierten Konzeptualisierungen aller Qualitätsbereiche, dass sie durch eine große Heterogenität gekennzeichnet sind. Diese große Heterogenität wurde bereits von mehreren Forschenden kritisiert, da sie den Vergleich von empirischen Ergebnissen aus Studien mit unterschiedlichen Erhebungsinstrumenten erschwert oder gar unmöglich macht (Mu et al., 2022; Praetorius & Charalambous, 2018).

Durch die übersichtliche Darstellung in den Tabellen 3.2 bis 3.5 werden die bestehenden Unterschiede in den Konzeptualisierungen insbesondere für zwei Aspekte direkt sichtbar.

Zunächst deckt dasselbe Erfassungsinstrument einen oder mehrere Fokusse von Interaktionsqualität ab. Dabei entsprechen die in den Erhebungsinstrumenten enthaltenen Konzeptualisierungen entsprechen teilweise nur einem Fokus, teilweise mehreren Fokussen. Dies wird direkt ersichtlich, wenn in den Tabellen 3.2 bis 3.5 lediglich eine oder mehrere Spalten für dasselbe Erfassungsinstrument gefüllt sind. Es kommt vereinzelt vor, dass die gleichen Konzeptualisierungen verschiedenen Fokussen entsprechen. Diese Fokusse werden also nicht voneinander getrennt bewertet, sondern gemeinsam, wie zum Beispiel *mathematische Diskussionen* im IQA (Boston, 2012). Insgesamt war es allerdings teilweise schwierig, die Fokusse der Konzeptualisierungen zu identifizieren, weil sie in den Publikationen oder Handbüchern nicht hinreichend explizit beschrieben sind. Diese fehlende Explikation der Fokusse in den Erhebungsinstrumenten wird aktuell von Forschenden kritisiert, da sie intransparent und für die Forschenden schwer nachvollziehbar ist (Mu et al., 2022; Praetorius & Charalambous, 2018). Um herauszufinden, was genau erfasst wird, können zum Beispiel die jeweiligen Operationalisierungen innerhalb einer Konzeptualisierung berücksichtigt werden. Dies steht bisher jedoch nicht häufig im Fokus der Forschung (Ing & Webb, 2012; Praetorius & Charalambous, 2018; Quabeck et al., 2023). Für mehr Transparenz und eine vertiefte methodologische Diskussion werden daher in Kapitel 4 die verschiedenen Operationalisierungen von Interaktionsqualität in bestehenden Erfassungsinstrumenten analysiert.

Darüber hinaus liegt der Fokus der Erfassungsinstrumente im Wesentlichen auf der umgesetzten Aktivierung und weniger auf intendierter Aktivierung und individueller Partizipation. In der umgesetzten Aktivierung ist dabei häufig ein Fokus auf die Lehrpersonen zu erkennen. Allerdings stellen Aktivierung und Partizipation jedoch gemäß theoretischer Grundlage in Angebot-Nutzungs-Modellen strukturell unterschiedliche Phänomene dar (Brühwiler & Blatchford, 2011; Helmke, 2009; Klieme, 2006). Zudem weisen bereits die Ergebnisse der qualitativen Studien (Abschnitt 2.4.1, 2.4.2) auf Unterschiede zwischen Aktivierung und Partizipation hin. Obwohl der Unterschied zwischen Aktivierung und Partizipation bei der Auswertung von Interaktionen berücksichtigt werden sollte, fokussieren einige Erhebungsinstrumente in einigen Konzeptualisierungen von Interaktionsqualität auch auf die intendierte Aktivierung durch Lehrkräfte, ohne die tatsächliche Umsetzung zu berücksichtigen (z. B. *Gestaltung des Unterrichts* in RTOP, Sawada et al., 2002). Für die Analyse von Interaktion und Interaktionsqualität, die interaktiv von Lehrenden und Lernenden ko-konstruiert wird, sollte es hingegen das Ziel sein, auch die tatsächlich umgesetzte Aktivierung und die individuelle Partizipation mit zu erfassen. Dies wird z. B. im Erfassungsinstrument TRU (Schoenfeld, 2014) berücksichtigt: Die mathematische Reichhaltigkeit wird in der Aktivierung und den gestellten kognitiven Anforderungen der Lehrkraft im Zusammenspiel mit den Beiträgen der Lernenden erfasst. Jedoch kann die durchschnittliche Beteiligung der Klasse deutlich von der individuellen Beteiligung einzelner Lernender abweichen (Ing & Webb, 2012; Sedova et al., 2019). Eine Konzeptualisierung der individuellen Partizipation einzelner Lernender ist jedoch auch im TRU, wie in allen anderen untersuchten Erfassungsinstrumenten, nicht enthalten. Vor dem Hintergrund, dass beispielsweise Webb et al. (2019) die Wirksamkeit für die Mathematikleistung in ihrer Interventionsstudie nur unter Einbezug der individuellen Partizipation, nicht jedoch durch die umgesetzte Aktivierung der Lehrkräfte, erklären konnten, ist der fehlende Einbezug der individuellen Partizipation problematisch.

Im folgenden Kapitel 4 werden die hier identifizierten Konzeptualisierungen von Interaktionsqualität bezüglich ihrer unterschiedlichen Operationalisierungen untersucht.

Operationalisierung von Interaktionsqualität im sprachbildenden Mathematikunterricht

4

In Kapitel 4 wird der Forschungsstand zur *Operationalisierung* der verschiedenen, möglichen Konzeptualisierungen von Interaktionsqualität im sprachbildenden Mathematikunterricht vorgestellt.

Die Operationalisierung meint den gesamten Prozess, mit dem die zu messenden Konstrukte mit Hilfe von Indikatoren messbar gemacht werden (Praetorius & Charalambous, 2018). Sie stellt immer einen komplexen Prozess dar, denn der Messwert für Qualität eines latenten Konstrukts kann nicht einfach wie ein Messwert von einer Waage abgelesen werden. Vielmehr müssen im Prozess des Operationalisierens verschiedene Entscheidungen getroffen werden (Döring & Bortz, 2016; Ing & Webb, 2012; Mu et al., 2022; Praetorius & Charalambous, 2018). Forschende konnten bereits zeigen, dass unterschiedlich getroffene Entscheidungen beim Operationalisieren von Unterrichtsqualität in Beziehung zu den ermittelten empirischen Ergebnissen stehen können. So führten bei Ing und Webb (2012) die Wahl von unterschiedlichen Operationalisierungen zu unterschiedlichen Bewertungen desselben Konstrukts. Daher wird in dieser Dissertation der Forschungsstand zur Operationalisierung von Interaktionsqualität systematisch dargestellt und damit die komprimierte Darstellung aus Quabeck et al. (2023) detaillierter erläutert.

Von den verschiedenen Datengrundlagen für die Bewertung von Unterrichtsqualität – zum Beispiel Fragebögen, Unterrichtsmaterial, Live-Unterrichtsbeobachtung, Unterrichtsvideos (Spreitzer, Hafner, Krainer & Vohns, 2022) – wurde für die Identifikation von Operationalisierungen auf Unterrichtsvideos zurückgegriffen. Diese gelten aktuell als diejenige Datengrundlage, die für die Bewertung von Unterricht am validesten sind (Bostic et al., 2021).

K. Quabeck, *Interaktionsqualität im sprachbildenden Mathematikunterricht*, Dortmunder Beiträge zur Entwicklung und Erforschung des Mathematikunterrichts 54, https://doi.org/10.1007/978-3-658-43697-1_4

In Abschnitt 4.1 werden zunächst die Herangehensweise zur Auswahl der untersuchten Erfassungsinstrumente und die Struktur der Darstellung der identifizierten Qualitätsmerkmale von Interaktionsqualität erläutert. In Abschnitt 4.2 folgt dann die systematische Darstellung der Qualitätsmerkmale zur Erfassung von Interaktionsqualität in den vier Qualitätsbereichen Raum für Lernendenäußerungen, mathematische Reichhaltigkeit, diskursive Reichhaltigkeit und lexikalische Reichhaltigkeit. In Abschnitt 4.3 wird eine Zusammenfassung der identifizierten, operationalisierten Qualitätsmerkmale zur Erfassung von Interaktionsqualität vorgestellt.

4.1 Herangehensweise zur Analyse bestehender Erfassungsinstrumente: Auswahl und Unterscheidung von Operationalisierungen

4.1.1 Auswahl der betrachteten Erfassungsinstrumente zur Identifikation von Qualitätsmerkmalen von Interaktionsqualität

Im Folgenden werden Qualitätsmerkmale zur Erfassung der Interaktionsqualität aus den sechs mathematikspezifischen Erfassungsinstrumenten systematisiert. Die Identifikation möglicher Qualitätsmerkmale zur Operationalisierung von Interaktionsqualität basiert auf denselben sechs Erfassungsinstrumenten, die bereits in Kapitel 3 hinsichtlich der Konzeptualisierungen von Interaktionsqualität untersucht wurden.

Da die gesichteten Erhebungsinstrumente vor allem Operationalisierungen für die *umgesetzte Aktivierung* und weniger für die *intendierte Aktivierung* und *individuelle Partizipation* enthalten (Abschnitt 3.2), mussten zusätzliche Erfassungsinstrumente herangezogen werden. Aus diesen Erfassungsinstrumenten konnten dann Qualitätsmerkmale für die intendierte Aktivierung und individuelle Partizipation ergänzt werden. Folgende Erfassungsinstrumente wurden ergänzt:

- TIMMS Video (im Folgenden: TIMSS, Stigler, Gonzales, Kwanaka, Knoll & Serrano, 1999),
- PYTHAGORAS (Hugener, Pauli & Reusser, 2006; Lipowsky et al., 2007; Pauli & Lipowsky, 2007),
- TALIS (OECD, 2020),
- Ing und Webb (2012) und
- Sedova et al. (2019).

Die aufgeführten Erfassungsinstrumente beinhalten keine Qualitätsmerkmale für die lexikalische Reichhaltigkeit. Um dennoch Qualitätsmerkmale für die lexikalische Reichhaltigkeit identifizieren zu können, werden diese aus qualitativen Lernprozess-Analysen sowie Interventionsstudien zur Wortschatzförderung im Mathematikunterricht abgeleitet, wie es bereits für die Konzeptualisierung von Interaktionsqualität durchgeführt wurde (Kapitel 3).

4.1.2 Operationalisierungsbasis und Messentscheidung zur Strukturierung der Qualitätsmerkmale von Interaktionsqualität

Um einen Überblick über mögliche Operationalisierungen von Interaktionsqualität zu erlangen, werden nachfolgend die von anderen Forschungsgruppen verwendeten *Qualitätsmerkmale von Interaktionsqualität* analysiert, die zur Messung der Interaktionsqualität dienen. Als ein Qualitätsmerkmal wird im Rahmen dieser Arbeit eine einzelne, empirisch bewertbare Eigenschaft – wie bei Mu et al. (2022) – verstanden, die zur Bewertung der Interaktionsqualität herangezogen wird. So stellt beispielsweise die *Komplexität der Fragen und Antworten* in EQUIP (Marshall et al., 2010) ein Qualitätsmerkmal zur Erfassung des Qualitätsbereichs *Diskurs* dar. Strukturell können ein oder mehrere Qualitätsmerkmale für die Bewertung der gleichen Konzeptualisierung von Interaktionsqualität dienen.

Für die übersichtliche Darstellung der Qualitätsmerkmale werden diese den verschiedenen Konzeptualisierungen von Interaktionsqualität (Tabelle 3.1) zugeordnet. Die Zuordnung erfolgt also zu den in Abschnitt 2.4 identifizierten vier Qualitätsbereichen *Raum für Lernendenäußerungen, mathematische Reichhaltigkeit, diskursive Reichhaltigkeit* und *lexikalische Reichhaltigkeit* und zu den in Kapitel 3 identifizierten, drei möglichen Fokussen für Interaktionsqualität. Dies bedeutet, dass für das jeweilige Qualitätsmerkmal durch Zuordnung in eine Zeile der Tabellen 4.1 bis 4.4 der Fokus a) *intendierte Aktivierung,* b) *umgesetzte Aktivierung* und c) *individuelle Partizipation der Lernenden* unterschieden wird.

Für mehr Transparenz in der Operationalisierung wird im Rahmen dieser Arbeit die *Operationalisierungsbasis* als Konstrukt zur Artikulation von Entscheidungen neu eingeführt (Quabeck & Erath, 2022; Quabeck et al., 2023). Eine Operationalisierungsbasis (im Folgenden: *Basis*) bezeichnet die Art und Weise, wie die Qualitätsmerkmale zur Erfassung von Interaktionsqualität operationalisiert werden, *woran* also die Bewertung der Qualität festgemacht wird. Spezifischer für Interaktionsqualität ist mit Basis gemeint, *was* genau die Grundlage für die Bewertung der Erfassung der mathematischen, diskursiven und lexikalischer Reichhaltigkeit darstellt: die umgesetzten Aufgaben mit ihren spezifischen Anforderungen, die umgesetzten Impulse beziehungsweise Impulsanforderungen der Lehrkräfte oder die ko-konstruktiv etablierten reichhaltigen Praktiken.

Die Durchsicht der in Abschnitt 4.2 rezipierten Literatur zeigt, dass in existierenden Erfassungsinstrumenten drei *Basen* zur Bewertung der Interaktionsqualität herangezogen werden. Die Bewertung erfolgt entweder:

- *aufgabenbasiert* (Bewertung der Qualität der Anforderungen und der Unterstützung durch Aufgaben und Darstellungen, zum Beispiel das Engagement in anspruchsvollen Aufgaben im Vergleich zu Routinetätigkeiten);
- *impulsbasiert* (Bewertung der Qualität der Anforderungen und der Unterstützung durch die Impulse der Lehrkräfte im Unterricht, beispielsweise durch gestellte Fragen); oder
- *praktikenbasiert* (Bewertung der Qualität von interaktiv etablierten, kollektiv oder individuell ausgeübten Diskurspraktiken, zum Beispiel durch gemeinsame Erklärungen).

Die drei Basen bieten somit eine strukturgebende Unterscheidung beim Operationalisieren, je nachdem, *woran* die Bewertung der Interaktionsqualität festgemacht wird. Die Basen sind im Abschnitt 4.2 in der vorletzten Spalte der jeweiligen Tabellen aufgeführt, jeweils abgekürzt mit dem Anfangsbuchstaben: also steht *-a* für *aufgabenbasiert*, *-i* für *impulsbasiert*, *-p* für *praktikenbasiert*. So wird deutlich, woran für das jeweilige Qualitätsmerkmal die Interaktionsqualität festgemacht wird.

Neben verschiedenen Qualitätsmerkmalen nutzen Forschende in Erfassungsinstrumenten verschiedene *Messentscheidungen* (Mu et al., 2022; Praetorius & Charalambous, 2018). Dies umfasst die Entscheidungen, wie der Wert für Qualität bestimmt wird, also, ob zum Beispiel bestimmte Häufigkeiten gezählt oder Zeiten in spezifischen Aktivitäten gemessen werden (Praetorius & Charalambous, 2018). Durch die Messentscheidung wird festgelegt, wie ein konkreter Wert für die Bewertung des entsprechenden Konstruktes entsteht. Bei ihnen besteht, ebenso wie bei den Entscheidungen beim Operationalisieren, sowohl eine große Heterogenität, als auch großer Forschungsbedarf (Ing & Webb, 2012; Praetorius & Charalambous, 2018). Für diese Arbeit werden die Messentscheidungen daher bei der Darstellung der identifizierten Qualitätsmerkmale für Interaktionsqualität ebenfalls berücksichtigt. Damit wird die Vorarbeit von Quabeck et al. (2023) weiter strukturiert und ausgeführt. Es werden folgende Messentscheidungen unterschieden:

- feste Segmente (5 Minuten bis zur gesamten Unterrichtsstunde),
- flexible Segmente (gekoppelt an bestimmte Aktivitäten wie Sozialformwechsel),
- Turns (gesamte Aussagen von Personen, bis zum Wechsel der Sprechenden; teilweise auch einzelne Sätze), sowie
- Wörter.

4.2 Qualitätsmerkmale zur Erfassung der Interaktionsqualität

4.2.1 Qualitätsmerkmale im Bereich Raum für Lernendenäußerungen

Die Bereitstellung von *Raum für Lernendenäußerungen* erweist sich in qualitativen und quantitativen Studien als bedeutsamer Ausgangspunkt für reichhaltige Interaktionen beziehungsweise für die Umsetzung von Interaktionsqualität (Abschnitt 2.4.1). Die drei Konzeptualisierungen im Qualitätsbereich *Raum für Lernendenäußerungen* sind a) die *intendierte Aktivierung*, also wie viel Raum die Lehrkräfte für Beiträge der Lernenden bereitstellen; b) die *umgesetzte Aktivierung* als das Engagement der Gruppe im gegebenen Raum für Lernendenäußerungen; und c) die *individuelle Partizipation* einzelner Lernender an den Gesprächen (Tabelle 3.1). Alle drei Konzeptualisierungen im Bereich Raum für Lernendenäußerungen sind als zu oberflächlich zur alleinigen Erfassung von Interaktionsqualität zu charakterisieren, denn sie umfassen alle Lernendenäußerungen, unabhängig von deren Inhalt, Art oder Qualität (Erath & Prediger, 2021; Quabeck et al., 2023). Gleichwohl erfassen sie jedoch eine notwendige Rahmenbedingung, innerhalb derer sich reichhaltige Lernendenäußerungen entfalten könnten: Denn wenn Lernende kaum sprechen, können sie auch nicht reichhaltig sprechen. Daher sind Qualitätsmerkmale für den Raum von Lernendenäußerungen in einigen Erfassungsinstrumenten enthalten.

Tabelle 4.1 enthält die in den Erfassungsinstrumenten identifizierten Qualitätsmerkmale des Raums für Lernendenäußerungen.

Viele der untersuchten Erfassungsinstrumente beinhalten keine Qualitätsmerkmale zur Messung des Qualitätsbereichs Raum für Lernendenäußerungen (Abschnitt 3.2.1, zum Beispiel MQI, Charalambous & Litke, 2018). In

Tabelle 4.1 Beispiele für Qualitätsmerkmale im Bereich Raum für Lernendenäußerungen in Videostudien mit aufgaben-, impuls- oder praktikenbasierter Basis und Messentscheidung

Fokus	Qualitätsmerkmal	Erfassungs-instrument	Basis	Messentscheidung
Intendierte Aktivierung	• Lehrkraftfragen • Lehrkraftäußerung	• TIMSS • PYTHAGORAS	• I, P • I, P	• Turns & Wörter • Turns & Wörter
Umgesetzte Aktivierung	• Beteiligung der Lernenden an Kommunikation • Äußerungen von Lernenden • Beteiligung am Unterrichtsgespräch • Bereitstellung von Lernenden	• RTOP • PYTHAGORAS • TALIS • IQA	• P • P • P • P	• Feste Segmente • Turns • Feste Segmente • Feste Segmente
Individuelle Partizipation	• Individuelle Beiträge von Lernenden	• IQA • Sedova et al., 2019	• P • P	• Feste Segmente • Turns

den anderen Erfassungsinstrumenten wird der Qualitätsbereich Raum für Lernendenäußerungen im Wesentlichen mit *praktikenbasierten Qualitätsmerkmalen* operationalisiert, also in Bezug auf die tatsächlichen Äußerungen der Lernenden. In vielen Erfassungsinstrumenten ist der Fokus für die Quantifizierung des Raums für Lernendenäußerungen auf die *umgesetzte Aktivierung* gesetzt, indem die Beiträge aller Lernenden berücksichtigt werden (z. B. RTOP, Sawada et al., 2002). Manche der Erfassungsinstrumente fokussieren auf die *individuelle Partizipation*, indem Beiträge einzelner Lernender beachtet werden (z. B. IQA, Boston, 2012). In der ersten TIMS-Videostudie wurde der bereitgestellte Raum für Lernendenäußerungen lediglich durch die Impulse der Lehrkräfte operationalisiert, ohne Berücksichtigung der tatsächlichen Redebeiträge (Stigler et al., 1999). Dies erfasst allerdings lediglich die intendierte Aktivierung.

Auch die *Messentscheidungen* variieren deutlich: Während in einigen Studien eher große Zeitabschnitte wie gesamte Unterrichtsstunden bewertet werden (5-Punkte-Skala in RTOP; Sawada et al., 2002), wird die Bewertung in anderen Studien anhand von Turn-, Wörter- oder zeitbezogene Häufigkeiten vorgenommen (z. B. in Sedova et al., 2019). Die unterschiedlichen eingenommenen Fokusse, Basen sowie Messentscheidungen verdeutlichen bereits für den Raum für Lernendenäußerungen, den oberflächlichsten Qualitätsbereich von Interaktionsqualität, die große Heterogenität in der Operationalisierung.

4.2.2 Qualitätsmerkmale im Bereich mathematische Reichhaltigkeit

Der Qualitätsbereich *mathematische Reichhaltigkeit* (Abschnitt 3.2.2) ist zentral für die Erfassung von Interaktionsqualität und kann vielfältige Aspekte des Mathematikunterrichts umfassen. Dazu gehören unter anderem ein Verständnis von Bedeutungen zu Konzepten, die Vernetzung verschiedener Darstellungen und Sprachregister, die Verwendung von mathematischen Strategien, die Anwendung von Verfahren, die Partizipation in mathematischen Praktiken wie Verallgemeinerungen und weitere Aspekte (Charalambous & Litke, 2018; Schoenfeld, 2014). Die drei Konzeptualisierungen der mathematischen Reichhaltigkeit der Interaktion (Abschnitt 3.2.2) sind die a) *intendierte Aktivierung* als die von den Lehrkräften intendierte Reichhaltigkeit der Aufgaben und Impulse. In der intendierten Aktivierung ist allerdings nicht enthalten, inwieweit diese Intention im Unterricht umgesetzt wird. Weiterhin enthalten sind b) die *umgesetzte Aktivierung* als die Eingebundenheit der Klasse in der mathematischen Reichhaltigkeit der Interaktion sowie c) die *individuelle Partizipation* einzelner Lernender in der mathematischen Reichhaltigkeit (Erath & Prediger, 2021; Quabeck et al., 2023).

Für die drei Fokusse von mathematischer Reichhaltigkeit können in den Erfassungsinstrumenten die meisten Qualitätsmerkmale identifiziert werden. Sie sind in Tabelle 4.2 aufgeführt. Aufgrund der großen Anzahl an korrespondierenden Qualitätsmerkmalen wird für die umgesetzte Aktivierung eine Auswahl an Qualitätsmerkmalen aus den in Bostic et al. (2021) aufgeführten validen Erfassungsinstrumenten präsentiert.

Wie in der Benennung der Qualitätsmerkmale in der zweiten Spalte in Tabelle 4.2 deutlich wird, umfassen die Qualitätsmerkmale des Qualitätsbereichs mathematische Reichhaltigkeit verschiedene Aspekte wie zum Beispiel Problemlösen, Beweisen, Argumentieren oder Metakognition. Während einige Qualitätsmerkmale auf eine eher globalere Operationalisierung hinweisen, zum Beispiel das Qualitätsmerkmal *Reichhaltigkeit der Interaktion* (MQI, Charalambous & Litke, 2018), wird in anderen Merkmalen eine spezifischere Fokussierung deutlich, zum Beispiel im Qualitätsmerkmal *vielfältige Lösungswege* (OTOP, Flick et al., 2004). Aufgrund der vielfältigen Aspekte, die mathematische Reichhaltigkeit ausmachen, ist der Vergleich verschiedener Erfassungsinstrumente herausfordernd. Hinzu kommt, dass die Benennungen der Qualitätsmerkmale teilweise voneinander abweichen und oft leicht unterschiedliche Konzeptualisierungen beinhalten. So deuten *konzeptuelles Wissen mit Vernetzung von Repräsentationen* als Qualitätsmerkmal in OTOP (Flick et al., 2004) und die *Entwicklung konzeptuellen Wissens* als Qualitätsmerkmal in EQUIP (Marshall et al., 2010) auf eine ähnliche Konzeptualisierung hin, jedoch bleibt unklar, inwiefern sie sich wirklich entsprechen. Dies ist unter anderem auf die fehlende Präzisierung der Basis sowie auf unterschiedlich große Analyseeinheiten zurückzuführen.

Die *intendierte Aktivierung* wird in den rezipierten Erfassungsinstrumenten *aufgabenbasiert* und *impulsbasiert* operationalisiert, indem unter anderem zunächst die Anforderungen der Aufgabe unabhängig von deren konkreter Umsetzung im Unterricht erfasst werden (z. B. *Aufgabenpotential* in IQA, Boston, 2012). In der *umgesetzten Aktivierung* liegen den Qualitätsmerkmalen verschiedene Kombinationen an Basen zugrunde: Meistens dienen die Praktiken zur Bewertung der Qualität, zusätzlich werden aber auch Impulse oder Aufgaben zur Bewertung der Qualität herangezogen. Für die individuelle Partizipation einzelner Lernender konnte in keinem der untersuchten Erfassungsinstrumente Qualitätsmerkmale identifiziert werden, da sie gemäß Konzeptualisierung mehr den Fokus auf die Aktivitäten der Lehrkraft legen.

Tabelle 4.2 Beispiele für Qualitätsmerkmale im Bereich mathematische Reichhaltigkeit in Videostudien mit aufgaben-, impuls- oder praktikenbasierter Basis und Messentscheidung

Fokus	Qualitätsmerkmal	Erfassungs-instrument	Basis	Messentscheidung
Intendierte Aktivierung	• Aufgabenpotential	• IQA	• A	• Feste Segmente
	• Intention zum Problemlösen	• RTOP	• A	• Feste Segmente
	• Evozierte kognitive Aktivierung	• PYTHAGORAS	• I	• Flexible Segmente
Umgesetzte Aktivierung	• Aufgabenimplementierung	• IQA	• A, P	• Feste Segmente
	• Kognitiver Anspruch	• IQA	• A, I, P	• Feste Segmente
	• Inhaltliche Vernetzungen	• IQA	• A, I, P	• Feste Segmente
	• Strukturelle Klarheit	• EQUIP	• P	• Feste Segmente
	• Wissenserwerb	• EQUIP	• P	• Feste Segmente
	• Rolle der Lernenden	• EQUIP	• A, I, P	• Feste Segmente
	• Inhaltliche Klarheit	• EQUIP	• P	• Feste Segmente
	• Entwicklung konzeptuellen Wissens	• EQUIP	• A, I, P	• Feste Segmente
	• Reichhaltigkeit der Interaktion	• MQI	• A, I, P	• Feste Segmente
	• Fehler und Ungenauigkeiten	• MQI	• A, I, P	• Feste Segmente
	• Mathematische Praktiken der Lernenden	• MQI	• P	• Feste Segmente
	• Aussagenlogik	• RTOP	• A, I, P	• Feste Segmente
	• Kohärenz und Genauigkeit	• TRU	• A, I, P	• Feste Segmente
	• Kognitive Anspruch und Feedback	• TRU	• I, P	• Feste Segmente
	• Metakognition	• OTOP	• I, P	• Feste Segmente
	• Vielfältige Lösungswege	• OTOP	• I, P	• Feste Segmente
	• Konzeptuelles Wissen mit Vernetzung von Repräsentationen	• OTOP	• A, I, P	• Feste Segmente
Individuelle Partizipation	In dieser Literaturrecherche konnten keine Qualitätsmerkmale für die individuelle Partizipation identifiziert werden.			

Wiederholt tritt konzeptuelles Wissen als Aspekt mathematischer Reichhaltigkeit auf, zum Beispiel die *Entwicklung konzeptuellen Wissens* als Qualitätsmerkmal in EQUIP (Marshall et al., 2010). Dies verdeutlicht die vielfach betonte Relevanz konzeptuellen Wissens im Gegensatz zum Einüben von Rechenverfahren (z. B. Hiebert & Grouws, 2007). Für mathematische Reichhaltigkeit wird u. a. die Aktivierung durch die Lehrkraft in Bezug auf die Einbindung von konzeptuellem Wissen in ihren Unterricht gemessen. Dieses Engagement der Klasse in konzeptuellen Aktivitäten wird in verschiedenen Operationalisierungen erfasst, indem die Qualität der *Aufgabenpotentiale* (IQA, Boston, 2012) oder die kokonstruierten konzeptuellen Praktiken (z. B. MQI, Charalambous & Litke, 2018) bewertet werden. In den Erfassungsinstrumenten oder in den veröffentlichten technischen Berichten und Anhängen zu den Erfassungsinstrumenten werden die genauen Basen für die Operationalisierung nur selten expliziert. Häufig werden mehrere Basen erwähnt und zur Bewertung der Qualität miteinander kombiniert, ohne dass dies näher erläutert wird.

Als *Messentscheidung* wird oft in festgelegten Segmenten analysiert, zum Teil werden auch flexible Segmente zugrunde gelegt. Die Segmente haben unterschiedliche Größen: Während manche Qualitätsmerkmale im Bereich mathematische Reichhaltigkeit einmal für die gesamte Unterrichtsstunde bewertet werden (OTOP, Flick et al., 2004), liegen anderen Qualitätsmerkmalen Segmente von beispielsweise fünf Minuten zugrunde (MQI, Charalambous & Litke, 2018). Die Heterogenität in den Messentscheidungen ist folglich hoch, auch wenn auf den ersten Blick festgelegte Segmente als Messentscheidung zunächst eine eher ähnliche Messentscheidung vermuten lässt.

4.2.3 Qualitätsmerkmale im Bereich diskursive Reichhaltigkeit

Der Qualitätsbereich *diskursive Reichhaltigkeit* ist zentral für die Erfassung von Interaktionsqualität. Eine diskursiv reichhaltige Interaktion meint das Bereitstellen reichhaltiger Anforderungen und Unterstützungsmöglichkeiten für Lernende zur Teilhabe an reichhaltigen Diskurspraktiken sowie die Teilhabe einzelner Lernender am mündlichen und schriftlichen Austausch in Form von Erklärungen, Beschreibungen und anderen Diskurspraktiken (Abschnitt 2.4.2). Insbesondere durch qualitative Studien konnte bereits wiederholt gezeigt werden, dass reichhaltige mathematische Lerngelegenheiten mit reichhaltigen Diskurspraktiken zusammenhänge (Barwell, 2012; Erath et al., 2018; Moschkovich, 2015).

Wird diskursive Reichhaltigkeit in quantitativen Erfassungsinstrumenten aufgenommen, so fokussiert sie auf die a) *intendierte Aktivierung* in Form von reichhaltigen Diskursanforderungen und Unterstützungen, auf b) *umgesetzte Aktivierung* als Engagement der Gruppe in Erklärungen, Argumentationen und anderen reichhaltigen Diskurspraktiken sowie c) auf *individuelle Partizipation* einzelner Lernender an reichhaltigen diskursiven Aktivitäten (Abschnitt 3.2.3).

In Tabelle 4.3 sind operationalisierte Qualitätsmerkmale für den Qualitätsbereich diskursive Reichhaltigkeit in den verschiedenen Instrumenten dokumentiert.

Die Erfassung der *diskursiven Reichhaltigkeit* stellt für die Forschenden eine Herausforderung dar, da mehrere beteiligte Personen sowie die Interaktivität zwischen ihnen berücksichtigt werden müssen (Howe & Abedin, 2013; Pauli & Reusser, 2015). Um dieser Herausforderung zu begegnen, nutzen Forschende verschiedene Wege, um die Messung zu vereinfachen. In Tabelle 4.3 wird dies ersichtlich durch die vorliegende große Heterogenität der Operationalisierungen hinsichtlich des Fokus (Zeilen in Tabelle 4.3), der abgedeckten Aspekte des Diskurses (Spalte *Qualitätsmerkmal* in Tabelle 4.3) sowie der Basis (Spalte *Basis* in Tabelle 4.3) und der getroffenen Messentscheidungen (Spalte *Messentscheidung* in Tabelle 4.3).

In der Spalte *Qualitätsmerkmale* wird deutlich, dass in den Erfassungsinstrumenten entweder die Beiträge der Lehrkräfte oder die der Lernenden in den Fokus genommen werden. Während in einigen Qualitätsmerkmalen die diskursive Reichhaltigkeit also eher an den Aktivitäten der Lehrkraft festgemacht wird (z. B. TIMSS, Stigler et al., 1999) wird bei anderen Qualitätsmerkmalen die Gruppe an Lernenden (z. B. Marshall et al., 2010) oder die Beteiligung individueller Lernender am Diskurs fokussiert (z. B. Ing & Webb, 2012). Eine Unterscheidung zwischen reichhaltigen Diskurspraktiken, welche notwendig für die Adressierung konzeptuellen Wissens sind (Abschnitt 2.1.2, Barwell, 2012; Erath et al., 2018; Moschkovich, 2015) und sequenzierenden Diskurspraktiken wird nur in Ansätzen deutlich. Beispiele hierfür sind zu finden in PYTHAGORAS durch die Erfassung der *Anzahl an Begründungen der Lernenden* (Hugener et al., 2006) bzw. der *Anzahl an Begründungen individueller Lernender* bei Sedova et al. (2019). Im Gegensatz dazu werden oft andere Aspekte von Diskurs gemessen, wie zum Beispiel die Komplexität der Fragen und Antworten in EQUIP (Marshall et al., 2010).

Als *Basis* greifen Forschende teilweise auf impuls- statt auf praktikenbasierte Operationalisierungen zurück, da die quantitative Erfassung des Diskurses aufgrund seiner Komplexität vereinfacht werden sollte (Pauli & Reusser, 2015). In einigen Studien wird die intendierte Aktivierung von Lehrkräften durch impulsbasierte Qualitätsmerkmale erfasst (z. B. TIMSS, Stigler et al., 1999), anstatt die

Tabelle 4.3 Beispiele für Qualitätsmerkmale im Bereich diskursive Reichhaltigkeit in Videostudien mit aufgaben, impuls- oder praktikenbasierter Basis und Messentscheidung

Fokus	Qualitätsmerkmal	Erfassungs-instrument	Basis	Messentscheidung
Intendierte Aktivierung	• Anspruch der Lehrkraftfragen • Niveau des Impulses	• TALIS • TIMSS • PYTHAGORAS	• I • I • I	• Feste Segmente • Turns • Turns
Umgesetzte Aktivierung	• Lehrkraftbeiträge • Lehrkräfte Diskursdruck • Lernende bringen Diskursives ein • Komplexität der Fragen und Antworten • Kommunikationsmuster • Lehrkraft-Lernende • Mitbestimmung Lernende • Diskurs Lernende • Begründung	• TIMSS • IQA • IQA • EQUIP • EQUIP • TRU • OTOP • PYTHAGORAS	• I • I, P • P • I • I • I, P • P • P	• Wörter & Turns • Feste Segmente • Feste Segmente • Feste Segmente • Feste Segmente • Feste Segmente • Feste Segmente • Turns
Individuelle Partizipation	• Begründungen Lernende • Anzahl Erklärungen pro Problem	• Sedova et al., 2019 • Ing & Webb, 2012	• P • P	• Turns • Turns

umgesetzten Praktiken im Unterrichtsgespräch zu erfassen. So wird beispielsweise in EQUIP (Marshall et al., 2010) das *Kommunikationsmuster zwischen Lehrkraft und Lernenden* durch die Impulsanforderung der Lehrkräfte bewertet, ohne die von Lehrenden und Lernenden gemeinsam etablierten Praktiken in der jeweiligen Klasse zu berücksichtigen. In anderen Studien wird eine Kombination aus Impulsen und Praktiken zur Bewertung der diskursiven Reichhaltigkeit herangezogen (u. a. IQA, Boston, 2012) oder die diskursive Reichhaltigkeit hauptsächlich über die umgesetzten Praktiken bewertet (z. B. in OTOP, Flick et al., 2004). Aufgabenbasierte Qualitätsmerkmale konnten nicht identifiziert werden, obwohl angenommen werden kann, dass Aufgabenanforderungen diskursiv unterschiedlich komplex sein können.

Weitere Möglichkeiten zur Verringerung der Komplexität in der Erfassung diskursiver Reichhaltigkeit finden sich hinsichtlich der *Messentscheidungen*. Dazu gehört ein verkürzter Zeitraum für die Analyse der diskursiven Reichhaltigkeit, zum Beispiel auf 20 Minuten der gesamten Unterrichtsstunde in PYTHAGORAS (Hugener et al., 2006) oder auf 30 mündliche Beiträge pro Lehrkraft in TIMSS (Stigler et al., 1999). Außerdem werden manchmal sehr grobe Analyseeinheiten verwendet, wie zum Beispiel 16-Minuten-Segmente in TALIS (OECD, 2020). In anderen Erfassungsinstrumenten wird die Länge der Turns der Lehrkraftbeiträge gezählt, nicht aber deren Inhalt oder diskursive Reichhaltigkeit (z. B. TIMMS, Stigler et al., 1999). Die individuelle Partizipation der Schülerinnen und Schüler wird erfasst, indem ihre Äußerungen mit Begründungen gezählt werden (z. B. Sedova et al., 2019) oder Beitragslängen gemessen werden. Dies impliziert eine starke Vereinfachung der diskursiven Reichhaltigkeit zur Erfassung der individuellen Partizipation, die von Forschenden unter anderem aufgrund der fehlenden Berücksichtigung des mathematischen Inhalts der Äußerungen kritisiert wird (Erath & Prediger, 2021; Pauli & Reusser, 2015).

4.2.4 Qualitätsmerkmale im Bereich lexikalischer Reichhaltigkeit

Für den sprachbildenden Mathematikunterricht stellt die *lexikalische Reichhaltigkeit* einen bedeutsamen Qualitätsbereich dar, um Interaktionsqualität herzustellen (Abschnitt 2.4.2; de Araujo et al., 2018; Gibbons, 2002; Prediger, 2022). Die Förderung des relevanten Wortschatzes wird im sprachbildenden Mathematikunterricht als Werkzeug verstanden, mit welchem Lernende die Teilnahme an reichhaltigen Diskurspraktiken wie das Erklären eines Konzepts umsetzen können (Barwell, 2012; Erath & Prediger, 2021; Moschkovich, 2015). Die lexikalische

Reichhaltigkeit in der a) *intendierten Aktivierung* bezieht sich auf die Art und Weise, wie die lexikalischen Mittel angeboten werden und inwiefern die Lernenden beim Erwerb von bildungs- und fachsprachlichem Wortschatz von den Lehrkräften unterstützt werden (Erath & Prediger, 2021). Als b) *umgesetzte Aktivierung* wird das Engagement der Gruppe beim Wortschatzerwerb verstanden. Für die c) *individuelle Partizipation* wird die individuelle Partizipation am Wortschatzerwerb verstanden, also das individuelle Aufgreifen von Wortschatzangeboten oder die Teilhabe an wortschatzförderlichen Praktiken (Abschnitt 3.2.4).

Tabelle 4.4 enthält Beispiele für mögliche Qualitätsmerkmale für den Qualitätsbereich lexikalische Reichhaltigkeit, die aus Interventionsstudien und qualitativen Lernprozess-Analysen abgeleitet werden könnten. Sie waren bislang nicht Bestandteil eines quantitativen Erfassungsinstruments.

Tabelle 4.4 Beispiele für mögliche Qualitätsmerkmale im Bereich lexikalische Reichhaltigkeit in Videostudien

Fokus	Mögliches (bislang nicht operationalisiertes) Qualitätsmerkmal	Qualitative Studien als mögliche Referenzen	Mögliche Basis
Intendierte Aktivierung	• Mathematischer Anspruch der Aufgaben, in denen Wortschatzarbeit eingebettet ist • Integrierte, isolierte oder diskursive Wortschatzförderung in Aufgaben	• de Araujo & Smith, 2022 • Wessel & Erath, 2018	• A • A
Umgesetzte Aktivierung	• Wortschatzangebote durch Mitlernende • Wortschatzangebote und Bedeutungserklärung durch Lehrkraft • Verwendung angebotener Vokabeln in der Gruppe	• Wessel, 2020 • Carlisle et al., 2013; Prediger & Pöhler, 2015 • Prediger & Pöhler, 2015; Wessel & Erath, 2018	• P • I • P
Individuelle Partizipation	• Individuelles Aufgreifen angebotener Vokabeln mittels Spurenanalyse • Teilhabe an wortschatzförderlichen Praktiken	• Prediger & Pöhler, 2015; Wessel, 2020 • de Araujo et al., 2018	• P • P

In qualitativen Studien wurden in allen drei Fokussen potentielle Konzeptualisierungen identifiziert (Abschnitt 3.2.4). Vor allem korrespondieren diese Aspekte mit der b) *umgesetzten Aktivierung*. Aber auch Aspekte, die der a) *intendierten Umsetzung* der lexikalischen Reichhaltigkeit durch die Lehrenden sowie c) der *individuellen Partizipation* der Lernenden an den Wortschatzangeboten sind in qualitativen Studien vorhanden. Insgesamt zeigt die Übersicht gleichwohl, dass unterschiedliche Aspekte der lexikalischen Reichhaltigkeit als Qualitätsmerkmale in Erfassungsinstrumente beinhaltet werden könnten. Zudem ist in dem neu einzuführenden Qualitätsbereich der lexikalischen Reichhaltigkeit noch zu klären, wie mögliche Überschneidungen mit der diskursiven Reichhaltigkeit in den Erfassungsinstrumenten und ihren tatsächlichen Realisierungen genau konstelliert sind. Dies ist eine empirisch zu bearbeitende Frage.

4.3 Zusammenfassung: Operationalisierte Qualitätsmerkmale zur Erfassung der Interaktionsqualität

Die Darstellung der identifizierten Qualitätsmerkmale sowie für die lexikalische Reichhaltigkeit mögliche Qualitätsmerkmale von Interaktionsqualität in Abschnitt 4.2 erfolgte in strukturierter tabellarischer Form. Die Tabellen 4.1 bis 4.3 enthalten für die drei *Qualitätsbereiche Raum für Lernendenäußerungen, mathematische Reichhaltigkeit, diskursive Reichhaltigkeit* die identifizierten Qualitätsmerkmale, die bislang in Erfassungsinstrumenten enthalten sind. Für die *lexikalische Reichhaltigkeit* existiert bislang noch keine quantitative Erfassung, sodass mögliche Qualitätsmerkmale aus qualitativen Lernprozess-Analysen sowie Interventionsstudien zur Wortschatzförderung im Mathematikunterricht entnommen wurden (Tabelle 4.4).

Die Qualitätsmerkmale sind in jeder Tabelle dem entsprechenden Fokus auf a) *intendierte Aktivierung*, b) *umgesetzte Aktivierung* und c) *individuelle Partizipation* der Lernenden zugeordnet, das heißt, in jeweils drei Zeilen unterteilt. Für den Vergleich der Operationalisierungen werden in den Spalten der Tabellen die für jedes Qualitätsmerkmal verwendeten *Basen* und *Messentscheidungen* in Spalten dokumentiert.

Die Tabellen 4.1 bis 4.4 zeigen, dass fast jeder der zwölf theoretisch abgeleiteten Konzeptualisierungen von Interaktionsqualität verschiedene Qualitätsmerkmale – beziehungsweise für die lexikalische Reichhaltigkeit mögliche Qualitätsmerkmale – zugeordnet werden konnten. Diese Qualitätsmerkmale zeichnen sich allerdings durch eine große Heterogenität aus. So variiert nicht nur die Anzahl der zugeordneten Qualitätsmerkmale pro Konzeptualisierung (Qualitätsbereich und Fokus), sondern auch das, was durch sie gemessen werden soll, deutlich.

Die meisten Qualitätsmerkmale, die in den vorliegenden Erfassungsinstrumenten identifiziert wurden, beziehen sich auf die umgesetzte Aktivierung, während die intendierte Aktivierung durch die Lehrkräfte und die individuelle Partizipation der Lernenden seltener im Vordergrund stehen. Innerhalb der umgesetzten Aktivierung wird in den Erfassungsinstrumenten ein sehr unterschiedlicher Fokus auf die Aktivitäten der Lehrkräfte oder auf die von den Lernenden umgesetzten Aktivitäten gelegt. Die geringste Anzahl an Qualitätsmerkmalen ist für die individuelle Partizipation zu finden. Ein Grund dafür ist, dass als Datengrundlage häufig Selbstberichte von Lernenden und nicht Unterrichtsvideos verwendet werden (z. B. Jansen, Decristan & Fauth, 2022 oder TALIS, OECD, 2020), die jedoch Verzerrungen nicht ausschließen lassen. Die bisher wenig ausgeprägte Fokussierung auf die individuelle Partizipation in der Datengrundlage Unterrichtsvideos ist problematisch, da bei der Partizipation einzelner Lernender möglicherweise andere empirische Ergebnisse zu erwarten sind, als wenn die gesamte Gruppe der Lernenden beurteilt wird (Ing & Webb, 2012).

Bislang spiegelt sich in den Qualitätsmerkmalen kaum eine Unterscheidung verschieden reichhaltiger Diskurspraktiken für den Qualitätsbereich diskursive Reichhaltigkeit wider. Diese Unterscheidung, das heißt die Erfassung von reichhaltigen Diskurspraktiken anstelle von sequenzierenden Diskurspraktiken, ist jedoch für die Adressierung mathematischer Konzepte essentiell (Abschnitt 2.1.2, Erath et al., 2018; Prediger, 2022). Stattdessen werden andere Unterscheidungen und Vereinfachungen für die Erfassung der diskursiven Reichhaltigkeit, zum Beispiel durch eine stark verkürzte Codiereinheit von lediglich wenigen Beiträgen (TIMMS, Stigler et al., 1999), vorgenommen.

Darüber hinaus verwenden die Forschenden *aufgabenbasierte, impulsbasierte* oder *praktikenbasierte Qualitätsmerkmale* zur Bewertung der Interaktionsqualität. Die Einführung des Konstrukts *Basis*, das durch den Vergleich der Operationalisierungen in Erfassungsinstrumenten synthetisiert wurde, macht artikulierbarer und vergleichbarer, *woran* die Bewertung der Interaktionsqualität festgemacht wird. Ein solcher Ansatz für mehr Transparenz bei der Operationalisierung von Konstrukten – wie Interaktionsqualität – wird von Forschenden immer wieder gefordert (Ing & Webb, 2012; Mu et al., 2022; Praetorius & Charalambous, 2018). Abschnitt 4.2 zeigt, dass durchaus auch anspruchsvoll zu codierende, praktikenbasierte Qualitätsmerkmale erfasst werden. Häufig erfolgt jedoch eine Vereinfachung auf weniger aufwendig zu erfassende aufgaben- und impulsbasierte Qualitätsmerkmale. So wird zum Beispiel die diskursive Reichhaltigkeit in TIMSS impulsbasiert über die Intention der Lehrkraftimpulse erfasst (Stigler et al., 1999). Zu starke Vereinfachungen werden allerdings zum Beispiel bei der Erfassung der diskursiven Reichhaltigkeit kritisiert (Pauli & Reusser, 2015). Dies wirft die Frage nach zulässigen Vereinfachungen der Operationalisierung bei der Messung von Interaktionsqualität auf. Daher ist zu fragen, inwiefern zum Beispiel auch aufgabenbasierte Qualitätsmerkmale Interaktionsqualität verlässlich messbar machen. Diese Fragen sind aktuell unbeantwortet.

Weiterhin zeigt der Forschungsstand zu den Operationalisierungen von Interaktionsqualität in Abschnitt 4.2, dass unterschiedliche *Messentscheidungen* getroffen werden. Obwohl diese Messentscheidungen einen Einfluss auf die empirischen Ergebnisse haben können (Ing & Webb, 2012), werden sie häufig ohne einen fundierten beziehungsweise nicht öffentlich zugänglichen methodologischen Austausch getroffen. Die Messentscheidungen in den vier Qualitätsbereichen weichen voneinander ab: Vielfach wird die Qualität in unterschiedlich großen, festgelegten Segmenten gemessen, so auch im Qualitätsbereich der mathematischen Reichhaltigkeit. Bei der diskursiven Reichhaltigkeit oder dem Raum für die Lernendenäußerungen werden dagegen auch einzelne Wörter oder Sätze zur Bewertung der Interaktionsqualität verwendet.

Zusammenfassend lässt sich festhalten, dass die *Operationalisierung von Interaktionsqualität* vor allem durch eine *große Heterogenität* gekennzeichnet ist. Die getroffenen methodischen Entscheidungen und ihre möglichen Implikationen für die Bewertung der Interaktionsqualität sind bislang wenig artikuliert und diskutiert.

Erkenntnisinteresse und Forschungsfragen

5

Die vorliegende Arbeit ist eine explanative, hypothesenprüfende Arbeit zur Erforschung der *Interaktionsqualität* im *sprachbildenden Mathematikunterricht*. Im fünften Kapitel wird das spezifische *Erkenntnisinteresse* erläutert (Abschnitt 5.1). Zur Verfolgung dieses Erkenntnisinteresses werden Fragestellungen aus theoretischen und methodologischen Überlegungen der Kapitel 2 bis 4 abgeleitet und als *Forschungsfragen* und *Forschungshypothesen* konkretisiert (Abschnitt 5.2).

5.1 Beschreibung des Erkenntnisinteresses

Die vorliegende Arbeit ist in das Projekt MESUT2 eingebettet (Prediger & Erath, 2022; Prediger, Erath et al., 2022). Ziel in MESUT2 war ein vertieftes Verständnis zu verschiedenen Gelingensbedingungen und Wirkungsweisen des sprachbildenden Mathematikunterrichts. *Interaktionsqualität* ist der in dieser Dissertation fokussierte Bereich innerhalb dieser Gelingensbedingungen und Wirkungsweisen des sprachbildenden Mathematikunterrichts.

Die Interaktionen zwischen Lehrkräften, Lernenden und dem Lerngegenstand ist sind laut vieler qualitativer Fallstudien entscheidend für die umgesetzten unterrichtlichen Lerngelegenheiten (Abschnitt 2.4.2). Während Interaktionen bereits häufig mit qualitativen Methoden rekonstruiert wurden (u. a. Bauersfeld, 1988; Cobb & Bauersfeld, 1995), besteht für die Messung von Interaktionsqualität noch Forschungsbedarf. Dies zeigt sich auch anhand der deutlich geringeren Anzahl an quantitativen Studien zur Messung der Interaktionsqualität (Abschnitt 2.4.3). Außerdem beziehen sich die meisten Studien auf den regulären und nicht auf den sprachbildenden Mathematikunterricht, weshalb für den sprachbildenden Mathematikunterricht zusätzlicher Forschungsbedarf besteht. Dies umfasst die Messung der Diskurspraktiken (Erath et al., 2021; Howe et al., 2019; Pauli & Reusser, 2015), die aufgrund ihrer interaktiven Ko-Konstruktion besonders aufwendig und komplex zu erfassen sind (Howe & Abedin, 2013; Pauli & Reusser, 2015).

Wie in Abschnitt 2.3 beschrieben, sind *Lernvoraussetzungen* der Schülerinnen und Schüler und *Lernmilieus* – operationalisiert als Risiko- und Schulerfolgs-Kontext – für die Erforschung der Interaktionsqualität relevant (Baumert et al., 2006; Decristan et al., 2020; Pauli & Lipowsky, 2007; Prediger et al., accepted). Im Schulerfolgs-Kontext werden in der Tendenz qualitativ hochwertigere, reichhaltigere Lerngelegenheiten umgesetzt als im Risiko-Kontext (Pauli & Reusser, 2015; Prediger et al., accepted). Zusätzlich stehen individuelle und familiäre Lernvoraussetzungen in Zusammenhang mit der Mitarbeit der Lernenden (Decristan et al., 2020; Jansen et al., 2022; Pauli & Lipowsky, 2007). Während für den Mathematikunterricht im Allgemeinen einige Befunde auf die Relevanz von Lernmilieus und Lernvoraussetzungen für die Interaktionsqualität hindeuten, besteht für den sprachbildenden Mathematikunterricht noch Forschungsbedarf (Abschnitt 2.3). Das hypothesenprüfende Erkenntnisinteresse besteht also in der Spezifizierung der Rolle von Lernvoraussetzungen und Lernmilieus für Interaktionsqualität im sprachbildenden Mathematikunterricht mittels differentieller Analysen, um übergreifend einen Beitrag zum Forschungsstand von Kompositions- und Voraussetzungs-Effekten zu leisten.

Um Interaktionsqualität im sprachbildenden Mathematikunterricht erforschen zu können, wird ein *Erfassungsinstrument* benötigt, in dem das Konstrukt Interaktionsqualität in messbare Dimensionen und Merkmale aufgeschlüsselt wird (Erath & Prediger, 2021). Für die Entwicklung eines solchen Erfassungs-instruments, der gleichzeitig auch als Forschungsrahmens dient, stellen sich grundlegende theoretische und methodologische Fragen zur *Konzeptualisierung* und *Operationalisierung* (Praetorius & Charalambous, 2018). Daher wurde in Kapitel 3 der Forschungsstand zur Konzeptualisierung von Interaktionsqualität erläutert.

Wie in Abschnitt 3.2 deutlich wird, weisen die verwendeten Konzeptualisierungen von Interaktionsqualität in anderen Studien eine deutliche Heterogenität auf (Bostic et al., 2021; Praetorius & Charalambous, 2018; Quabeck et al., 2023). Der Fokus bei der Erfassung der Interaktionsqualität liegt entweder auf der *intendierten Aktivierung*, der tatsächlich *umgesetzten Aktivierung* oder der *individuellen Partizipation*. Daher sind diese drei Fokusse bei der Konzeptualisierung von Interaktionsqualität berücksichtigt (Spalten der Tabelle 3.1). Insbesondere für die individuelle Partizipation der Lernenden wird immer wieder Forschungsbedarf artikuliert (Ing et al., 2015; Lipowsky et al., 2007; Webb et al., 2021). Bestehende Diskrepanzen zwischen intendierter und umgesetzter Aktivierung wurden bereits mehrfach empirisch nachgewiesen (u. a. Hiebert et al., 2003; Stein & Lane, 1996). Weniger Beachtung fand bislang die mögliche Diskrepanz zwischen der individuellen Partizipation einzelner Lernender und der umgesetzten Aktivierung der gesamten Lerngruppe (Abschnitt 3.3).

Zudem konstituieren unterschiedliche *Qualitätsbereiche* die Interaktionsqualität (Erath & Prediger, 2021; M. Lampert & Cobb, 2003; Walshaw & Anthony, 2008). Die Unterscheidung der vier Qualitätsbereiche *Raum für Lernendenäußerungen, mathematische Reichhaltigkeit, diskursive Reichhaltigkeit* und *lexikalische Reichhaltigkeit* folgt der Unterscheidung von Erath und Prediger (2021). Sie gehen allerdings nicht davon aus, dass diese Qualitätsbereiche vollständig voneinander separierbar sind. Das Gegenteil ist der Fall: Erst die getrennte Konzeptualisierung ermöglicht es, Zusammenhänge zwischen verschiedenen Qualitätsbereichen der Interaktionsqualität zu analysieren. Diese Möglichkeit besteht in zahlreichen anderen Forschungsrahmen und Ratinginstrumenten nicht, in denen verschiedene Qualitätsbereiche bewusst gemeinsam konzeptualisiert werden (z. B. MQI, Charalambous & Litke, 2018; Hill et al., 2008; Hill, Litke & Lynch, 2018).

In Kapitel 4 wurde der Forschungsstand zur *Operationalisierung von Interaktionsqualität* dargestellt, um einen Überblick über aktuell in der Disziplin verwendete Operationalisierungen von Interaktionsqualität systematisch zu erarbeiten. Bereits Ing und Webb (2012) konnten für den Mathematikunterricht zeigen, dass die Operationalisierung die Bewertung des zu untersuchenden Konstrukts beeinflussen kann. Ausgehend vom allgemeinen Systematisierungsbedarf beim Operationalisieren (Praetorius & Charalambous, 2018) wurde daher in dieser Arbeit der Forschungsstand zur Operationalisierung von Interaktionsqualität für die *Operationalisierungs-* und *Messentscheidungen* umfassend aufgearbeitet (Abschnitt 4.2). Beim Operationalisieren hat sich gezeigt, dass in Videostudien bisher oft implizit verschiedene *aufgaben-, impuls-* und *praktikenbasierte Basen* verwendet werden (Quabeck et al., 2023). Darüber hinaus werden von den Forschenden unterschiedliche *Messentscheidungen* getroffen, z. B. die Bewertung auf Skalen in definierten Segmenten. Der Forschungsstand zeigt zudem, dass in Videostudien vor allem die umgesetzte Aktivierung erfasst wird, während die intendierte Aktivierung und die individuelle Partizipation nur selten berücksichtigt werden.

Insgesamt zeigen die Kapitel 3 und 4 die große Heterogenität der Konzeptualisierungen und insbesondere Operationalisierungen von Interaktionsqualität. Diese Heterogenität selbst steht jedoch selten im Fokus der Forschung, vielmehr wird die methodologische Diskussion der Konzeptualisierungen und Operationalisierungen oft als lückenhaft charakterisiert (Erath & Prediger, 2021; Ing & Webb, 2012; Praetorius & Charalambous, 2018). Diese Forschungslücke wird in der vorliegenden Dissertation adressiert: Anstatt Konzeptualisierungen und Operationalisierungen a priori festzulegen, werden in dieser Arbeit unterschiedliche Konzeptualisierungen und Operationalisierungen von Interaktionsqualität im Erfassungsinstrument verwendet, analysiert und somit empirisch miteinander verglichen. Das Erkenntnisinteresse ist also methodisch-systematisierend, liegt auf der anschließenden Diskussion mit methodologischem Schwerpunkt. Dieser methodologische Forschungsfokus zielt auf den bereits geforderten transparenteren Austausch über die Konzeptualisierung und Operationalisierung von Konstrukten (Ing & Webb, 2012; Praetorius & Charalambous, 2018), hier für den spezifischen Bereich der Interaktionsqualität im sprachbildenden Mathematikunterricht.

5.2   Forschungsfragen und Forschungshypothesen

Ausgehend von den in Abschnitt 5.1 artikulierten Forschungsbedarf und sich daraus ergebenden Erkenntnisinteresse werden nachfolgend übergreifende Forschungsfragen abgeleitet. Diese werden dann zu spezifischeren Forschungsfragen oder Forschungshypothesen konkretisiert. Zur zusätzlichen Strukturierung werden die übergreifenden Forschungsfragen im Methodenkapitel graphisch am Angebot-Nutzungs-Modell verortet (Abbildung 6.4).

5.2.1   Methodologische Forschungsfragen zum Zusammenhang von Konzeptualisierungen und Operationalisierungen

Aufgrund der hohen Relevanz von Konzeptualisierungen und Operationalisierungen für das Messbarmachen latenter Konstrukte, hier also Interaktionsqualität, sind methodologische Forschungsfragen in dieser Arbeit zentral. Sie umfassen die Untersuchung von Zusammenhängen zwischen unterschiedlichen Operationalisierungen bei gleicher Konzeptualisierung sowie zwischen unterschiedlichen Konzeptualisierungen bei gleicher Operationalisierung.

Bei der Verwendung *verschiedener Konzeptualisierungen* für das zu messende Konstrukt zeigen sich durch verschiedene Erfassungsinstrumente deutliche Unterschiede in der Bewertung des gleichen Unterrichts, abhängig von der eingenommenen theoretischen Perspektive (Brunner, 2018; Schlesinger et al., 2018). So ist es etwa theoretisch plausibel und auch bereits in qualitativen Studien belegt, dass nicht jedes Unterrichtsgespräch und insbesondere nicht jeder Beitrag der

Schülerinnen und Schüler in diesen Gesprächen diskursiv gleich reichhaltig ist (z. B. Erath et al., 2018). Aufgrund der Komplexität der Codierung der Qualität von Diskurspraktiken gibt es dazu bislang jedoch wenig quantitative Evidenz (Erath & Prediger, 2021; Pauli & Reusser, 2015).

Werden *verschiedene Operationalisierungen* verwendet, sind unterschiedliche Qualitätsbewertungen möglich (Ing & Webb, 2012). Beispielsweise ist davon auszugehen, dass die Impulse der Lehrkräfte mit den umgesetzten Praktiken zusammenhängen (Quabeck & Erath, 2022), jedoch auch voneinander abweichen können (Webb et al., 2019). Empirische Vergleiche verschiedener Operationalisierungen werden immer wieder gefordert, sind aber bisher noch weniger vorhanden als empirische Vergleiche verschiedener Konzeptualisierungen (Ing & Webb, 2012; Praetorius & Charalambous, 2018).

Basierend auf den theoretischen und methodologischen Überlegungen in Kapitel 3 und 4 sollten verschiedene Konzeptualisierungen und Operationalisierungen von Interaktionsqualität miteinander zusammenhängen, weil sie alle der Erfassung desselben Konstrukts dienen. Aufgrund der geringen Anzahl quantitativer Studien zur Interaktionsqualität wird jedoch keine Forschungshypothese für eine enge Verknüpfung formuliert. Stattdessen wird eine Forschungsfrage mit zwei Unterfragen formuliert, die auf den Vergleich von Operationalisierungen bzw. Konzeptualisierungen von Interaktionsqualität abzielen:

Forschungsfrage 1: Welche Zusammenhänge zeigen sich zwischen verschiedenen Konzeptualisierungen von Interaktionsqualität mit ihren unterschiedlichen (aufgaben-, impuls- und praktikenbasierten) Operationalisierungen?

Forschungsfrage 1.1: Welche Zusammenhänge zeigen sich zwischen verschiedenen Operationalisierungen von Interaktionsqualität bei gleicher Konzeptualisierung?

Forschungsfrage 1.2: Welche Zusammenhänge zeigen sich zwischen verschiedenen Konzeptualisierungen von Interaktionsqualität bei gleicher Operationalisierung?

Die zu den Fragen gehörenden Forschungsmethoden werden in Kapitel 6 erläutert. Die Forschungsfragen F1.1 und F1.2 werden in Kapitel 7 untersucht. Auch wenn enge Zusammenhänge zwischen verschiedenen Konzeptualisierungen und Operationalisierungen von Interaktionsqualität zu erwarten sind, sind mögliche Abweichungen höchst relevant. Denn durch die Quantifizierung von Diskrepanzen können Operationalisierungs- und Messentscheidungen auf der Grundlage empirischer Ergebnisse und nicht nur theoretischer Annahmen diskutiert werden. Zukünftige Forschung zur Interaktionsqualität sowie zu anderen Konstrukten kann so dem übergeordneten Ziel einer größeren Transparenz und gemeinsamen Arbeit an Konzeptualisierung und Operationalisierung folgen (Charalambous & Praetorius, 2022; Praetorius & Charalambous, 2018).

5.2.2   Forschungsfragen zu den Lernmilieus und Lernvoraussetzungen

Neben den methodologischen Fragen steht in dieser Arbeit die Rolle der *Lernmilieus* sowie der familiären und individuellen *Lernvoraussetzungen* der Lernenden für die Interaktionsqualität im Mittelpunkt. Für beide, Lernmilieus und Lernvoraussetzungen, liegen Forschungsbefunde vor, die eine Relevanz für die umgesetzte Qualität der Aktivierung und Qualität der individuellen Partizipation vermuten lassen (Abschnitt 2.3). Allerdings wurden diese Befunde zu Kompositions- und Voraussetzungs-Effekten sowie zu institutionellen Effekten bislang entweder in großen Leistungsstudien ohne Berücksichtigung des Unterrichts (z. B. Baumert et al., 2006), oder, soweit sie die Interaktionsqualität betreffen, hauptsächlich in qualitativen Studien gewonnen (z. B. Black, 2004). Daher gibt es bisher keine empirischen Befunde darüber, inwieweit Risiko-Kontext und Schulerfolgs-Kontext beziehungsweise Lernvoraussetzungen mit der Interaktionsqualität zusammenhängen.

Im Projekt MESUT2 konnten bereits lernmilieubezogene Einflüsse auf die Leistungsentwicklung nachgewiesen werden (Prediger, Erath et al., 2022). In dieser Arbeit sollen diese lernmilieubezogenen Unterschiede in Bezug auf die Interaktion genauer verstanden werden. Es ist anzunehmen, dass Förderlehrkräfte mit Lernenden aus dem Schulerfolgs-Kontext leichter eine qualitativ hochwertigere Aktivierung umsetzen und die Lernenden daran auch qualitativ hochwertiger partizipieren als im Risiko-Kontext. Daher werden im Rahmen der Forschungsfrage 2 zwei gerichtete Unterschiedshypothesen für die umgesetzte Aktivierung und Partizipation verfolgt:

Forschungsfrage 2:   Zeigt sich im Schulerfolgs-Kontext eine höhere Interaktionsqualität als im Risiko-Kontext, auch wenn Aufgabenqualität und Rahmenbedingungen konstant gehalten werden?

Hypothese 2.1:	Die Lernenden aus dem Schulerfolgs-Kontext partizipieren qualitativ hochwertiger als die aus dem Risiko-Kontext.
Hypothese 2.2:	Die Lernenden aus dem Schulerfolgs-Kontext erhalten eine qualitativ hochwertigere Aktivierung als die aus dem Risiko-Kontext.

Neben den Lernmilieus werden *Lernvoraussetzungen* der Schülerinnen und Schüler als relevant für die Interaktionsqualität im sprachbildenden Mathematikunterricht erachtet (Abschnitt 2.3). Gleichzeitig wird aktuell Forschungsbedarf zu den Zusammenhängen zwischen Lernvoraussetzungen und unterrichtlichen Prozessen, zu denen auch die Interaktion gehört, artikuliert (Howe & Abedin, 2013; Jansen et al., 2022). Sollten sich die Schülerinnen und Schüler hinsichtlich ihrer individuellen und familiären Lernvoraussetzungen unterscheiden, so könnten bestehende Unterschiede in den Lernmilieus auch auf Lernvoraussetzungen zurückzuführen sein. Denn ungünstigere Lernvoraussetzungen, wie zum Beispiel eine geringere bildungssprachliche Kompetenz, können die Teilnahme an reichhaltigen mathematischen Aktivitäten erschweren, da das neue Wissen schwerer in die eigenen Wissensstrukturen integriert werden kann (Corno & Snow, 1986). Daher werden in Forschungsfrage 3 zwei Zusammenhangshypothesen mit den Schwerpunkten Partizipation und Aktivierung verfolgt:

Forschungsfrage 3:	Hängt die Interaktionsqualität mit dem Lernmilieu zusammen, wenn die Lernvoraussetzungen der Lernenden kontrolliert werden?
Hypothese 3.1:	Unter Einbezug der individuellen und familiären Lernvoraussetzungen sind die Lernmilieus nicht mehr signifikant prädiktiv für die Qualitätsmerkmale der individuellen Partizipation.
Hypothese 3.2:	Unter Einbezug der individuellen und familiären Lernvoraussetzungen sind die Lernmilieus nicht mehr signifikant prädiktiv für die Qualitätsmerkmale der Aktivierung.

Zur Beantwortung der Forschungsfragen werden im folgenden Kapitel 6 die Forschungsmethoden erläutert. In Kapitel 7 wird die Forschungsfrage 1 zum Zusammenhang zwischen unterschiedlichen Konzeptualisierungen und Operationalisierungen von Interaktionsqualität untersucht. In Kapitel 8 liegt der Fokus auf Forschungsfrage 2 und Forschungsfrage 3 zur Rolle von Lernmilieus und Lernvoraussetzungen für die Interaktionsqualität.

Forschungsmethoden der Videostudie 6

In Kapitel 6 werden die Forschungsmethoden der Videostudie dieser Dissertation beschrieben. Zunächst wird der Forschungskontext des übergreifenden DFG-Projekts MuM-MESUT2 (Prediger & Erath, 2022; Prediger, Erath et al., 2022) skizziert, innerhalb dessen diese Arbeit verfasst wurde (Abschnitt 6.1). Vorgestellt werden weiterhin die Rahmung der Videostudie zur Erfassung und Operationalisierung von Interaktionsqualität und die Methoden der Datenerhebung (Abschnitt 6.2). Anschließend werden Analyserahmen und die Methoden der Datenauswertung beschrieben (Abschnitt 6.3).

6.1 Forschungskontext des Dissertationsprojekts im übergreifenden DFG-Projekt MuM-MESUT2

Die Forschung dieser Arbeit entstand im Rahmen des DFG-Projekts „MESUT2 – Mathematisches Verständnis Entwickeln mit Sprachunterstützung" (2018–2023). Zusätzlich wurde auf Daten aus dem Vorgängerprojekt MESUT1 (2015–2018) zurückgegriffen. Am Beispiel einer sprachbildenden Förderung zum Bruchverständnis in Klasse 6/7 wurden eine Interventionsstudie mit der Analyse von Lehr-Lern-Prozessen sowie die Analyse von Unterrichtsqualitätsforschung miteinander kombiniert.

Ergänzende Information Die elektronische Version dieses Kapitels enthält Zusatzmaterial, auf das über folgenden Link zugegriffen werden kann https://doi.org/10.1007/978-3-658-43697-1_6.

In Abschnitt 6.1.1 werden zunächst die Förderung, in Abschnitt 6.1.2 die Fragestellungen und das Datenkorpus der beiden Projekte MESUT1 und MESUT2 vorgestellt. Darauf aufbauend wird in Abschnitt 6.1.3 erläutert, welchen Beitrag die vorliegende Arbeit zu den Fragestellungen des DFG-Projekts MESUT2 leistet.

6.1.1   Sprachbildende Förderung zum Bruchverständnis

Inhalte der fünf Fördersitzungen
Die untersuchte Förderung zum Bruchverständnis wurde von Wessel (2015) entwickelt und umfasst fünf Sitzungen von je 90 min. Das Unterrichtsmaterial ist als Open Educational Resources publiziert (Wessel, Prediger & Kuzu, 2018, DZLM, o. J.).

In Abbildung 6.1 ist dargestellt, welche Inhalte in den Fördersitzungen thematisiert wurden. Die zentralen zu erwerbenden Grundvorstellungen waren die Bedeutung von Brüchen als Teil eines oder mehrerer Ganzer und die Grundvorstellung des Verfeinerns und Vergröberns zum Erweitern und Kürzen gleichwertiger Brüche (Malle, 2004; Prediger & Wessel, 2013). Gearbeitet wurde mit der Streifentafel als graphische Darstellung, die mit situativen und symbolischen Darstellungen von Brüchen vernetzt werden sollte.

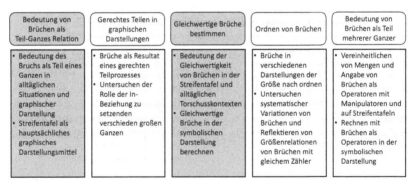

Abb. 6.1 Inhalte der fünf Sitzungen zum Bruchverständnis in MESUT1 und MESUT2, in dunkelgrau die fokussierten Inhaltsbereiche der vorliegenden Videostudie

Für die Videostudie im Rahmen dieser Arbeit wurden bestimmte Inhaltsbereiche zur Datenauswertung selektiert (Abbildung 6.1, dunkelgraue Färbung). Die Selektion umfasste Aufgaben aus dem Inhaltsbereich gleichwertige Brüche bestimmen als Verfeinern und Vergröbern und zur Bedeutung von Brüchen als Teil-Ganzes Relation als die beiden zentralen zu erwerbenden Grundvorstellungen. Ausgewertet wurde der Bearbeitungszeitraum der Kleingruppen innerhalb dieser Aufgaben (Abschnitt 6.3.2).

Realisierung der Prinzipien sprachbildenden Mathematikunterrichts am Beispiel einer Aufgabe

Anhand des „Torschusskontextes" (Abbildung 6.2) wird exemplarisch die Gestaltung der Unterrichtsmaterialien in MESUT1 und MESUT2 entlang der Prinzipien des sprachbildenden Mathematikunterrichts (Abschnitt 2.2) erläutert. Weitere Aufgabenbeispiele und Erläuterungen zum Unterrichtsmaterial finden sich in Wessel und Erath (2018), Prediger und Wessel (2013) und Wessel et al. (2018).

Gemäß dem Prinzip *Verstehensorientierung* (Abschnitt 2.2.1) war das Ziel der Intervention der Erwerb von konzeptuellem Verständnis für Brüche in konzeptuell reichhaltigen Lerngelegenheiten (Prediger & Wessel, 2013). Im Torschusskontext des Aufgabenbeispiels aus Abbildung 6.2 wurde die Gleichwertigkeit von Brüchen mit den zugehörigen Grundvorstellungen Vergröbern und Verfeinern fokussiert, um für das Verfahren des Kürzens und Erweiterns Verständnis aufzubauen. Also ein Verständnis dafür aufzubauen, dass gleichwertige Brüche dieselbe Situation mit gröberen oder feineren Anteilen beschrieben (Hefendehl-Hebeker, 1996; Malle, 2004). Ausgangspunkt für den Erwerb dieses Operationsverständnisses war in den vorangegangenen Aufgaben die Arbeit mit Bruchstreifen, die anschließend auf die Alltagssituation eines Torschusswettbewerbs übertragen wurde. Wenn drei Mannschaften mit unterschiedlicher Spielerzahl gegeneinander antreten, lassen sich die Torschüsse gerechter als Anteile vergleichen. In Aufgabe 5 sollten die Lernenden Möglichkeiten zur Bestimmung des Gewinnenden finden und diese intuitiv begründen, um die inhaltlichen Vorstellungen zur Gleichwertigkeit zu vertiefen. Erst im Anschluss wurde zum formalen Verfahren des Erweiterns und Kürzens übergegangen. Die anschließenden Aufgaben 6 und 7 gehörten zur Systematisierungsphase, in welcher die Begründung der Gleichwertigkeit durch Vernetzung verschiedener Darstellungen (situativ, graphisch, symbolisch) fortgeführt wurde. Anschließend – hier nicht dargestellt – wurde das Konzept Gleichwertigkeit von Brüchen in einer Speicherkiste gesichert, sodass die Lernenden in anderen Situationen erneut darauf zurückgreifen konnten.

Durch das Prinzip der *Anregung und Unterstützung reichhaltiger Diskurspraktiken* (Barwell, 2012; Erath et al., 2018; Moschkovich, 2015, Abschnitt 2.1) wird die Bedeutung diskursiv reichhaltiger Lerngelegenheiten hervorgehoben. Die Lernenden wurden immer wieder Erklärungen, Begründungen, Erläuterungen und

5 Wer hat besser geschossen?

In der Klasse 7c) wurde in drei Gruppen auf eine Torwand geschossen.

Die Gruppe der Jungen hat 4 von 5 Schüssen getroffen.
Die Gruppe der Mädchen hat 8 von 10 Schüssen getroffen.
Die Lehrergruppe hat 20 Mal geschossen und 4 Mal nicht getroffen.

a) Wer hat gewonnen? Schreibe deine Antwort auf eine Tippkarte.
b) Legt eure Tippkarten in die Mitte. Seid ihr euch einig? Begründet eure Antworten.

6 Wer hat besser geschossen?

Nehmt die Streifentafel zur Hilfe, um zusammen herauszufinden, ob eine Gruppe besser geschossen hat.

Die Jungs sind schon eingetragen.
Ergänzt die Ergebnisse der Mädchen und Lehrer sowie die Sprechblasen.

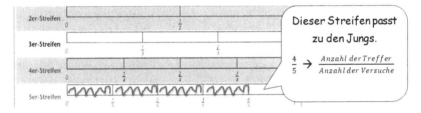

7 Und der Gewinner ist...

Nun habt ihr an der Streifentafel herausgefunden, wie gut die verschiedenen Teams getroffen haben.
Welche Gruppe hat das Torwandschießen gewonnen?
Begründe deine Antwort.

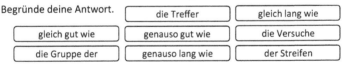

Abb. 6.2 Aufgabenbeispiel „Torschusskontext?" (Förderung 2, Aufgaben 5 bis 7)

Argumentationen angeregt, da diese für das Erlernen und Adressieren mathematischer Konzepte wichtig sind. Gerade für sprachlich und fachlich schwache Lernende mit geringen Lernvoraussetzungen in diesen reichhaltigen Diskurspraktiken stellt die Verwendung dieser eine besondere Herausforderung dar, bei der sie Unterstützung durch das Unterrichtsmaterial und die Lehrkraft benötigen (Erath et al., 2018; Quasthoff et al., 2021). Aufgabe 5 in Abbildung 6.2 verlangte zum

Beispiel eine mündliche Begründung („Seid ihr euch einig? Begründet eure Antworten."), Aufgabe 7 eine schriftliche Begründung („Welche Gruppe hat das Torwandschießen gewonnen? Begründe deine Antwort."). Die Lernenden sollten in einen diskursiv reichhaltigen Austausch miteinander gelangen. Im gezeigten Aufgabenbeispiel (Abbildung 6.2) wurde durch die eingeforderten reichhaltigen Diskurspraktiken das konzeptuelle Wissen zum Konzept Gleichwertigkeit adressiert. Die Lernenden sollten nicht ausschließlich in einer sequenzierenden Diskurspraktik die Vorgehensweise beim graphischen Vergleich der Anteile an der Streifentafel beschreiben, sondern eine reichhaltige Diskurspraktik des mündlichen Begründens der Gleichwertigkeit vollziehen. In Aufgabe 7 erhielten die Lernenden durch die Satzbausteine Unterstützung in Form von bedeutungsbezogenen Sprachmitteln. Diese Satzbausteine sollten die Lernenden im Hinblick auf das Ziel der Aufgabe, die Gleichwertigkeit durch Vernetzung der situativen und graphischen Darstellung zu begründen, unterstützen. Bewusst wurde in diesem Lernschritt keine formalsprachliche Begründung verlangt, da die Lernenden die Begründungen vorstellungsbasiert mit bedeutungsbezogener Sprache vollziehen sollten.

Das Prinzip der *integrierten Förderung des bedeutungsbezogenen* Wortschatzes fordert lexikalisch reichhaltige Lerngelegenheiten, da nicht alle Lernenden das notwendige Vokabular mitbringen, um zu erklären, zu begründen oder zu anderen Diskurspraktiken beizutragen (Abschnitt 2.1.1). Ein gezielter Aufbau des relevanten Wortschatzes kann durch das Unterrichtsmaterial unterstützt werden (Prediger, 2022; Riccomini et al., 2015, Abschnitt 2.2), wenn er nicht als isoliertes Vokabeltraining, sondern integriert in Diskurspraktiken erfolgt (Prediger, 2022). Für das Aufgabendesign musste entschieden werden, welche Sprachmittel die Lernenden bei der Bedeutungskonstruktion unterstützen, damit diese Sprachmittel als bedeutungsbezogener Wortschatz in die Unterrichtsmaterialien integriert werden konnten (Prediger, 2020, 2022). Im Aufgabenbeispiel in Abbildung 6.2 wurden insbesondere die bedeutungsbezogenen Satzbausteine zur Grundvorstellung des Anteils als Teil eines Ganzen fokussiert (Malle, 2004). Dazu wurden in Aufgabe 6 dem Nenner („Anzahl der Versuche") und dem Zähler („Anzahl der Treffer") bedeutungsbezogene Satzbausteine zugeordnet. In Aufgabe 7 wurden darüber hinaus bedeutungsbezogene Formulierungshilfen gegeben, die die Begründung der Gleichwertigkeit der Anteile in der graphischen Darstellung („gleich lang wie") beziehungsweise in der situativen Darstellung („gleich gut geschossen") unterstützen sollten. Auf diese Weise wurde das Lernen des bedeutungsbezogenen Wortschatzes, also der notwendigen bedeutungsbezogenen Sprachmittel auf Wortebene, mit konzeptuellen Lerngelegenheiten verknüpft und nicht als isoliertes Vokabellernen umgesetzt. Insbesondere sprachlich und fachlich schwachen Lernenden sollte dies für die Vernetzung von situativen, graphischen und symbolischen Darstellungen zu Anteilen Unterstützung bieten.

Insgesamt zeigen die Aufgabenbeispiele (Abbildung 6.2), wie die Prinzipien zur Gestaltung eines sprachbildenden Mathematikunterrichts in der Umsetzung des Unterrichtsmaterials für die Förderung ineinandergriffen. Konzeptuelle Reichhaltigkeit (z. B. Aufbau von Zahl- und Operationsverständnis), diskursive Reichhaltigkeit (z. B. Anregung und Unterstützung reichhaltiger Diskurspraktiken) und lexikalische Reichhaltigkeit (z. B. diskursiv integrierte Förderung des bedeutungsbezogenen Wortschatzes) wurden so gemeinsam gefördert, um der kognitiven Funktion von Sprache für den Vorstellungsaufbau gerecht zu werden (Abschnitt 2.1, Erath et al., 2021; Prediger, 2022). Inwieweit sich diese Prinzipien zur Gestaltung eines sprachbildenden Mathematikunterrichts jedoch in der Interaktion der Lehrkräfte tatsächlich zeigen, soll in dieser Studie genauer untersucht werden.

Organisation der Förderung
Die Intervention wurde in MESUT1 und MESUT 2 in Kleingruppen von vier bis sechs Lernenden durchgeführt. Jede Kleingruppe wurde von einer Förderlehrkraft unterrichtet. Die Förderlehrkräfte waren Masterstudierende oder wissenschaftliche Mitarbeitende. Sie erhielten vorab eine Schulung zur Umsetzung der Prinzipien (Abschnitt 2.2) und nahmen an regelmäßigen Reflexionstreffen zur Umsetzung der Intervention teil.

6.1.2 Fragestellungen der übergreifenden Projekte MESUT1 und 2

In diesem Abschnitt werden kurz die Fragestellungen des übergreifenden MESUT Projekts mit seinen zwei Teilprojekten MESUT1 und MESUT2 erläutert, da dieses Projekt den Forschungskontext der vorliegenden Arbeit darstellt.

Die beschriebene fünfteilige Förderung wurde im Vorprojekt MuM-Brüche (2011–2015) iterativ entwickelt (Prediger & Wessel, 2013; Wessel, 2015) und im Projekt MESUT1 (2015–2018) mit zwei Fragestellungen systematisch untersucht:

- *Inwiefern ist die sprachbildende Förderung nach den aufgeführten Prinzipien lernwirksam für den Aufbau des Bruchverständnisses bei Lernenden aus dem Risiko-Kontext? Welche Rolle spielt dabei die lexikalische Förderung?*

- *Wie verlaufen die konzeptuellen, diskursiven und lexikalischen Lernwege der Lernenden?*

Während die ersten Fragestellungen, die beim erster Stichpunkt aufgeführt sind, in einem klassischen Interventionsdesign mit Prä-Post-Kontroll- und Vergleichsgruppen-Design und quantitativen Methoden bearbeitet wurde, erforderte die zweite Fragestellung eine qualitative Analyse der videographierten Lehr-Lern-Prozesse.

Die Studie mit klassischem Interventionsdesign zeigte, dass sowohl die diskursive Förderung (mit den Prinzipien *Verstehensorientierung* und *Anregung und Unterstützung reichhaltiger Diskurspraktiken*) als auch die diskursiv-lexikalische Förderung (mit dem zusätzlichen Prinzip *integrierte Förderung des bedeutungsbezogenen Wortschatzes*) signifikant lernwirksamer waren als der reguläre Mathematikunterricht. Der größere Leistungszuwachs für das konzeptuelle Wissen zu Brüchen wurde für alle untersuchten mathematisch schwachen Lernenden aus dem Risiko-Kontext identifiziert, sowohl für die einsprachigen und mehrsprachigen, als auch für sprachlich starke und sprachliche schwache Lernende (Prediger & Wessel, 2018). Die qualitativen Analysen zeigten allerdings nicht nur Potentiale und Variationen in den Lernwegen der Lernenden, sondern trotz einer angestrebten weitgehenden Standardisierung der didaktisch-methodischen Vorgehensweisen auch erhebliche Unterschiede in den konkret initiierten Interaktionen zwischen Lehrenden und Lernenden (Erath, 2017b; Wessel, 2017, 2020).

Aufbauend auf den empirischen Ergebnissen aus MESUT1 wurden im Folgeprojekt MESUT2 (2018–2023, Prediger & Erath, 2022) die Fragestellungen erweitert, indem zum einen die Zielgruppe auf Lernende aus dem Schulerfolgs-Kontext ausgeweitet wurde und zum anderen die Interaktionsqualität genauer untersucht werden sollte (Erath & Prediger, 2021). Dazu wurde die Interventionsforschung um eine Fragestellung der Unterrichtsqualitätsforschung ergänzt:

- *Inwiefern ist die sprachbildende Förderung nach den aufgeführten Prinzipien auch bei Lernenden aus dem Schulerfolgs-Kontext für den Aufbau des Bruchverständnisses lernwirksam? Welche Rolle spielt dabei die lexikalische Förderung?*
- *Inwiefern beeinflussen verschiedene Qualitätsdimensionen der Interaktion die Leistungszuwächse?*

In der Interventionsstudie zur ersten Fragestellung von MESUT2 erwies sich die Förderung auch für die Zielgruppe der Lernenden aus dem Schulerfolgs-Kontext

als lernwirksam. Sie konnten sogar deutlich höhere Leistungszuwächse als die
Lernenden aus dem Risiko-Kontext erzielen (Prediger, Erath et al., 2022).

Die zweite Fragestellung von MESUT2 entstammt der Forschungstradition der
Unterrichtsqualitätsforschung, die darauf abzielt, den Unterricht durch die Analyse des Lehr-Lern-Prozesses zu verbessern. In dieser Forschungstradition werden
die initiierten Lehr-Lern-Prozesse zuerst gefilmt und dann quantitativ ausgewertet,
um verschiedene Qualitätsmerkmale zu bewerten oder sie in Beziehung mit den
Leistungszuwächsen zu setzen (z. B. PYTHAGORAS, Lipowsky et al., 2009). In
Deutschland sind dafür Angebot-Nutzungs-Modelle als übergreifender Rahmen
zur Strukturierung gängig (Fend, 1998; Helmke, 2009). Während die Tradi-
tion der Unterrichtsqualitätsforschung in der Regel nicht-interventionistisch, das
heißt ohne gezielte Beeinflussung der Lehr-Lern-Prozesse durch die Forschenden, vorgeht, war die Intervention in beiden MESUT Projekten interventionistisch
angelegt. In der Interventionsforschung ist es üblich, die Unterrichtsprozesse
stark zu standardisieren, um eine hohe Vergleichbarkeit zu erreichen (Döring &
Bortz, 2016). In MESUT wurde daher ein gezielt gestaltetes Unterrichtsdesign
mit stark normierten Förderungen eingesetzt (Abschnitt 6.1.1), dessen Wirkung
in der Umsetzung erforscht und im besten Fall auf das Design zurückgeführt
werden konnte. Jedoch wurde durch die Videographie der Intervention auch
Unterrichtsqualitätsforschung möglich, indem die Videodaten auf Variationen in
den Interaktionen und dessen Qualität genauer untersucht werden konnten.

Datenkorpus des übergreifenden Projekts MESUT

Das Forschungsdesign von MESUT2 zur kombinierten Bearbeitung der verschiedenen Fragestellungen ist in Abbildung 6.3 dargestellt.

Um differentielle Gelingensbedingungen sprachbildender Förderungen im
Mathematikunterricht zu untersuchen, wurden im Rahmen von MESUT1
zunächst Lernende aus dem Risiko-Kontext der Jahrgangsstufe 7 mit schwachen
mathematischen Leistungen und heterogenen sprachlichen Lernvoraussetzungen
für die Teilnahme an den Förderungen ausgewählt. Dies waren diejenigen
Lernenden aus nicht-gymnasialen Schulformen, die nach der Thematisierung
von Brüchen kein ausreichendes konzeptuelles Verständnis erzielt hatten. Die
durchgeführten Förderungen wurden auf Video aufgezeichnet und die Arbeitsmaterialien gesammelt.

Im Rahmen von MESUT2 wurde die Zielgruppe auf Lernende der Jahrgangsstufe 6 ausgeweitet, die potentiell schulerfolgreich sind. Dies wurde durch die
Selektionsentscheidung am Ende der Grundschule operationalisiert, also wurden
diejenigen Lernenden ausgewählt, die ein Gymnasium besuchen. Wiederum wurden Lernende mit bewusst heterogenen sprachlichen Lernvoraussetzungen in die

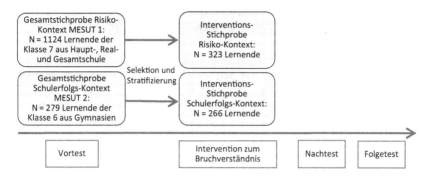

Abb. 6.3 Forschungsdesign in MESUT1 und MESUT2, ähnlich in Prediger und Erath et al. (2022)

Interventions-Stichprobe mit aufgenommen. Um die gleiche Förderung durchführen zu können, wurden Lernende ausgewählt, die Brüche noch nicht im Unterricht systematisch thematisiert und daher auch noch nicht über ein ausreichendes konzeptuelles Verständnis von Brüchen verfügten. An der Intervention nahmen keine Neu-Zugewanderten teil, die zuvor weniger als fünf Jahre die deutsche Sprache gelernt hatten.

Die Lernenden in MESUT1 und 2 unterschieden sich somit hinsichtlich dem Entstammen aus dem Risiko- beziehungsweise Schulerfolgs-Kontext. Bewusst wurden die Stichproben so ausgewählt, dass Risiko- und Schulerfolgs-Kontext potentiell zwei unterschiedliche, zu beforschende Lernmilieus darstellten. Die Lernmilieus wurden also in dieser Arbeit durch den Schul-Kontext des Gymnasiums versus nicht-gymnasialer Schulformen operationalisiert, aber in den nicht-gymnasialen Schulformen wurde *nicht* der ganze Jahrgang betrachtet, sondern nur diejenigen mit nicht hinreichendem konzeptuellen Verständnis zu Brüchen (Abschnitt 2.3). Details zur Stichprobe für die Videostudie sind in Abschnitt 6.2 aufgeführt.

Insgesamt wurden also aus den beiden ursprünglichen Gesamtstichproben 589 Lernende in die Interventions-Stichprobe mit aufgenommen und gefördert. Aus dieser Interventions-Stichprobe wurden für die Videostichprobe dieser Dissertation (Abschnitt 6.2.3) alle 49 Kleingruppen mit insgesamt 210 Lernenden ausgewählt, in denen die Eltern auch der Videographie zugestimmt haben. Sie bilden das MESUT-Videokorpus für die Videostudie in dieser Arbeit (Abschnitt 6.2) sowie für die Unterrichtsqualitätsforschung im Rahmen von MESUT2 (Prediger et al., accepted).

6.1.3   Einordnung des Beitrags der vorliegende Arbeit zu den Fragestellungen des DFG-Projekts MESUT2

Die Autorin dieser Dissertation hat bereits als studentische Hilfskraft an der Förderung und ihrer Auswertung in MESUT1 mitgewirkt und war als Projektmitarbeiterin maßgeblich an dem DFG Projekt MESUT2 beteiligt. Sie ist daher Mitautorin der Interventionsstudie zu MESUT2 (Prediger, Erath et al., 2022).

Für die zentrale Fragestellung nach den Dimensionen von Unterrichtsqualität haben die Projektleiterinnen bereits im Rahmen der Antragstellung Konzeptualisierungsarbeit geleistet und publiziert (Erath & Prediger, 2021). Allerdings mussten im Rahmen des Projekts die Operationalisierungen dieser Konzeptualisierungen erheblich ausgeschärft und in ihrer Anwendung auf die Daten untersucht werden. Diese Arbeit zur Operationalisierung erfolgte maßgeblich im Rahmen dieser Dissertation unter Betreuung der beiden Projektleiterinnen. Gemeinsame Teile der Arbeit an den Operationalisierungen sind in einem gemeinsamen Konferenzbeitrag (Quabeck & Erath, 2022) und einem Zeitschriftenartikel (Quabeck et al., 2023) dokumentiert und werden in dieser Dissertation deutlich ausführlicher und mit weiteren Perspektiven erläutert und substantiiert.

An der darauf aufbauenden Analyse der Prädiktionskraft einzelner Qualitätsmerkmale für die mathematischen Leistungszuwächse, also der in Abschnitt 6.1.2 erwähnten typischen Fragestellung der Unterrichtsqualitätsforschung, war die Autorin dieser Dissertation wiederum als Ko-Autorin beteiligt (Prediger et al., accepted). Die Fragestellung der Unterrichtsqualitätsforschung ist jedoch nicht Teil dieser Dissertation.

6.2   Rahmung der Videostudie zur Erfassung und Operationalisierung von Interaktionsqualität und Methoden der Datenerhebung

Das MESUT-Videokorpus ist insofern für die Operationalisierung und Erfassung von Interaktionsqualität interessant, als dass die Förderung des konzeptuellen Verständnisses fokussiert wurde (Abschnitt 6.1.1). Das konzeptuelle Wissen ist genau die Wissensart, bei der fehlende Lerngelegenheiten für sprachlich oder mathematisch schwache Lernende größer sind als beim prozeduralen Wissen (Abschnitt 2.1.1). Daher war für die Untersuchung der Interaktionsqualität im sprachbildenden Mathematikunterricht eine Fokussierung auf das konzeptuelle Verständnis wichtig.

Im Folgenden wird die Rahmung der Videostudie im Angebot-Nutzungs-Modell als strukturgebendes Mittel vorgestellt (Abschnitt 6.2.1) und anschließend die Methoden der Datenerhebung, mit denen das MESUT-Videokorpus gewonnen wurde, detailliert erläutert (Abschnitt 6.2.2).

6.2.1 Rahmung der Forschung im Angebot-Nutzungs-Modell

Als Rahmung der Videostudie wird wie in der übergreifenden Studie zur Unterrichtsqualität ein Angebot-Nutzungs-Modell (Fend, 1998; Helmke, 2009, Abschnitt 3.1.2) verwendet. Zurückgegriffen wird auf das innerhalb von MESUT2 bereits adaptierte Angebot-Nutzungs-Modell (Prediger et al., accepted). Das Angebot-Nutzungs-Modell ermöglichte es im Rahmen dieser Arbeit, mehrere Qualitätsdimensionen der Interaktionsqualität mit den Lernvoraussetzungen und Schul-Kontexten in Beziehung zu setzen. In dem für diese Arbeit adaptierten Angebot-Nutzungs-Modell wurden Leistungszuwächse als Wirkungsebene ausgeklammert. Diese werden in Prediger et al. (accepted) untersucht.

Die Besonderheit des MESUT-Videokorpus ist, dass alle Kleingruppen mit dem gleichen Lerngegenstand und den gleichen Darstellungen gelernt haben. Dies ist in Abbildung 6.4 im Feld Unterricht (Aktivierung) als sprachbildender Unterricht mit ähnlichen Aufgaben und Darstellungen in allen Kleingruppen aufgeführt. Das verwendete Unterrichtsmaterial unterschied sich nur geringfügig in Bezug auf die integrierte Wortschatzförderung (Prediger, Erath et al., 2022; Wessel & Erath, 2018). Dadurch, dass alle Lernenden mit nahezu identischem Material lernten, bestand gemäß der Forschungstradition der Interventionsforschung einerseits eine hohe Vergleichbarkeit zwischen den Kleingruppen, was für quantitative Studien förderlich ist (Seidel & Shavelson, 2007). Gleichzeitig wurde durch die Verwendung des gleichen Unterrichtsmaterials die Komplexität für die Forschung reduziert, da die Aufgaben nicht als eine weitere Möglichkeit mit unterschiedlicher Qualität berücksichtigt werden mussten. Auf diese Weise konnte auf die Unterschiede im Unterricht, hier für die *Interaktion*, fokussiert werden.

In der Mitte von Abbildung 6.4 sind die konzeptualisierten Qualitätsdimensionen von Interaktionsqualität (z. B. kommunikative Aktivierung, diskursive Partizipation) abgebildet, die über die intendierte Aktivierung durch Aufgabenanforderungen, gewählte Darstellungen etc. hinausgehen und gemäß dem Forschungsstand (Kapitel 2 bis 4) in einem Zusammenhang mit den Lerngelegenheiten der Lernenden stehen. Sie werden in Abschnitt 6.2.2 jeweils durch ein oder mehrere Qualitätsmerkmale operationalisiert.

Die Interaktionsqualität in den acht Qualitätsdimensionen wurde unter den Bedingungen der potentiellen Lernmilieus (Schulerfolgs- und Risiko-Kontext) und der familiären und individuellen Lernvoraussetzungen hergestellt. Gegenstand der Dissertation ist die Untersuchung der Konzeptualisierung und Operationalisierung der acht genannten Qualitätsdimensionen der Interaktionsqualität sowie deren Zusammenhang mit dem Risiko- bzw. Schulerfolgs-Kontext und den familiären und individuellen Lernvoraussetzungen unter weitgehender Konstanthaltung der Aufgabenanforderungen und der Merkmale der Förderlehrkräfte. Gemäß theoretischer Annahmen und empirischer Befunde in Kapitel 2 kann als Wirkungsrichtung angenommen werden, dass alle der aufgezählten Aspekte (potentielle Lernmilieus, Lernvoraussetzungen, Merkmale der Förderlehrkräfte) auf die Interaktionsqualität wirken.

Eine übersichtliche Darstellung der in dieser Dissertation verfolgten Forschungsfragen (Abschnitt 5.2) findet sich im angepassten Angebot-Nutzungs-Modell (Abbildung 6.4).

Die orangene Farbe des Rands der Felder in Abbildung 6.4 zeigt, dass mit *Forschungsfrage 1* Zusammenhänge zwischen den verschieden konzeptualisierten und operationalisierten Qualitätsmerkmalen der Aktivierung und Partizipation untersucht werden.

Die in grün eingefärbten Pfeile in Abbildung 6.4 verdeutlichen für *Forschungsfrage 2*, dass die Rolle der potentiellen Lernmilieus (Schulerfolgs- und Risiko-Kontext) für Interaktionsqualität untersucht wird.

Ob sich Lernvoraussetzungen und potentielle Lernmilieus auf die Interaktionsqualität auswirken wird im Rahmen von *Forschungsfrage 3* untersucht. Durch die blauen Pfeile in Abbildung 6.4 wird deutlich, dass im Rahmen von Forschungsfrage 3 das Zusammenspiel mehrerer Einflussfaktoren auf die Interaktionsqualität untersucht wird.

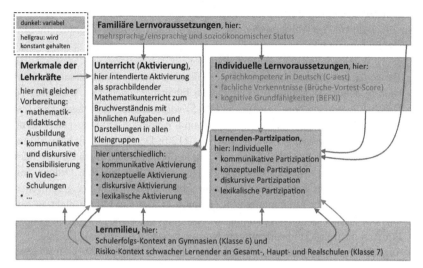

F1 zum Zusammenhang der Konzeptualisierungen und Operationalisierungen von Interaktionsqualität
F2 zu den lernmilieubedingten Unterschieden in der umgesetzten Interaktionsqualität
F3 zum Zusammenhang der Lernvoraussetzungen und Lernmilieus zur Interaktionsqualität

Abb. 6.4 Angepasstes Angebot-Nutzungs-Modell als Forschungsrahmen zur Strukturierung des Forschungsdesigns für die Videostudie innerhalb dieser Dissertation, inklusive verfolgter Fragestellungen (ähnlich in Prediger & Erath, 2022)

6.2.2 Instrumente der Datenerhebung

Wie in Abbildung 6.3 veranschaulicht, setzte sich die Datenerhebung in MESUT1 (Prediger & Wessel, 2018) und MESUT2 (Prediger, Erath et al., 2022) aus drei Messzeitpunkten und der Intervention zusammen. An den drei Messzeitpunkten wurden unterschiedliche Messinstrumente zur Erfassung der Lernvoraussetzungen und des Leistungszuwachses zum konzeptuellen Verständnis von Brüchen eingesetzt, die im Folgenden beschrieben werden. Da die Untersuchung der Wirksamkeit und Unterrichtsqualität nicht Teil dieser Dissertation ist, werden im Folgenden nur die für die Untersuchung im Rahmen dieser Arbeit relevanten Instrumente und Daten der Intervention beschrieben. Die Operationalisierung der Lernmilieus ergibt sich aus dem Risiko- und dem Schulerfolgs-Kontext (Abschnitt 2.3; Abschnitt 6.1.2), sodass dafür keine weiteren Messinstrumente benötigt wurden.

Messinstrumente für die Lernvoraussetzungen
Für die *individuellen Voraussetzungen* der Lernenden wurden folgende Messinstrumente verwendet:

- *Vorwissen zu Brüchen,* operationalisiert als konzeptuelles Verständnis zu Brüchen in den in Abbildung 6.1 enthaltenen Inhaltsbereichen. Das Vorwissen zu Brüchen wurde mit dem von Wessel (2015) vorgestellten Test erfasst. Der Test hatte in der Untersuchung von Prediger und Wessel (2018) eine gute interne Konsistenz (Cronbachs $\alpha = 0.83$ für N = 1120). Der Test enthält also Aufgaben zur Bedeutung der Teil-Ganzes Relation für den Anteil eines Ganzen oder mehrerer Ganzer, zur Bestimmung gleichwertiger Brüche, zum Ordnen von Brüchen auf dem Zahlenstrahl und zum gerechten Teilen in der graphischen Darstellung an der Streifentafel (Abbildung 6.1). Der Cut-Off für nicht ausreichendes konzeptuelles Verständnis wurde bei weniger als 15 Punkten von 28 Punkten nach kriteriumsorientierter Norm gesetzt.
- *Sprachkompetenz* in Deutsch wurde mit einem C-Test erfasst. C-Tests sind Lückentexte, in denen die Sprachkompetenz als produktive und rezeptive sprachliche Fähigkeiten in der deutschen Bildungssprache verstanden wird. Sie sind geeignet, die allgemeine bildungssprachliche Kompetenz objektiv, reliabel und valide zu erfassen (Eckes & Grotjahn, 2006). Der in dieser Arbeit verwendete C-Test mit 60 Lücken wurde bereits von Wessel (2015) eingesetzt und weist eine ausreichende interne Konsistenz auf ($\alpha = 0,788$ für N = 1403; Prediger & Wessel, 2018; Prediger, Erath et al., 2022). Die Sprachkompetenz der Lernenden wurde anhand der Gesamtzahl der richtig bearbeiteten Lücken in drei Texten erfasst. Eine Gesamtzahl von bis zu 41 Punkten wurde als Indikator für eine geringe Sprachkompetenz gewertet, während eine Gesamtzahl von 42 bis 60 Punkten als Indikator für eine hohe Sprachkompetenz gewertet wurde.
- *Kognitive Grundfähigkeiten* wurden mit einer Teilskala des BEFKI 7 gemessen, der die fluide Intelligenz erfasst (Wilhelm, Schroeders & Schipolowski, 2014). Die hier verwendete Teilskala des BEFKI weist in anderen Studien eine ausreichende interne Konsistenz auf ($\alpha = 0,783$ für N = 1403; Prediger & Wessel, 2018; Prediger, Erath et al., 2022).
- *Alter und Geschlecht* wurden durch Selbstauskunft im Fragebogen ermittelt.

Für die *familiären Voraussetzungen* diente ein Fragebogen zur Selbstauskunft. Er umfasste die folgenden für diese Dissertation relevanten familiären Lernvoraussetzungen:

- *Mehrsprachigkeit statt Einsprachigkeit* wurde durch die Frage operationalisiert, mit mindestens einem Elternteil oder den Geschwistern nicht Deutsch zu sprechen.
- *Sozioökonomischer Status* (im Folgenden: SES) wurde mit der fünfstufigen Bücherskala erhoben, also, wie viele Bücher im Haushalt vorhanden sind. Die Bücherskala wurde durch Bilder illustriert und konkretisiert (Paulus, 2009). Sie weist eine gute Re-Test-Reliabilität auf (r = 0,8 in Paulus, 2009) und ist laut Heppt et al. (2022) nach wie vor robust.

6.2.3 Stichprobenbildung und Auswahl des MESUT-Videokorpus

Wie in Abschnitt 6.1.2 erläutert, war das Ziehen von zwei Teilstichproben, eine aus dem Risiko-Kontext und eine aus dem Schulerfolgs-Kontext, für die Untersuchung der Fragestellungen (Abschnitt 5.2) dieser Dissertation notwendig. Daher wurde die Stichprobenbildung in MESUT1 und MESUT2 genutzt, die im Folgenden erläutert wird.

Die Stichprobenbildung erfolgte auf der Grundlage der Ergebnisse, die die Lernenden in den Selbstauskünften und Testbögen zu den individuellen und familiären Lernvoraussetzungen erzielten. Nach der Durchführung der Selbstauskünfte und Testbögen in den Schulen wurden die Ergebnisse der Lernenden in einer Excel-Datei festgehalten. Die Daten wurden bereinigt: Lernenden erhielten einen anonymisierten Namen, sodass bei der weiteren Verarbeitung der Daten keine Rückschlüsse auf einzelne Personen möglich waren.

Als Lernende aus dem Risiko-Kontext wurden in MESUT1 Lernende bezeichnet, die im selektiven deutschen Schulsystem kein Gymnasium besuchten und zusätzlich ein geringes konzeptuelles Verständnis entwickelt hatten. Aus der Gesamtstichprobe im Risiko-Kontext der 7. Jahrgangsstufe (N = 1124, Abbildung 6.3) wurden daher in MESUT1 diejenigen Lernenden ausgewählt, die laut Brüche-Vortest die laut Brüche-Vortest beim Erstkontakt Schwierigkeiten mit dem Thema Brüche hatten. Die Gruppe aus dem Risiko-Kontext wurde gezielt sprachlich heterogen zusammengesetzt. Es wurden bewusst vergleichbar viele Lernende mit günstigeren sprachlichen Lernvoraussetzungen (z. B. hohe Sprachkompetenz) einbezogen, sodass die Sprachkompetenz der Interventions-Stichprobe im Vergleich zu einer durchschnittlichen Gruppe der nicht-gymnasialen Schulform überdurchschnittlich hoch ist. So konnten differentielle Wirksamkeiten für Lernende mit heterogenen sprachlichen Lernvoraussetzungen untersucht werden

(Prediger & Wessel, 2018). Insgesamt umfasste die Interventions-Stichprobe aus dem Risiko-Kontext R somit n = 323 Lernende mit geringem Vorwissen zu Brüchen und sprachlich heterogenen Lernvoraussetzungen.

In der Folgestudie MESUT2 wurden ebenfalls Lernende mit einem nicht ausreichenden Vorwissen zu Brüchen ausgewählt, um die gleiche Intervention wie in MESUT1 durchführen zu können. Die Gruppe aus dem Schulerfolgs-Kontext S bestand aus Lernenden von Gymnasien (N = 279), das heißt aus Lernenden, die den Übergang in die Sekundarstufe 1 erfolgreich geschafft hatten. Durch den bewussten Einbezug von Gymnasien in herausfordernden Einzugsgebieten (z. B. bestimmt durch Standortfaktor, QUA-LiS NRW, o. J.) sind sprachlich schwache und mehrsprachige Lernende im Schulerfolgs-Kontext überrepräsentiert, um auch in dieser Stichprobe die Bedeutung dieser Lernvoraussetzungen genauer untersuchen zu können. Um die Vergleichbarkeit mit der Gruppe aus dem Risiko-Kontext zu gewährleisten, wurden Lernende für die Interventions-Stichprobe im Schulerfolgs-Kontext ausgewählt, die in der Sekundarstufe zuvor noch keinen systematischen Unterricht zum Thema Brüche erhalten hatten. Diese Intervention stellte somit eine formale Lerngelegenheit mit Brüchen in der Sekundarstufe dar. Ebenso wie im Risiko-Kontext wurden Lernende mit weniger als 15 von 28 Punkten im Brüche-Vortest in die Interventions-Stichprobe aufgenommen. Im Schulerfolgs-Kontext erzielten die meisten Lernenden erwartungsgemäß ein nicht ausreichendes Vorwissen zu Brüchen (266 von 279 Lernende). Im Vergleich zur Gruppe aus dem Risiko-Kontext (801 von 1124) wurden im Schulerfolgs-Kontext nur 13 von 279 Lernende ausgeschlossen.

Für die Teilnahme an der Intervention wurde die Stichprobe aus Risiko- und Schulerfolgs-Kontext jeweils getrennt stratifiziert und zu Clustern zusammengefasst. Diese Cluster wurden den verschiedenen Interventionsformen der Videostudie zugeteilt. Details zu diesem Prozess sind Prediger und Erath et al. (2022) zu entnehmen. Für diese Arbeit ist wichtig, dass durch den Prozess Kleingruppen mit vier bis sechs Lernenden entstanden, welche von einer Förderlehrkraft unterrichtet wurden.

MESUT-Videostichprobe und MESUT-Videokorpus
Um die Interaktionsqualität in den Kleingruppen messbar zu machen, wurde als Datengrundlage auf Videodaten als derzeit vielversprechendste Möglichkeit zur Bewertung von Unterricht (Bostic et al., 2021), also auch von Interaktionsqualität, zurückgegriffen. Die jeweilige Kleingruppe von circa vier bis sechs Lernenden und ihre Förderlehrkraft wurden so gefilmt, dass alle Teilnehmenden und der

Tisch mit den Unterrichtsmaterialien im Kamerabild zu sehen waren. Zusätzlich zum Video wurde der Ton mit einem externen Mikrofon aufgezeichnet, um eine möglichst gute Tonqualität zu gewährleisten.

Aus allen 92 Kleingruppen der Interventionsstudie wurden diejenigen Kleingruppen gefilmt, bei denen alle Eltern die Einverständniserklärungen abgegeben haben. Das waren 20 Fördergruppen mit insgesamt 83 Lernenden aus dem Risiko-Kontext und 29 Fördergruppen mit insgesamt 127 Lernenden aus dem Schulerfolgs-Kontext.

Insgesamt besteht das MESUT-Videokorpus also aus Videomaterial von 49 Kleingruppen mit insgesamt 210 Lernenden. Die fünf Sitzungen von je 90 Minuten in 49 Kleingruppen ergeben insgesamt circa 368 Stunden Videomaterial. Zusätzlich wurden alle Arbeitsmaterialien der Intervention (Arbeitsblätter, Speicherkisten, Notizen) gesammelt, anonymisiert und digitalisiert.

Für die Analyse der Interaktionsqualität wurden Videostellen zu einem reichhaltigen Kontextproblem zur Erarbeitung, Systematisierung und Sicherung des Konzepts der Gleichwertigkeit von Anteilen (Abschnitt 6.1.1) ausgewählt. Sie umfassen im Durchschnitt circa 40 Minuten Bearbeitungszeit von insgesamt 450 Minuten Videodaten pro Kleingruppe. Insgesamt wurden also in der Videostudie circa 33 Stunden Videomaterial analysiert.

Deskriptive Daten zur Videostichprobe

In Tabelle 6.1 werden die deskriptiven Daten der Lernenden der gesamten Videostichprobe (N = 210 Lernende) und der beiden Stichproben aus dem Risiko-Kontext (n = 83) und dem Schulerfolgs-Kontext (n = 127) gezeigt.

Bei der Videostichprobe (N = 210) handelt es sich um eine nicht repräsentative Stichprobe, die keine Rückschlüsse auf die Grundgesamtheit zulässt (Döring & Bortz, 2016). Bei Forschungsprojekten, die eine spezifische Einverständniserklärung der Erziehungsberechtigten benötigen, ist die Ziehung einer repräsentativen Stichprobe extrem schwierig. Die mit einer nicht repräsentativen Stichprobe sich ergebenden Grenzen werden daher in Abschnitt 9.2 diskutiert.

Tabelle 6.1 Lernv or aussetzungen der gesamten Videostichprobe sowie der Stichproben aus Risiko-Kontext R und Schulerfolgs-Kontext S

Lernvoraussetzungen	Videostichprobe (N = 210) m (SD)	Gruppe Risiko-Kontext (n = 83) m (SD)	Gruppe Schulerfolgs-Kontext (n = 127) m (SD)
Vorwissen zu Brüchen (Brüche-Vortest, max. 28 Punkte)	7,6 (3,8)	8,9 (3,2)	6,8 (4)
Sprachkompetenz (C-Test, max. 60 Punkte)	40 (9)	37,2 (9)	41,9 (9)
Kognitive Grundfähigkeiten (BEFKI, max. 16 Punkte)	8,8 (4)	8,3 (3)	9,2 (4)
Alter	11,6 (1,2)	12,8 (0,6)	10,7 (0,5)
Mehrsprachigkeit (in %)	49	52	48
Sozioökonomischer Status (niedrig/mittel/hoch in %)	21/32/47	36/36/28	11/30/60

Trotz der Strategie der Stichprobenbildung, Lernende mit privilegierten Lernvoraussetzungen (z. B. hohe Sprachkompetenz) im Risiko- und gleichzeitig Lernende mit weniger privilegierteren Lernvoraussetzungen im Schulerfolgs-Kontext gezielt zu überrepräsentieren, unterschieden sich die beiden Stichproben hinsichtlich der Lernvoraussetzungen. Die Gruppe aus dem Schulerfolgs-Kontext erzielte höhere Punktzahlen im C-Test, besaß demnach eine höhere Sprachkompetenz als die Gruppe aus dem Risiko-Kontext. Auch schnitt die Gruppe aus dem Schulerfolgs-Kontext im Test zu den kognitiven Grundfähigkeiten besser ab als die Gruppe aus dem Risiko-Kontext, trotz jüngeren Alters. Darüber hinaus gaben 60 % der Lernenden aus dem Schulerfolgs-Kontext einen hohen sozioökonomischen Status an, während dies nur auf 28 % im Risiko-Kontext zutraf. Die ungleiche Verteilung zwischen Risiko- und Erfolgs-Kontexten hinsichtlich des sozioökonomischen Status spiegelt die ungerechte Selektion im Schulsystem wider. So kommen Lernende an Gymnasien eher aus Familien mit einem höheren sozioökonomischen Status. Die Selektion in weiterführende Schulformen ist in Deutschland häufig an familiäre Lernvoraussetzungen, wie unter anderem den sozioökonomischen Hintergrund, gekoppelt (Blaeschke & Freitag, 2021). Durch die Strategie der Stichprobenbildung, zum Beispiel die Auswahl von Gymnasien in herausfordernden Einzugsgebieten, konnte erreicht werden, dass der

Anteil der Mehrsprachigen in beiden Schul-Kontexten ähnlich hoch ist. Lediglich im Vorwissen zu Brüchen übertrafen die Lernenden aus dem Risiko-Kontext erwartungsgemäß die Lernenden aus dem Schulerfolgs-Kontext. Dies könnte darauf zurückzuführen sein, dass der Brüche-Vortest für die Gruppe aus dem Schulerfolgs-Kontext den systematischen Erstkontakt mit Brüchen darstellte.

Die höheren Punktzahlen beziehungsweise Prozentsätze der Gruppe im Schulerfolgs-Kontext verdeutlichen, dass auch in der gezielt verzerrten Stichprobe die Lernenden aus dem Schulerfolgs-Kontext durchschnittlich günstigere Lernvoraussetzungen besaßen als die Lernenden aus dem Risiko-Kontext von nicht-gymnasialen Schulformen. Die Standardabweichungen weisen jedoch auf eine gewisse Heterogenität innerhalb der beiden Stichproben R und S hin, sodass einzelne Lernende aus dem Risiko-Kontext womöglich auch günstigere Lernvoraussetzungen als Lernende der Gymnasien mitbrachten.

6.3 Analyserahmen und Methoden der Datenauswertung

Zur Beantwortung der drei Forschungsfragen (Abschnitt 5.2) werden Daten zur Interaktionsqualität benötigt. Die Interaktionsqualität wurde mit Hilfe von Videos und den dazugehörigen Arbeitsmaterialien der Kleingruppen erhoben. Im Folgenden werden die Schritte der Datenauswertung dargestellt, für die ein Analyserahmen entwickelt wurde, der in Abschnitt 6.3.1 vorgestellt wird.

Wie Abbildung 6.5 zu entnehmen ist, wurde die Datenauswertung in zwei wesentliche Schritte unterteilt: die vorbereitende und die statistische Analyse, welche beide weitere Teilschritte enthalten.

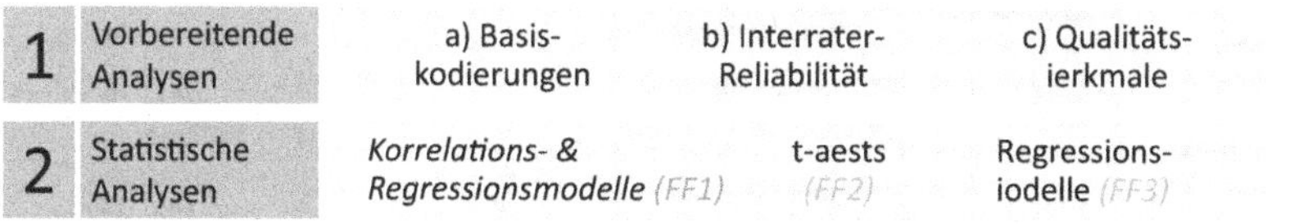

1	Vorbereitende Analysen	a) Basis-kodierungen	b) Interrater-Reliabilität	c) Qualitäts-ierkmale
2	Statistische Analysen	Korrelations- & Regressionsmodelle *(FF1)*	t-aests *(FF2)*	Regressions-iodelle *(FF3)*

Abb. 6.5 Überblick über die Methoden der Datenauswertung

Die vorbereitende Analyse bestand aus beschreibenden Basiscodierungen an den Videodaten und Unterrichtsmaterialien, der Prüfung der Interrater-Reliabilität der Basiscodierungen und der Berechnung der Mittelwerte und Standardabweichungen der Qualitätsmerkmale gemäß des Analyserahmens. Sie wird in

Abschnitt 6.3.2 vorgestellt. Die ermittelten Mittelwerte und Standardabweichungen für die Qualitätsmerkmale wurden im Anschluss statistischen Analysen unterzogen (Abschnitt 6.3.3). Die statistischen Analysen werden entlang der Fragestellungen, zu deren Beantwortung sie angewendet werden, erläutert. Eine verkürzte Version der Datenauswertung ist auch in Quabeck et al. (2023) und Prediger et al. (accepted) beschrieben.

6.3.1 Analyserahmen für die Operationalisierung und Erfassung von Interaktionsqualität im Videokorpus

Um am MESUT-Videokorpus die drei Fragestellungen (Abschnitt 5.2) verfolgen zu können, wurde ein Analyserahmen als Erfassungsinstrument für die tiefgehende, jedoch standardisierte und quantifizierende Auswertung der Videodaten entwickelt. Diese Instrumententwicklung ist in Abbildung 6.6 dargestellt. Gezeigt wird, wie das komplexe Konstrukt Interaktionsqualität durch Qualitätsbereiche und Qualitätsdimensionen *konzeptualisiert* und durch die Qualitätsmerkmale *operationalisiert* wurde. Der hier entwickelte Analyserahmen wurde bereits in anderen Publikationen aus MESUT2 veröffentlicht (Prediger et al., accepted; Quabeck et al., 2023). Innerhalb dieser Arbeit dient er als Erfassungsinstrument für Interaktionsqualität.

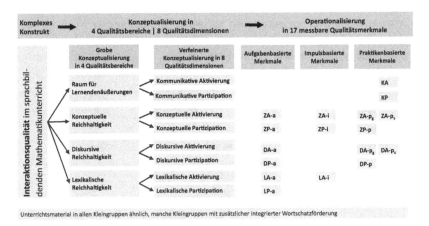

Abb. 6.6 Analyserahmen zur Konzeptualisierung und Operationalisierung von Interaktionsqualität im sprachbildenden Mathematikunterricht

In der *Konzeptualisierung* wurde das komplexe Konstrukt Interaktionsqualität dem Forschungsstand (Abschnitt 3.2, u. a. M. Lampert & Cobb, 2003) folgend zunächst gröber in die vier Qualitätsbereiche *Raum für Lernendenäußerungen, konzeptuelle Reichhaltigkeit, diskursive Reichhaltigkeit* und *lexikalische Reichhaltigkeit* aufgeteilt (Erath & Prediger, 2021). Um die Komplexität zu reduzieren, wurde dabei der Qualitätsbereich mathematische Reichhaltigkeit auf *konzeptuelle Reichhaltigkeit* eingeschränkt, bei der auch Verfahren konzeptuell verankert werden (Hiebert & Grouws, 2007). Mit dem Qualitätsbereich konzeptuelle Reichhaltigkeit wurde Verstehensorientierung als Prinzip des Mathematikunterrichts aufgegriffen. Zudem spiegelt die konzeptuelle Reichhaltigkeit die Zielsetzung der Intervention, deren Aufgreifen Brunner (2018) zufolge in der Konzeptualisierung wichtig ist.

Die Konzeptualisierung der Qualitätsbereiche in analytischer Perspektive korrespondierte eng mit den Prinzipien zum Design und zur Ausgestaltung des sprachbildenden Mathematikunterrichts (Abschnitt 2.2). Ein sprachbildender Mathematikunterricht sollte *verstehensorientiert* gestaltet sein, was der konzeptuellen Reichhaltigkeit entspricht. Zudem sollte die *Anregung und Unterstützung reichhaltiger Diskurspraktiken passieren,* welches durch den Qualitätsbereich *diskursive Reichhaltigkeit* repräsentiert wurde. Um diskursive Reichhaltigkeit umsetzen zu können muss *Raum für Lernendenäußerungen* als Voraussetzung gegeben sein, sodass dieser Qualitätsbereich zwar keinem aktuellen Prinzip des sprachbildenden Mathematikunterrichts entspricht, jedoch als oberflächliche Voraussetzung aus analytischen Gründen in den Analyserahmen integriert wurde. Durch den Qualitätsbereich *lexikalische Reichhaltigkeit* war in der analytischen Perspektive die integrierte Förderung eines bedeutungsbezogenen Wortschatzes angesprochen, mithin die lexikalische Reichhaltigkeit.

Für die feinere Konzeptualisierung wurden die Qualitätsbereiche in *Qualitätsdimensionen* überführt, indem sie hinsichtlich *intendierter Aktivierung, umgesetzter Aktivierung* und *individueller Partizipation* der Lernenden aufgeteilt wurden. Gemäß Forschungsstand in Kapitel 3 ergeben sich so zwölf potentielle Qualitätsdimensionen der Interaktionsqualität (Tabelle 3.1). Dabei ist die intendierte Aktivierung eher in der Unterrichtsplanung und der Gestaltung der Aufgabenanforderungen relevant. Sie wird daher zwar als Teil der Unterrichtsqualität, nicht jedoch als Teil der Interaktionsqualität in einer standardisierten Förderung betrachtet. Zudem zeigen sich die meisten Unterschiede in der Umsetzung der Aktivierung (Henningsen & Stein, 1997; Stein & Lane, 1996; Stigler et al., 19909). Weiterhin war innerhalb der Intervention die intendierte Aktivierung durch Aufgabenanforderungen in allen Kleingruppen die gleiche, da alle mit demselben Unterrichtsmaterial arbeiteten und die Förderlehrkräfte dieselbe Schulung erhielten (Abschnitt 6.1.2). Im Analyserahmen wird das durch den unteren grauen Balken symbolisiert. Durch die einheitliche intendierte Aktivierung entfiel die Untersuchung von Qualitätsdimensionen wie strukturelle Klarheit (Hugener et al., 2006), da die Reihenfolge der Aufgaben bereits durch das Design festgelegt und die Qualität so abgesichert war.

Hingegen sind mögliche Unterschiede zwischen der umgesetzten Aktivierung und der individuellen Partizipation von Lernenden weniger beforscht, da die individuelle Partizipation in quantitativen Erfassungsinstrumenten oft nicht konzeptualisiert (Abschnitt 3.2) sowie operationalisiert (Abschnitt 4.2) ist. Folglich lohnte sich ein Fokus auf die Unterschiede zwischen tatsächlicher Umsetzung in Aktivierung und Partizipation, wenn alle mit dem gleichen Unterrichtsmaterial arbeiteten. Durch Unterscheidung der umgesetzten Aktivierung und individuellen Partizipation wurde jeder der vier Qualitätsbereiche in eine Aktivierungsdimension und eine Partizipationsdimension aufgeteilt, was zu acht verfeinerten Konzeptualisierungen, zum Beispiel diskursive Aktivierung, führte.

In jeder Qualitätsdimension sind mehrere Qualitätsmerkmale operationalisiert, um Interaktionsqualität zu messen. Jedes Qualitätsmerkmal bezeichnete einen Indikator, welcher die Interaktionsqualität in einer speziellen Qualitätsdimension messbar gemacht hat. Die Qualitätsmerkmale sind in Abbildung 6.6 rechts mit abgekürztem Namen dargestellt (z. B. *ZA-a*). In den Methoden der vorbereitenden Analysen der Videos (Abschnitt 6.3.2) wird die Operationalisierung der Qualitätsmerkmale detailliert erklärt.

Gemäß dem Erkenntnisinteresse dieser Dissertation (Abschnitt 5.1) wurden in derselben Qualitätsdimension teilweise verschiedene Qualitätsmerkmale operationalisiert, um sie empirisch miteinander vergleichen zu können. Durch die Systematisierung des Forschungsstands zu den Operationalisierungen von Interaktionsqualität (Abschnitt 4.2) wurde deutlich, dass Forschende in Erfassungsinstrumenten bislang verschieden komplex und verschieden aufwendige *aufgabenbasierte, impulsbasierte und praktikenbasierte Qualitätsmerkmale* nutzen. Aufgabenbasierte Qualitätsmerkmale sind im Allgemeinen deutlich einfacher und viel weniger aufwendig zu codieren sind als impuls- und praktikenbasierte Qualitätsmerkmale. Anstatt eine Entscheidung zur Konzeptualisierung oder Operationalisierung von Interaktionsqualität im Vorhinein vorzunehmen, wurden mehrere, verschieden konzeptualisierte und operationalisierte Qualitätsmerkmale gebildet. Diese konnten empirisch miteinander verglichen und aus methodologischer Perspektive diskutiert werden. Beispielsweise wird die konzeptuelle Aktivierung durch Qualitätsmerkmale aller drei Operationalisierungsbasen erfasst (ZA-a, ZA-i, ZA-p_s, ZA-p_g). Gerade die Erfassung konzeptueller und diskursiver

Reichhaltigkeit der Interaktion gilt als besonders komplex (Erath & Prediger, 2021; Howe & Abedin, 2013; Pauli & Reusser, 2015), sodass innerhalb dieser Arbeit mögliche Optionen zur Vereinfachung ausgelotet werden sollten, zum Beispiel inwiefern Beschränkungen auf aufgabenbasierten Operationalisierungen eine zulässige Vereinfachung darstellen.

6.3.2 Methoden der vorbereitenden Analysen der Videos

Schritt 1a: Beschreibende Basiscodierungen
Für die *Basiscodierungen* wurde, im Gegensatz zu anderen Forschenden (z. B. Decristan et al., 2020) wie bei Stigler et al. (1999) die vollständige Unterrichtseinheit mit Erarbeitungs-, Systematisierungs- und Sicherungsphase als *Codiereinheit* verwendet. So konnte sichergestellt werden, eine umfassende Analyse der Interaktionen zu erfassen. Dies umfasste alle Sozialformen, also gemeinsame Gespräche mit der Förderlehrkraft, aber auch Partner- und Einzelarbeitsphasen der Lernenden. Ausgewählt wurde das reichhaltige Kontextproblem zur Gleichwertigkeit von Brüchen (Abschnitt 6.1.1), in welchem die Lernenden die Grundvorstellung des Verfeinern und Vergröberns für das Erweitern und Kürzen (Malle, 2004; Prediger & Wessel, 2013) erwerben sollten. Dieses Kontextproblem stellte sich als herausfordernd für Lernende dar und ist daher besonders interessant. Da die Bewertung der Interaktionsqualität auch unter anderem abhängig von den Sozialformen sein kann (Ing & Webb, 2012), erstreckte sich die Codiereinheit über alle Sozialformen, um ein umfassendes Bild der stattfindenden Interaktionen untersuchen zu können.

Dem in Abschnitt 5.1 dargelegten Erkenntnisinteresse folgend war für diese Arbeit eine beschreibende Erfassung der Interaktionen statt unmittelbarer Bewertung ihrer Qualität relevant. So wurde ein möglichst geringer Informationsverlust über die Interaktionen sichergestellt. Durch diese beschreibenden Basiscodierungen der Videodaten unterscheidet sich die vorliegende Dissertation von den in Kapitel 3 und 4 vorgestellten Erfassungsinstrumenten in der Genauigkeit, da in den meisten Erfassungsinstrumenten (z. B. MQI, Charalambous & Litke, 2018) die Qualität in festgelegten Segmenten vereinfachend auf Skalen bewertet wird.

Die Basiscodierungen erfolgten an den Videodaten und Transkripten, welche im Programm Transana Multiuser (Version 3.32d) gleichzeitig geöffnet werden konnten. Bei Unklarheiten konnten zusätzlich die Arbeitsmaterialien der Lernenden gemeinsame Arbeitsprodukte der Kleingruppen hinzugezogen werden. Es wurden Transkripte für die gesamte Codiereinheit angefertigt. Für alle 49 Kleingruppen mit Einverständniserklärungen wurden so insgesamt ungefähr

30 h Videomaterial transkribiert und codiert. Alle Codierenden nahmen an einem umfangreichen Training zur Schulung für die Codierung teil sowie an regelmäßigen Besprechungen.

In Transana wurden hoch inferente und niedrig inferente Basiscodierungen durchgeführt. Die drei niedrig inferenten Basiscodierungen sind *effektive Lernzeit, Gesprächszeiten* und *Aufgabenanforderungen.*

- In der Codiereinheit wurde für die niedrig inferenten Basiscodierung *effektive Lernzeit* die Zeit erfasst, welche die Kleingruppe zur Behandlung des Kontextproblems zur Gleichwertigkeit von Brüchen aufwendete. Abgezogen wurden Pausen, Organisation und Zeit für Gespräche außerhalb des mathematischen Themas. Die Erfassung der effektiven Lernzeit diente als Grundlage für den Vergleich aller Kleingruppen, da die anderen Codierungen anteilig an ihr gesetzt wurden. Durch das anteilig setzen bestimmter Aspekte von Interaktionsqualität aus verschiedenen Basiscodierungen, ergaben sich Werte zwischen 0 und 1 für jedes Qualitätsmerkmal (Tabelle 6.2).
- In der niedrig inferenten Basisodierung *Gesprächszeiten* wurde die Dauer der Längen der Äußerungen der jeweiligen Lernenden und der Förderlehrkraft gemessen. Die Länge der Äußerungen wurde in den hoch inferenten Codierungen als Grundlage für die Codierung weiterverwendet.
- Für die niedrig inferenten Basiscodierungen der *Aufgabenanforderungen* wurden alle 35 Aufgaben mit 78 Unteraufgaben aus Perspektive der fachlichen und diskursiven Anforderungen codiert. Ähnlich wie bei Jordan et al. (2008) wurden die Aufgaben nach ihrer Hauptanforderung auf *lexikalisches, prozedurales oder konzeptuelles Wissen* zum Erfassen kategorisiert. Die Aufgaben mit konzeptuellem Fokus sind als mathematisch reichhaltig zu verstehen. Die Aufgaben wurden als *diskursiv reichhaltig* bezeichnet, wenn sie diskursive Anforderungen wie das Erklären von Konzepten oder Erläutern von Verfahren intendierten. *Nicht diskursiv reichhaltige* Aufgabenanforderungen stellten zum Beispiel die reine Angabe einer Zahl oder die Ausführung eines Verfahrens dar, wenn dies nicht beschrieben werden sollte.

In die niedrig inferenten Basiscodierungen *effektive Lernzeit, Aufgabenanforderungen, Redezeiten* und *Bearbeitungszeiten* wurden die Codierenden durch die Projektleitung eingeführt. Eine Probecodierung wurde durchgeführt und anschließend im Team der Codierenden mit der Projektleitung besprochen. Unklarheiten wurden im Codierhandbuch (digitaler Anhang) festgehalten und eine Einigung abgesprochen, welche dann allen Codierenden erklärt wurde. Die niedrig inferenten Basiscodierungen wurden in einem Durchgang codiert.

Hingegen benötigten die hoch inferenten Basiscodierungen *Impulsanforde-rung* und *Diskurspraktiken* eine intensivere Einführung. Die Einführung bestand aus einer Probecodierung an ein bis drei Videos sowie zusätzlich regelmäßigen Treffen zum Austausch über Differenzen in der Codierung, basierend auf einem Codierhandbuch (digitaler Anhang). Ähnlich wie bei Brunner (2018) wurden abweichende Codierungen diskutiert in einem konsensbildenden Verfahren und eine übereinstimmende Codierung gefunden. Die Codierenden führten die Codierungen jeweils getrennt voneinander aus und trafen sich im Anschluss für den Abgleich. Das Team aus Codierenden wechselte in regelmäßigen Abständen, sodass immer unterschiedliche Personen zusammen codierten.

Für die beiden hoch inferenten Basiscodierungen mussten zunächst getrennt voneinander *Sinnabschnitte* als Analyseeinheit identifiziert werden. Angelehnt an Schwarz, Braaten, Haverly und de los Santos (2021) ist eine inhaltliche Einheit als ein Sinnabschnitt zu verstehen, die mit der Initiierung eines mathematischen Problems oder einer anderen Fragestellung beginnt und endet, wenn das Problem oder die Frage innerhalb der Kleingruppe zu Ende besprochen wurde. So wurden Analyseeinheiten identifiziert, welche kleiner als die gesamte Codiereinheit waren und dennoch inhaltlich zusammenhingen, sodass Handlungen und Äußerungen im Gesamtzusammenhang betrachtet und interpretiert werden konnten (Schütte, Friesen & Jung, 2019). Bei Unstimmigkeiten zwischen den Codierenden wurde in einem konsensbildenden Prozess die Länge eines Sinnabschnitts vereinbart.

- Für die Basiscodierung *Impulsanforderungen* wurden die von den Förderlehr-kräften gestellten Anforderungen codiert. Einerseits betraf dies die *fachlichen Anforderungen*, unterschieden zwischen reichhaltigen konzeptuellen Anfor-derungen, weniger reichhaltigen prozeduralen Anforderungen oder sonstigen Anforderungen. Die Unterscheidung folgte den Wissensarten konzeptuel-les und prozedurales Wissen, wobei konzeptuelles Wissen essenziell ist (Hiebert & Grouws, 2007). Weiterhin wurden getrennt von den fachlichen Anforderungen die Anforderungen in Bezug auf *lexikalische Reichhaltigkeit* codiert. Unterschieden wurden Impulsanforderungen, welche isoliert lexikali-sche, ganzheitlich diskursive oder lexikalisch-diskursive Wortschatzförderung intendierten (Wessel & Erath, 2018). Erfasst wurde die Zeit, in welcher die jeweilige Kleingruppe in die Bearbeitung des Impulses mit einer spezifi-schen Anforderung engagiert ist. Hier bestand ein wesentlicher Unterschied in der Messentscheidung im Vergleich zu anderen Erfassungsinstrumenten (Abschnitt 4.2): Es zählt nicht ausschließlich der einzelne Turn für die Ein-schätzung wie zum Beispiel bei TIMSS (Stigler et al., 1999), sondern die verbrachte Zeit der Kleingruppe in der gestellten Impulsanforderung.

- Die *Diskurspraktiken* (Quasthoff, 2012; Quasthoff et al., 2021) umfassten die umgesetzten Gespräche der Förderlehrkräfte und Lernenden in Erklärungen, Begründungen, Beschreibungen und anderen reichhaltigen Praktiken. Bisher wurden Diskurspraktiken und ihre Reichhaltigkeit nur qualitativ analysiert (z. B. in Erath et al., 2018), in der hier entwickelten Operationalisierung wurde darauf aufbauend nun eine Quantifizierung über die Zeit der qualitativ hochwertigen Diskurspraktiken möglich. Dazu wurde in der Basiscodierung zwischen *nicht-diskursiven Praktiken* (Ein-Wort-Antworten, halbe Sätze) und *reichhaltigen Diskurspraktiken* (Erläutern, Erklären, Argumentieren) mit oder ohne konzeptuellen Fokus unterschieden. Die vorherrschende Diskurspraktik eines Sinnabschnitts wird dem gesamten Sinnabschnitt zugeordnet. Auf diese Weise konnte die Gesprächslänge (in Sekunden) der Lernenden und Förderlehrkräfte in der jeweiligen Diskurspraktik bestimmt werden. Illustrierende Beispiele für reichhaltige und weniger reichhaltige Diskurspraktiken sind zum Beispiel in Erath et al. (2018) oder Quabeck und Erath (2022) dokumentiert.

Alle absoluten Längen der Zeitspannen in den jeweiligen Basiscodierungen – also zum Beispiel die Gesprächszeit von Lernenden und Förderlehrkraft in reichhaltigen konzeptuellen Praktiken – wurden aus Transana exportiert und personen- sowie kleingruppenspezifisch in einer Exceldatei gespeichert. Alle Werte wurden auf Plausibilität geprüft. Bei nicht plausiblen Werten wurde auf mögliche Auswertungsfehler geprüft. Der Datensatz wurde von Hand bereinigt, wobei jeder Arbeitsschritt von einer zweiten Person gegengeprüft wurde.

Weitere Details zur Umsetzung der Basiscodierungen sowie beispielhafte Codierungen und Abgrenzungsbeispiele sind dem Codierhandbuch im digitalen Anhang zu entnehmen.

Schritt 1b: Kontrolle der Interrater-Reliabilität
Die Ermittlung der Übereinstimmung zwischen den Codierenden ist zur Sicherung der Reliabilität wichtig, wird jedoch oft nicht in empirischen Studien expliziert. Zum Beispiel konnten Praetorius und Charalambous (2018) bei weniger als der Hälfte der untersuchten Erfassungsinstrumente entsprechende Nachweise finden. Im Rahmen dieser Arbeit wurden alle hoch inferenten Basiscodierungen, bei denen Unstimmigkeiten entstehen können, bezüglich Interrater-Reliabilität überprüft. Da jeweils zwei Codierende unabhängig voneinander arbeiteten, konnte Cohen's κ für alle Sinnabschnitte berechnet werden. Die Interrater-Reliabilität wurde in R Studio (Version 3.6.3, Paket DescTools) kontrolliert. Die ermittelten

Cohen's κ von 0.80 bis 0.91 für die *Impulsanforderungen* und *Diskurspraktiken* deuten auf eine sehr gute Interrater-Reliabilität hin (Döring & Bortz, 2016).

Schritt 1c: Analyserahmen für Qualitätsmerkmale
Die Mittelwerte und Standardabweichungen für die Qualitätsmerkmale wurden aufbauend auf den Basiscodierungen bestimmt. Tabelle 6.2 zeigt den Analyserahmen, der als Erfassungsinstrument für Interaktionsqualität fungiert. In Tabelle 6.2 sind die Qualitätsmerkmale enthalten, in den Zeilen zu den acht Qualitätsdimensionen (z. B. kommunikative Aktivierung) und in den Spalten den drei aufgaben-, impuls- und praktikenbasierten Operationalisierungen zugeordnet. Der Analyserahmen in Tabelle 6.2 stellt eine detailliertere Version des Analyserahmens in Abbildung 6.6 zur Operationalisierung der Qualitätsmerkmale dar: Die Kurzbezeichnungen der Qualitätsmerkmale (z. B. ZA-a) werden durch eine knappe Erläuterung ergänzt, wie die Qualitätsmerkmale codiert wurden. Somit wird Transparenz über die genaue Operationalisierung geschaffen.

Um den Informationsverlust so gering wie möglich zu halten, wurde als *Messentscheidung* eine zeitbasierte Messung vorgenommen, da andere Messentscheidungen von Forschenden als zu stark vereinfachend kritisiert werden (Ing & Webb, 2012; Pauli & Reusser, 2015). Statt festen Segmenten wurden flexible Zeitsegmente identifiziert, innerhalb welcher bestimmte Mindestanforderungen für die stattfindende Interaktion definiert wurden. Die Zeit, welche mit Interaktion oberhalb der Mindestanforderungen verbracht wurde, wurde im jeweiligen Qualitätsmerkmal als relative Länge der aufgewendeten Bearbeitungs- oder Redezeit an der *effektiven Lernzeit* bestimmt. Aufbauend auf den Basiscodierungen wurden die umgesetzte Aktivierung und individuelle Partizipation der Lernenden durch die relative Länge der individuellen Redezeiten operationalisiert, die in konzeptuell, diskursiv oder lexikalisch reichhaltiger Interaktion sowie in kommunikativen Qualitätsdimensionen als zusätzliche oberflächliche Qualitätsdimensionen verbracht wurden. Charakterisiert wurden diese reichhaltige Interaktionen durch aufgaben-, impuls- und praktikenbasierte Qualitätsmerkmale. Die Qualitätsmerkmale wurden also in Zeitanteilen zwischen 0 % und 100 % gemessen, so ergab sich ein metrisches Skalenniveau. Es konnte angenommen werden, dass hohe Zeitanteile in allen Qualitätsmerkmalen eine hohe Interaktionsqualität bedeuten. Die Berechnung der Qualitätsmerkmale erfolgte in Excel.

Tabelle 6.2 Analyserahmen zur Operationalisierung der aufgaben-, impuls- und praktiken-basierten Qualitätsmerkmale, jeweils anteilig an der effektiven Lernzeit

	Qualitätsmerkmale in aufgabenbasierter Operationalisierung (-a)	Qualitätsmerkmale in impulsbasierter Operationalisierung (-i)	Qualitätsmerkmale in praktikenbasierter Operationalisierung (-p)
Kommunikative Aktivierung	*KA* Relative Länge der Redezeit (mit unterschiedlicher Reichhaltigkeit der Aufgaben, Impulse und Praktiken)		
Kommunikative Partizipation	*KP* Relative Länge der individuellen Redezeit (mit unterschiedlicher Reichhaltigkeit der Aufgaben, Impulse und Praktiken)		
Konzeptuelle Aktivierung	*ZA-a* Relative Bearbeitungszeit konzeptueller Aufgabenanforderungen	*ZA-i* Relative Bearbeitungszeit konzeptueller Impulsanforderungen	*ZA-p_g* Relative Länge der Redezeit in konzeptuellen Praktiken, mit Lehrkraft *ZA-p_s* Relative Länge der Lernenden-Redezeit in konzeptuellen Praktiken
Konzeptuelle Partizipation	*ZP-a* Relative Länge der individuellen Redezeit in konzeptuellen Aufgabenanforderungen	*ZP-i* Relative Länge der individuellen Redezeit in konzeptuellen Impulsanforderungen	*ZP-p* Relative Länge der individuellen Redezeit in konzeptuellen Praktiken
Diskursive Aktivierung	*DA-a* Relative Bearbeitungszeit diskursiver Aufgabenanforderungen		*DA-p_g* Relative Länge der Redezeit in reichhaltigen Diskurspraktiken mit Lehrkraft *DA-p_s* Relative Länge der Lernenden-Redezeit in reichhaltigen Diskurs-praktiken
Diskursive Partizipation	*DP-a* Relative Länge der individuellen Redezeit in diskursiven Aufgabenanforderungen		*DP-p* Relative Länge der individuellen Redezeit in reichhaltigen Diskurs-praktiken

(Fortsetzung)

Tabelle 6.2 (Fortsetzung)

	Qualitätsmerkmale in aufgabenbasierter Operationalisierung (-a)	Qualitätsmerkmale in impulsbasierter Operationalisierung (-i)	Qualitätsmerkmale in praktikenbasierter Operationalisierung (-p)
Lexikalische Aktivierung	*LA-a* Relative Bearbeitungszeit lexikalischer Aufgabenanforderungen	*LA-i* Relative Bearbeitungszeit lexikalischer Impulsanforderungen	
Lexikalische Partizipation	*LP-a* Relative Länge der individuellen Redezeit in lexikalischen Aufgabenanforderungen		

Innerhalb der beiden Qualitätsdimensionen *kommunikative Aktivierung* und *kommunikative Partizipation* war keine Bewertung der Reichhaltigkeit notwendig, sodass der Raum für Lernendenäußerungen als die *relative Länge der Redezeit (mit unterschiedlicher Reichhaltigkeit der Aufgaben, Impulse und Praktiken, KA)* oder als die *relative Länge der individuellen Redezeit (mit unterschiedlicher Reichhaltigkeit der Aufgaben, Impulse und Praktiken, KP)* anteilig an der gruppenspezifischen effektiven Lernzeit operationalisiert wurde. Dies ähnelt der Operationalisierung von Flanders (1970) und auch von neuen Erfassungsinstrumenten wie RTOP (Sawada et al., 2002) oder IQA (Boston, 2012). Eine im Vergleich der Kleingruppen hoher Wert in *KA* bedeutet demnach, dass diese Kleingruppe relativ lang über mathematische Inhalte gesprochen hat. Hingegen ließ sich durch einen hohen Wert in *KA* kein Rückschluss ziehen, inwiefern auch mathematisch oder diskursiv reichhaltige Äußerungen eingebracht wurden.

Im Gegensatz zur oberflächlichen Operationalisierung der kommunikativen Qualitätsdimensionen über die fachbezogene Redezeit erforderten die anderen Qualitätsdimensionen weitere Operationalisierungen der konzeptuellen, diskursiven und lexikalischen Reichhaltigkeit.

Die Qualität der *konzeptuellen Aktivierung* wurde durch die *relative Bearbeitungszeit konzeptueller Aufgabenanforderungen (ZA-a)*, durch die *relative Bearbeitungszeit konzeptueller Impulsanforderungen (ZA-i)* und durch die *relative Länge der Redezeit mit Lehrkraft / Lernenden-Redezeit in konzeptuellen Praktiken* $(ZA\text{-}p_s, ZA\text{-}p_g)$, jeweils anteilig an der effektiven Lernzeit gemessen. Ein hoher

Anteil *ZA-a* bedeutet, dass die Förderlehrkraft die Diskussion häufig auf konzeptuelle anstelle von prozeduralen Anforderungen fokussierte. In Kleingruppen mit einem hohen Anteil an *ZA-i* engagierten die Förderlehrkräfte die Schülerinnen und Schüler relativ lange in reichhaltigen Impulsanforderungen, indem sie beispielsweise die Darstellungsvernetzung für die Gleichwertigkeit von Anteilen intendierten. Ein hoher Anteil an *ZA-p_s* oder *ZA-p_g* bedeutet, dass sich die Kleingruppe relativ lange mit konzeptuellen Praktiken, wie dem Erklären der Bedeutung eines mathematischen Konzepts, befasste. Für die konzeptuelle Partizipation wurde die *relative Länge der individuellen Redezeiten in konzeptuellen Aufgabenanforderungen (ZP-a), konzeptuellen Impulsanforderungen (ZP-i)* und *konzeptuellen Praktiken (ZP-p)* prozentual an der *effektiven Lernzeit* ausgedrückt.

Die *diskursive Aktivierung* wurde ähnlich wie die konzeptuelle Aktivierung, als die *relative Bearbeitungszeit diskursiver Aufgabenanforderungen (DA-a)* und *relative Länge der Redezeit mit Lehrkraft / Lernenden-Redezeit* in reichhaltigen Diskurspraktiken (*DA-p_g, DA-p_s*) an der effektiven Lernzeit ermittelt. Diskursive Aufgabenanforderungen umfassten solche, in denen mündliche oder schriftliche Erklärungen, Begründungen oder Argumentationen erforderlich waren. Die diskursive Aktivierung wurde nicht durch die Impulsanforderungen der Förderlehrkräfte operationalisiert (kein *DA-i*), da dieselben artikulierten Impulsanforderungen die Lernenden dazu hätten veranlassen können, Bedeutungen zu erklären oder Vorgehensweisen zu berichten, abhängig von den in den Klassen etablierten Praktiken (Abschnitt 2.4.2). Daher waren die diskursiven Impulsanforderungen keine gültige Grundlage für die Operationalisierung der diskursiven Aktivierung. Für die diskursive Partizipation wurden zwei Qualitätsmerkmale operationalisiert: Die *relative Länge der individuellen Redezeit in diskursiven Aufgabenanforderungen (DP-a)* und *relative Länge der individuellen Redezeit in reichhaltigen Diskurspraktiken (DP-p)*.

Die *lexikalische Aktivierung* wurde operationalisiert als die *relative Bearbeitungszeit lexikalischer Aufgabenanforderungen (LA-a)* an der effektiven Lernzeit. Das sind beispielsweise Arbeitsaufträge in der Sicherungsphase, in welcher die Bedeutungen bestimmter bedeutungsbezogener Wörter oder Phrasen gemeinsam in der Speicherkiste gesichert wurden. Erfasst wurde weiterhin die *relative Bearbeitungszeit lexikalischer Impulsanforderungen (LA-i)* an der effektiven Lernzeit, bei welchen die Förderlehrkräfte zum Beispiel gemeinsam mit der Kleingruppe die Bedeutung eines Fachwortes besprachen. Die lexikalische Partizipation wurde, ähnlich wie in konzeptueller und diskursiver Partizipation, operationalisiert als die *relative Länge der individuellen Redezeit in lexikalischen Aufgabenanforderungen (LP-a)*.

Im Gegensatz zu anderen mathematikdidaktischen Arbeiten (z. B. TALIS, OECD, 2020) wurde auch für die Erfassung der individuellen Partizipation auf Videodaten als gleiche Datengrundlage zurückgegriffen wie für die Analyse der Interaktionsqualität. Das Forschungsdesign mit Umsetzung in Kleingruppen ermöglichte dies, im Gegensatz zur Schwierigkeit und dem Aufwand, eine solche Analyse für eine ganze Schulklasse durchzuführen.

Da sich statisches Aufgabenmaterial weniger gut zur Einschätzung der Interaktion eignet (Cai et al., 2020) und die durch das Material intendierten Aktivitäten nicht zwangsläufig den umgesetzten entsprachen (Henningsen & Stein, 1997; Stein & Lane, 1996; Stigler et al., 1999), wurde bei den aufgabenbasierten Qualitätsmerkmalen die Umsetzung der Aufgabenanforderungen bewertet. Also der Anteil an Zeit, welcher in der umgesetzten Aktivierung in diesen Aufgabenanforderungen von der jeweiligen Kleingruppe verbracht wurde, anteilig an der effektiven Lernzeit anstelle der statischen Aufgabenanforderungen.

6.3.3 Statistische Analysen

In dieser Dissertation werden hypothesenprüfend explanative Fragestellungen (Abschnitt 5.2) mit inferenzstatistischen Methoden bearbeitet, vorab sind gleichwohl deskriptivstatistische Analysen als Erstzugriff wichtig (Döring & Bortz, 2016). Daher sind neben den gerechneten inferenzstatistischen Analysen auch Mittelwerte und Standardabweichungen in den Auswertungskapiteln enthalten. Zusätzlich zu den gerechneten Modellen sind in beiden Auswertungskapiteln qualitative Beispiele enthalten, welche die Interaktionsqualität illustrieren und erste Erklärungsansätze für die Unterschiede in der umgesetzten Interaktionsqualität ermöglichen.

Die statistischen Analysen wurden in R Studio (Version 3.6.3) durchgeführt. Zusätzlich installierte Pakete waren DescTools, Psych, Stargazer, lsr und SchoRsch. Für alle statistischen Analysen wurde die übliche Fehlerwahrscheinlichkeit von 5 % zugrunde gelegt (Döring & Bortz, 2016; Janczyk & Pfister, 2015).

Fragestellung 1   *zum Zusammenhang der Konzeptualisierungen und Operationalisierungen von Interaktionsqualität: Korrelations- und Regressionsmodelle*

Die Untersuchung von Fragestellung 1 mit den zugehörigen Forschungsfragen 1.1 und 1.2 zum Überprüfen eines vorliegenden Zusammenhangs zwischen Konzeptualisierungen und Operationalisierungen von Interaktionsqualität erfolgt in Kapitel 7.

Zunächst werden die in den vorbereitenden Analysen (Abschnitt 6.3.2) berechneten *Mittelwerte* und *Standardabweichungen* aller 17 Qualitätsmerkmale in der *Videostichprobe* (N = 210 Lernende in 49 Kleingruppen) angeführt, um einen ersten Überblick über die Interaktionsqualität zu gewinnen.

Die Annahmen zum Zusammenhang zweier Qualitätsmerkmale in Aktivierung (Forschungsfrage 1.1) und Partizipation (Forschungsfrage 1.2) ließen sich durch *bivariate Korrelationen* prüfen. Ziel war, das Vorhandensein eines Zusammenhangs zu prüfen, ohne auf eine kausale Beziehung schließen zu können (Döring & Bortz, 2016). Es war von einem linearen Zusammenhang der Qualitätsmerkmale mit metrischem Skalenniveau auszugehen, daher wurde für den Zusammenhang zwischen den 17 Qualitätsmerkmalen die *Pearson Korrelation* für den Stichprobenumfang von 49 Kleingruppen für Forschungsfrage 1.1 und 210 Lernenden für Forschungsfrage 1.2 berechnet. Aufgrund technischer Probleme wurde die *relative Länge der individuellen Redezeit in konzeptuellen Impulsanforderungen* (ZA-i) nur in einer Teilstichprobe von 29 Kleingruppen erfasst. Das Qualitätsmerkmal war daher bei der weiteren Untersuchung der Zusammenhänge ausgeschlossen, wird aber in der Ergebnisdarstellung der Mittelwerte und Standardabweichungen aufgeführt. Für die Effektstärken, für Korrelationen also die Maßzahl für die Enge des Zusammenhangs, wurde sich an den Konventionen von Cohen (1988) orientiert: Ein kleiner Zusammenhang ist im Bereich von $|r| = 0{,}1$, ein mittlerer Zusammenhang ist im Bereich von $|r| = 0{,}3$, ein großer Zusammenhang ist im Bereich von $|r| = 0{,}5$ definiert. Für die Beantwortung der Fragestellungen war, neben den absoluten Effektstärken r, insbesondere der Vergleich der Effektstärken in den verschiedenen Konzeptualisierungen und Operationalisierungen zentral.

Um zusätzlich die Zusammenhänge von drei Qualitätsmerkmalen zu untersuchen, also inwiefern durch die kommunikative Partizipation (*KP*) und konzeptuelle Partizipation *(ZP-p)* bereits die diskursive Partizipation (*DP-p*) vollständig erklärt werden kann, wurde eine *lineare Regression* durchgeführt. Aufgrund der Konzeptualisierung und Operationalisierung der Qualitätsmerkmale für Interaktionsqualität (Tabelle 6.2) ist ein enger Zusammenhang zwischen den Merkmalen zu erwarten. Wenn die diskursive Partizipation nun bereits vollständig durch die beiden anderen Qualitätsmerkmale erklärt werden kann, wäre dies ein mögliches Argument dafür, in folgenden Untersuchungen die zeitintensive und anspruchsvolle Codierung der diskursiv reichhaltigen Partizipation auch mit weniger Aufwand in den Basiscodierungen operationalisieren zu können.

Zusätzlich wurden post-hoc-Teststärkeanalysen mit G*Power (Faul, Erdfelder, Buchner & Lang, 2009) durchgeführt. Da die untersuchte Videostichprobe bereits aus MESUT1 und MESUT2 vorlag, wurde dabei nicht die optimale Stichprobengröße bestimmt, sondern die Teststärke (1 – ß) anhand von Stichprobengröße, Signifikanzniveau und erwartetem Effekt geschätzt (Döring & Bortz, 2016). Es war von einem engen Zusammenhang, also einer großen Effektstärke (Pearson Korrelationskoeffizient r), auszugehen, weil es sich bei den Qualitätsmerkmalen jeweils um alternative Konzeptualisierungen und Operationalisierungen von Interaktionsqualität handelte. Das Signifikanzniveau wurde auf $a = 0,05$ festgelegt. Für die Untersuchung der Korrelationen der Aktivierung liegen 49 Datenpunkte vor, die berechnete Teststärke ist mit 0,96 gut. Für die individuelle Partizipation sind es 210 Datenpunkte, die Teststärke ist ebenfalls gut (1,0). Für die Annahme eines großen Effekts bei der linearen Regression ergibt sich ebenfalls eine gute Teststärke (1,0). Es konnte also mit recht hoher Wahrscheinlichkeit davon ausgegangen werden, dass die signifikanten Unterschiede in den Korrelations- und Regressionsmodellen zuverlässig erkannt werden.

Fragestellung 2   *zu den lernmilieubezogenen Unterschieden in der umgesetzten Interaktionsqualität*

Fragestellung 2 mit den zwei zugehörigen Hypothesen 2.1 und 5.2.2 wird in Abschnitt 8.1 verfolgt.

Um die *Unterschiede* zwischen dem Risiko- und Schulerfolgs-Kontext als potentielle differentielle Lernmilieus zu bestimmen, werden zunächst in Abschnitt 8.1 deskriptiv die Ausprägungen der Qualitätsmerkmale in Risiko- und Schulerfolgs-Kontext vorgestellt und danach mittels *t-Tests* auf Signifikanz geprüft. Durch das Forschungsdesign (Abschnitt 6.1) konnte davon ausgegangen werden, dass zwei unabhängige Stichproben vorliegen. Der Stichprobenumfang waren 210 Datenpunkte für die Qualitätsdimensionen der individuellen Partizipation (Hypothese 2.1) und 49 Datenpunkte für die Qualitätsdimensionen der Aktivierung (Hypothese 2.2). Das Skalenniveau der Qualitätsmerkmale war jeweils metrisch.

Um mit mehreren *t-Tests* auf signifikante Unterschiede zwischen Risiko- und Schulerfolgs-Kontext in der umgesetzten Interaktionsqualität zu prüfen, wurde zunächst die Voraussetzungsprüfung auf Varianzhomogenität für die Qualitätsmerkmale durchgeführt. In einigen Qualitätsmerkmalen bestand Varianzheterogenität. Als Methode ausgewählt wurden Welch t-Tests, da sie bei Varianzheterogenität zuverlässig funktionieren und bei Varianzhomogenität dieselben Ergebnisse wie der oft angewendete Student's t-Test liefern (Delacre,

Lakens & Leys, 2017; Fahrmeir, Heumann, Künstler, Pigeot & Tutz, 2016).
Bei den Welch t-Tests entfiel die (bei Student's t-Tests notwendige) Voraussetzungsprüfung auf Varianzhomogenität mittels Levene-Test (Janczyk & Pfister,
2015).

In den t-Tests wurde jeweils Cohens d als Effektstärke angegeben. Ein kleiner
Effekt, also geringe Wirkung der Lernmilieus auf die Qualität der umgesetzten
Aktivierung, liegt vor ab $d = 0.2$, ein mittlerer Effekt ab $d = 0.5$ und ein großer
Effekt ab $d = 0.8$ (Cohen, 1988).

Daneben wurden zwei post-hoc-Teststärkeanalysen mit G*Power (Faul et al.,
2009) durchgeführt. Da aufgrund der Forschungsergebnisse (Abschnitt 2.3) von
einem großen Einfluss der Lernmilieus auf die Interaktionsqualität auszugehen
war, wurde ein großer Effekt für die durchgeführten t-Tests erwartet. Die post-
hoc-Teststärkenanalyse für Hypothese 2.1 ergibt eine gute Teststärke von circa
0,97 bei Annahme des üblichen Signifikanzniveaus ($a = 0,05$) für die untersuchte
Stichprobengröße (n = 83 Lernende im Risiko-Kontext, n = 127 Lernende im
Schulerfolgs-Kontext). Auch für die Aktivierung ergab sich bei der Annahme
eines großen Effekts und des üblichen Signifikanzniveaus ($a = 0,05$) eine gute
Teststärke von circa 0,87. Für die Qualität der individuellen Partizipation, die im
Rahmen von Hypothese 2.1 untersucht wird, und die Qualität der Aktivierung,
die im Rahmen von Hypothese 2.2 untersucht wird, werden mit einer hohen
Wahrscheinlichkeit die signifikanten Unterschiede zuverlässig erkannt.

*Fragestellung 3   zu den Zusammenhängen von Lernvoraussetzungen und Lernmi-
lieus zur Interaktionsqualität*

Die Untersuchung von Fragestellung 3 mit den zugehörigen Hypothesen 3.1 und
5.3.2 erfolgt in Abschntt 8.2.

Um zu untersuchen, ob *Zusammenhänge* zwischen Lernvoraussetzungen
und Lernmilieus zur umgesetzten Interaktionsqualität bestehen, wurden *lineare
Regressionen* berechnet. Ziel war vorauszusagen, ob und durch welche Lernvoraussetzungen beziehungsweise ob durch das Lernmilieu die Interaktionsqualität
vorausgesagt werden kann. Der Stichprobenumfang waren 210 Datenpunkte für
die Qualitätsdimensionen der individuellen Partizipation (Hypothese 3.1) und 49
Datenpunkte für die Qualitätsdimensionen der Aktivierung (Hypothese 3.2). Das
Skalenniveau der Qualitätsmerkmale war jeweils metrisch.

Für jedes Qualitätsmerkmal wurden die Lernvoraussetzungen und der
Schulerfolgs- beziehungsweise Risiko-Kontext als Prädiktoren für die Interak-
tionsqualität verwendet. Somit ergaben sich für die Qualität der individuellen
Partizipation im Rahmen von Hypothese 3.1 sechs Regressionsmodelle, für die

Qualität der Aktivierung im Rahmen von Hypothese 3.2 zehn Regressionsmodelle.

Zusätzlich wurden mehrere post-hoc-Teststärkeanalysen mit G*Power (Faul et al., 2009) durchgeführt. Für die individuelle Partizipation (Hypothese 3.1) ergab sich bei Annahme eines großen Effekts für die vorliegende Stichprobengröße (N = 210) und sechs Prädiktoren im Modell eine gute Teststärke von circa 1. Für die Aktivierung (Hypothese 3.2) ergab sich bei Annahme eines großen Effekts für die vorliegende Stichprobengröße (N = 49) und sechs Prädiktoren im Modell eine gute Teststärke von circa 0,84.

Nachfolgend werden im Empirieteil der Kapitel 7 und 8 die Ergebnisse präsentiert.

Zusammenhänge der Konzeptualisierungen und Operationalisierungen von Interaktionsqualität

In vielen qualitativen Fallstudien wurde die Bedeutung einer hohen oder niedrigen Interaktionsqualität als wichtiger Aspekt bei der Bereitstellung oder Limitierung von Lerngelegenheiten für Schülerinnen und Schüler im Mathematikunterricht hervorgehoben (M. Lampert & Cobb, 2003; Walshaw & Anthony, 2008; Abschnitt 2.4). Obwohl die Bedeutung der Interaktionsqualität für die Umsetzung von Lerngelegenheiten weithin anerkannt ist, besteht bislang weniger Klarheit darüber, wie die Interaktionsqualität am zuverlässigsten gemessen werden kann (Kapitel 3, Kapitel 4). Die Heterogenität der *Konzeptualisierungen* und *Operationalisierungen* von Interaktionsqualität, die in Kapitel 3 und 4 beschrieben wird, wirft die methodologische Frage auf, inwieweit diese Heterogenität die erfassten empirischen Phänomene beeinflusst (Cai et al., 2020; Mu et al., 2022; Praetorius & Charalambous, 2018). Im Rahmen dieser Arbeit werden daher Konzeptualisierungs- und Operationalisierungsentscheidungen empirisch verglichen.

Nach Brunner (2018) und Schlesinger et al. (2018) kann die Verwendung *unterschiedlicher Konzeptualisierungen* zu deutlichen Unterschieden in der Bewertung desselben Unterrichts führen, abhängig von den eingenommenen theoretischen Perspektive (Seidel & Shavelson, 2007). Die Unterschiede zwischen intendierter und der tatsächlich umgesetzter Aktivierung der Lehrpersonen (Spalten 2 und 3 in Tabelle 3.1) wurden bereits häufig nachgewiesen – beispielsweise in der zweiten TIMS-Studie (Hiebert et al., 2003). Unterschiede in der der umgesetzten Aktivierung und der individuelle Partizipation einzelner Lernender, welche in der dritten und vierten Spalte in Tabelle 3.1 enthalten sind, erhielten dagegen deutlich weniger Aufmerksamkeit. Dies wird von Forschenden kritisiert (u. a. Decristan et al., 2020). Darüber hinaus wurden verschiedene Qualitätsdimensionen zur Konzeptualisierung von Interaktion genutzt (Zeilen in Tabelle 3.1).

© Der/die Autor(en), exklusiv lizenziert an Springer Fachmedien Wiesbaden GmbH, ein Teil von Springer Nature 2024
K. Quabeck, *Interaktionsqualität im sprachbildenden Mathematikunterricht*, Dortmunder Beiträge zur Entwicklung und Erforschung des Mathematikunterrichts 54, https://doi.org/10.1007/978-3-658-43697-1_7

Es konnte für die Interaktion bereits in qualitativen Studien gezeigt werden, dass nicht jedes Gespräch konzeptuell und diskursiv gleich reichhaltig ist (u. a. Erath et al., 2018, Walshaw & Anthony, 2008). Quantitative Befunde, die verschiedene Qualitätsdimensionen und Fokusse von Interaktionsqualität miteinander in Beziehung setzen, liegen jedoch bislang kaum vor (Abschnitt 3.2).

Wenn *unterschiedliche Operationalisierungen* verwendet werden, sind möglicherweise unterschiedliche Bewertungen der Qualität zu erwarten (Ing & Webb, 2012). Empirische Befunde zum Vergleich unterschiedlicher Operationalisierungen liegen bislang jedoch kaum vor und weitere Untersuchungen werden gefordert (Abschnitt 4.2). Dieser Forderung wird im folgenden Kapitel nachgegangen.

Ein Grund für die geringe Beachtung von Konzeptualisierungs- und Operationalisierungsentscheidungen für Interaktion in vielen Studien könnte darin liegen, dass die gewählten Lernziele, Aufgaben und Darstellungen die Interaktionsqualität bereits stark beeinflussen. Daher ist es in vielen Fällen schwierig, die feinen Unterschiede, die durch unterschiedliche Konzeptualisierungen und Operationalisierungen der Interaktionsqualität erfasst werden, von diesen Bereichen des Unterrichts und seiner Gestaltung zu trennen. Aus diesem Grund wird in dieser Arbeit mit Daten gearbeitet, in denen vier weitere Bereiche der Unterrichtsgestaltung (aufgelistet bei Hiebert & Grouws, 2007, S. 379) konstant gehalten werden: (1) die Lernziele, (2) die für bestimmte Themen zur Verfügung stehende Zeit, (3) die Aufgaben und (4) die Darstellungen. Dadurch wird es möglich, sich auf die Interaktionen zwischen Lehrenden und Lernenden zu konzentrieren. Die untersuchte Forschungsfrage dazu lautet:

Forschungsfrage 1:   Welche Zusammenhänge zeigen sich zwischen verschiedenen Konzeptualisierungen von Interaktionsqualität mit ihren unterschiedlichen (aufgaben-, impuls- und praktikenbasierten) Operationalisierungen?

Eine erste Fassung der statistischen Ergebnisse dieses Kapitels findet sich im Beitrag von Quabeck et al. (2023). Er wird hier durch qualitative Einblicke in die Interaktion zweier Kleingruppen – zur Veranschaulichung der Qualitätsmerkmale – ergänzt (Abschnitt 7.1). Daran schließt sich die statistische Untersuchung der Zusammenhänge zwischen verschiedenen Konzeptualisierungen und Operationalisierungen von Interaktionsqualität an (Abschnitt 7.2). In Erweiterung zu Quabeck et al. (2023) werden neben kommunikativen, konzeptuellen und diskursiven Qualitätsdimensionen auch lexikalische Qualitätsdimensionen in die statistische Analyse einbezogen, da die Förderung des Wortschatzes – als Teil der lexikalischen Qualitätsdimensionen – für den sprachbildenden Mathematikunterricht als wesentlich erachtet wird. Zudem wird als Erweiterung zu Quabeck et al. (2023) in der praktikenbasierten Operationalisierung zwei alternativen Konzeptualisierungen unterschieden und in Beziehung gesetzt: Die relative Länge der Redezeiten mit Lehrkraft (Endung -p_g) und der relative Länge der Lernenden-Redezeiten (Endung -p_s). Abschließend werden die Ergebnisse zusammengefasst und interpretiert (Abschnitt 7.3).

7.1 Einblicke in die umgesetzte Interaktionsqualität

Im ersten Abschnitt des siebten Kapitels werden die Qualitätsmerkmale in ihrem Vorkommen deskriptiv dokumentiert (Abschnitt 7.1.1). Um die umfangreiche und komplexe Codierung der Interaktionsqualität mit Qualitätsmerkmalen in acht Qualitätsdimensionen und verschiedenen Operationalisierungen (Abschnitt 6.3) zu veranschaulichen, dient Abschnitt 7.1.2 dazu, ein besseres Verständnis der codierten Qualitätsmerkmale zu vermitteln. Die Mittelwerte sowie Standardabweichungen (Abschnitt 7.1.1) und die qualitativen Einblicke (Abschnitt 7.1.2) der Qualitätsmerkmale geben Aufschluss über die Realisierung hoher, durchschnittlicher und geringer Interaktionsqualität.

7.1.1 Deskriptive Werte der umgesetzten Interaktionsqualität

Bevor mit komplexeren Modellen weitergearbeitet wird, empfiehlt sich eine deskriptive Datenanalyse, um Transparenz über das Vorkommen zu schaffen (Döring & Bortz, 2016). In Tabelle 7.1 sind die arithmetischen Mittelwerte und Standardabweichungen der Qualitätsmerkmale für die Stichprobe der Videostudie (Tabelle 6.1) aufgeführt. Sie sind anteilig als die durchschnittliche relative Länge im Verhältnis zur effektiven Lernzeit für alle 49 Kleingruppen beziehungsweise 210 Lernenden berechnet und werden daher in Prozent angegeben. Wie in den Analyserahmen (Tabelle 6.2, Abbildung 6.6) dokumentiert, wird Interaktionsqualität in acht Qualitätsdimensionen konzeptualisiert, die jeweils auf unterschiedliche Weise in 14 Qualitätsmerkmalen operationalisiert werden – unter anderem mit der impulsbasierten Operationalisierung *ZA-i*. Aufgrund eines Auswertungsfehlers wurde *ZP-i* nicht in allen Kleingruppen ausgewertet und kann daher in den quantitativen Analysen nicht berücksichtigt werden. Die Mittel-werte sind auf eine Dezimalstelle gerundet, die Standardabweichungen ohne Nachkommastelle.

Die durchschnittliche relative Länge der *kommunikativen Aktivierung* (33,4 % für *KA*) entspricht dem bereits von Flanders (1970) identifizierten Anteil, den alle Schülerinnen und Schüler am gesamten Unterrichtsgespräch zusammen eingeräumt bekommen. Die durchschnittliche relative Länge der individuellen *konzeptuellen Partizipation* der Schülerinnen und Schüler an Äußerungen über Mathematik (7,7 % für *KP*) ist im Vergleich zu den Ergebnissen für gesamte Klassen hoch (z. B. zweite TIMS-Studie, Hiebert et al., 2003), da in Kleingrup-pen von vier bis sechs Lernenden naturgemäß mehr Raum für eigene Beiträge bleibt. Dennoch weisen diese Anteile der Redezeiten eine hohe Standardab-weichung im Vergleich zu den Mittelwerten auf (SD 13,7 % für *KA* und SD 5,2 % für *KP*). Zwischen den 49 Kleingruppen und 210 Lernenden schwankt also die umgesetzte Interaktionsqualität, zunächst oberflächlich gemessen an der kommunikativen Aktivierung (*KA*) und der kommunikativen Partizipation (*KP*), deutlich.

In der *konzeptuellen Aktivierung* und *Partizipation* können jeweils meh-rere Qualitätsmerkmale mit unterschiedlichen Operationalisierungen verglichen werden. Ihre Mittelwerte unterscheiden sich je nach Operationalisierung deut-lich: Aufgabenbasierte Operationalisierungen erzielen höhere Mittelwerte als impulsbasierte oder praktikenbasierte Operationalisierungen. In Bezug auf die konzeptuelle Aktivierung verbrachten die Kleingruppen die längste relative Dauer der effektiven Lernzeit als Bearbeitungszeit konzeptueller Aufgabenanforderun-gen (77,4 % für *ZA-a*). Jedoch verbrachten sie nicht die gesamte relative Bearbeitungszeit konzeptueller Aufgabenanforderungen (*ZA-a*) mit der Behand-lung konzeptueller Impulsanforderungen (35,3 % für *ZA-i*), weil zum Beispiel eigentlich rein konzeptuelle Aufgabenanforderungen mit einer prozeduralen oder rein lexikalischen Impulsanforderung bearbeitet werden.

Tabelle 7.1 Arithmetisches Mittel (m) und Standardabweichungen (SD) für die Interaktionsqualität der Videostichprobe (49 Kleingruppen, 210 Lernende)

Qualitätsmerkmal		Operationalisierung des Qualitätsmerkmals, jeweils anteilig an der effektiven Lernzeit: Relative…	m (SD) in der Videostichprobe
Kommunikative Aktivierung	KA	… Länge der Redezeit (mit unterschiedlicher Reichhaltigkeit der Aufgaben, Impulse und Praktiken)	33,4 % (14 %)
Kommunikative Partizipation	KP	…Länge der individuellen Redezeit (mit unterschiedlicher Reichhaltigkeit der Aufgaben, Impulse und Praktiken)	7,7 % (5 %)
Konzeptuelle Aktivierung	ZA-a	… Bearbeitungszeit konzeptueller Aufgabenanforderungen	77,4 % (11 %)
	ZA-i	… Bearbeitungszeit konzeptueller Impulsanforderungen	35,3 % (13 %)
	ZA-p_g	… Länge der Redezeit in konzeptuellen Praktiken, mit Lehrkraft	23,5 % (12 %)
	ZA-p_s	… Länge der Lernenden-Redezeit in konzeptuellen Praktiken	12,1 % (7 %)
Konzeptuelle Partizipation	ZP-a	… Länge der individuellen Redezeit in konzeptuellen Aufgabenanforderungen	5,5 % (4 %)
	ZP-p	… Relative Länge der individuellen Redezeit in konzeptuellen Praktiken	2,8 % (3 %)
Diskursive Aktivierung	DA-a	… Bearbeitungszeit diskursiver Aufgabenanforderungen	57,0 % (13 %)

(Fortsetzung)

Tabelle 7.1 (Fortsetzung)

Qualitätsmerkmal		Operationalisierung des Qualitätsmerkmals, jeweils anteilig an der effektiven Lernzeit: Relative...	m (SD) in der Videostichprobe
	DA-p_g	... Länge der Redezeit in reichhaltigen Diskurspraktiken, mit Lehrkraft	33,0 % (12 %)
	DA-p_s	... Länge der Lernenden-Redezeit in reichhaltigen Diskurspraktiken	16,8 % (7 %)
Diskursive Partizipation	DP-a	... Länge der individuellen Redezeit in diskursiven Aufgabenanforderungen	4,6 % (4 %)
	DP-p	... Länge der individuellen Redezeit in reichhaltigen Diskurspraktiken	3,9 % (3 %)
Lexikalische Aktivierung	LA-a	... Bearbeitungszeit lexikalischer Aufgabenanforderungen	10,7 % (9 %)
	LA- i	... Bearbeitungszeit lexikalischer Impulsanforderungen	42,4 % (13 %)
Lexikalische Partizipation	LP-a	... Länge der individuellen Redezeit in lexikalischen Aufgabenanforderungen	0,9 % (1 %)

Auch bei konzeptuellen Impulsen muss sich in der umgesetzten Interaktion nicht notwendigerweise eine konzeptuelle Praktik entspannen, beispielsweise wenn Lernende auf konzeptuelle Impulse mit einer reinen Beschreibung des Rechenweges beginnen. Entsprechend entfällt nur unter 25 % der Zeit auf die praktikenbasiert operationalisierte konzeptuelle Aktivierung: Durchschnittlich 23,5 % der effektiven Lernzeit haben Lehrende und Lernende gemeinsam in konzeptuellen Praktiken umgesetzt (23,5 % für ZA-p_g). Die relative Länge der Lernenden-Redezeit in konzeptuellen Praktiken sind lediglich 12,1 % (für ZA-p_s). Der Unterschied in der Bewertung der Interaktionsqualität zwischen den beiden praktikenbasierten Qualitätsmerkmalen ZA-p_g und ZA-p_s zeigt, dass sich mit oder ohne die Beiträge der Förderlehrkräfte unterschiedliche Qualitätsbewertungen ergeben.

Auch bei der *konzeptuellen Partizipation* übersteigt die relative Länge der individuellen Redezeit in konzeptuellen Aufgabenanforderungen (5,5 % für *ZP-a*) die relative Länge der individuellen Redezeit in konzeptuellen Praktiken (2,8 % für *ZP-p*). Wie bei der konzeptuellen Aktivierung scheinen also nicht alle Äußerungen der Schülerinnen und Schüler den Anforderungen zu entsprechen, die für die Teilnahme an konzeptuellen Praktiken gefragt waren, auch wenn sie in konzeptuellen Aufgabenanforderungen geäußert werden.

In der *diskursiven Aktivierung* übersteigt die relative Bearbeitungszeit diskursiver Aufgabenanforderungen (58,4 % für *DA-a*) die relative Länge der Redezeiten in reichhaltigen Diskurspraktiken (33,0 % für $DA\text{-}p_g$, 16,8 % für $DA\text{-}p_s$). Dies ist ähnlich wie bei der konzeptuellen Aktivierung, jedoch ist die relative Bearbeitungszeit diskursiver Aufgabenanforderungen (*DA-a*) geringer als diejenige in konzeptuellen Aufgabenanforderungen (*ZA-a*). Erneut weicht die Qualitätsbewertung in den beiden praktikenbasierten Qualitätsmerkmalen $DA\text{-}p_g$ und $DA\text{-}p_s$ voneinander ab. Außerdem besteht auch zwischen der *diskursiven Partizipation* ein Unterschied, wenn sie mit einer aufgabenbasierten (*DP-a*) oder einer praktikenbasierter Operationalisierung (*DP-p*) die Interaktionsqualität gemessen wird.

Die relative Bearbeitungszeit lexikalischer Aufgabenanforderungen in der *lexikalischen Aktivierung* (10,7 % für *LA-a*) ist deutlich geringer als die relativen Bearbeitungszeiten für konzeptuelle (77,4 % für *ZA-a*) und diskursive Aufgabenanforderungen (57 % für *DA-a*). Hingegen ist die relative Bearbeitungszeit lexikalischer Impulsanforderungen höher (42,4 % für *LA-i*), was darauf hindeutet, dass die Förderlehrkräfte die Lernenden auch außerhalb der lexikalischen Aufgabenanforderungen in den Erwerb neuen Wortschatzes eingebunden haben. Die relative Länge der individuellen Redezeit in lexikalischen Aufgabenanforderungen in der lexikalischen Partizipation beträgt 0,9 % (für *LP-a*).

7.1.2 Qualitative Einblicke in die umgesetzte Interaktionsqualität

Um die Prozentangaben zu den Qualitätsmerkmalen zu veranschaulichen, wird in diesem Abschnitt anhand exemplarischer Sequenzen aus zwei Kleingruppen die Interaktionsqualität anhand der codierten der Qualitätsmerkmale (Tabelle 6.2) charakterisiert. Ziel ist es also einerseits, die Messung der Interaktionsqualität nachvollziehbar zu machen und damit zu verdeutlichen, was es bedeutet, einen hohen Wert in einem bestimmten Qualitätsmerkmal zu haben. Die Vergleichsmaßstäbe hoch, mittel/durchschnittlich und niedrig werden jeweils auf den arithmetischen Mittelwert aller Kleingruppen bezogen: Eine hohe bzw. niedrige Interaktionsqualität wurde anhand der Abweichung vom jeweiligen arithmetischen Mittelwert nach oben beziehungsweise unten bestimmt, eine mittlere Interaktionsqualität für Werte nah am arithmetischen Mittelwert. Ein weiteres Ziel der illustrierenden Beispiele ist es, besser verständlich zu machen, wie die Abweichungen zwischen der Messung mit verschiedenen Qualitätsmerkmalen (Abschnitt 7.1.1) zustande kommen. Das heißt, um zu verdeutlichen, dass sie nicht alle dieselben Aspekte von Interaktion erfassen.

Für die qualitativen Einblicke wurden die Kleingruppen M und U ausgewählt, in denen viele Qualitätsmerkmale im Vergleich zu Mittelwerten aller Kleingruppen niedrig beziehungsweise hoch sind. Das Spektrum typischer – wenn auch statistisch nicht repräsentativer – umgesetzter Interaktionsqualität wird somit anhand von Sequenzen aus dem Unterricht der beiden Kleingruppen M und U veranschaulicht.

In Tabelle 7.2 sind das arithmetische Mittel (m) und die Standardabweichung (SD) der Messungen für jedes Qualitätsmerkmal in allen 49 Gruppen wie in Tabelle 7.1 dokumentiert. In den letzten beiden Spalten ist die gemessene Interaktionsqualität der zwei Kleingruppen M und U dokumentiert.

Die Messung der Interaktionsqualität in fast allen Qualitätsmerkmalen (außer ZA-a) zeigt, dass in Gruppe U eine höhere Interaktionsqualität umgesetzt wird als in Gruppe M. Weiterhin liegt Gruppe U oft sogar mehr als eine Standardabweichung höher als der Mittelwert aller 49 Kleingruppen (z. B. ZA-i, ZA-ps), während in Gruppe M zum Teil eine niedrige Interaktionsqualität umgesetzt wird (z. B. in ZA-i, DA-p_g).

Bereits in den oberflächlichen Qualitätsdimensionen *kommunikative Aktivierung* und *kommunikative Partizipation* übersteigt die Interaktionsqualität in Gruppe U die in Gruppe M. Während in Gruppe M eine mittlere kommunikative Aktivierung (*KA*) und Partizipation (*KP*) umgesetzt werden, ist diese in Gruppe U hoch (44,8 % für *KA*, 11,2 % für *KP*).

In Bezug auf die *konzeptuelle Aktivierung* (ZA) zeigen die Werte in beiden Gruppen eine mittlere bis hohe Interaktionsqualität, wenn sie aufgabenbasiert bewertet wird (ZA-a). In den anderen drei Qualitätsmerkmalen (ZA-i, ZA-p_g und ZA-p_s) wird in Gruppe U eine höhere Interaktionsqualität umgesetzt als in Gruppe M. Die Abweichungen sind teilweise erheblich: Während die relative Bearbeitungszeit konzeptueller Impulsanforderungen (ZA-i) in Gruppe U deutlich überdurchschnittlich ist, ist sie in Gruppe M niedrig. Obwohl die beiden Förderlehrerinnen die Gruppen M und U relativ gleich lange in konzeptuellen

Tabelle 7.2 Arithmetisches Mittel (m) und Standardabweichung (SD) für die Interaktionsqualität in der Videostichprobe und aus den zwei exemplarisch ausgewählten Kleingruppen U und M

Qualitätsdimension	Merkmal	49 Gruppen m (SD)	Gruppe M m	Gruppe U m
Kommunikative Aktivierung	KA	33,4 % (14 %)	32,3 %	44,8 %
Kommunikative Partizipation	KP	7,7 % (5,2 %)	8,1 %	11,2 %
Konzeptuelle Aktivierung	ZA-a	77,4 % (11 %)	83,8 %	82,0 %
	ZA-i	35,3 % (13 %)	21,4 %	61,1 %
	ZA-p_g	23,5 % (12 %)	16,3 %	35,4 %
	ZA-p_s	12,1 % (7 %)	11,3 %	25,9 %
Konzeptuelle Partizipation	ZP-a	5,5 % (4,1 %)	6,5 %	8,6 %
	ZP-p	2,8 % (2,7 %)	2,8 %	6,5 %
Diskursive Aktivierung	DA-a	57,0 % (13 %)	33,4 %	53,6 %
	DA-p_g	33,0 % (12 %)	19,2 %	58,6 %
	DA-p_s	16,8 % (7 %)	14,1 %	40,1 %
Diskursive Partizipation	DP-a	4,6 % (3,8 %)	1,3 %	6,0 %
	DP-p	3,9 % (3,2 %)	3,5 %	10,0 %
Lexikalische Aktivierung	LA-a	10,7 % (9 %)	4,0 %	13,6 %
	LA-i	42,4 % (13 %)	27,5 %	78,5 %
Lexikalische Partizipation	LP-a	0,9 % (1 %)	0,7 %	2,2 %

Aufgabenanforderungen engagieren, deuten die Abweichungen in den anderen drei Qualitätsmerkmalen der konzeptuellen Aktivierung auf eine unterschiedliche Umsetzung durch Impulse und Praktiken hin. Die Abweichungen bezüglich der verschiedenen Operationalisierungen motivieren bereits an dieser Stelle die statistische Untersuchung der Zusammenhänge zwischen verschiedenen Operationalisierungen (Abschnitt 7.2.3). Auch in der *konzeptuellen Partizipation* ergeben sich Unterschiede zwischen Gruppe M und Gruppe U, mit einer qualitativ höheren Partizipation in Gruppe U.

In den *diskursiven* und *lexikalischen Qualitätsdimensionen* zeigen sich ähnliche Ergebnisse: In Gruppe U wird eine mittlere bis hohe Interaktionsqualität umgesetzt, in Gruppe M eine geringe bis mittlere Interaktionsqualität.

Die bestehenden Unterschiede in der umgesetzten Interaktionsqualität sollen im Folgenden an je einer exemplarischen Sequenz aus beiden Gruppen veranschaulicht werden. In beiden Sequenzen wird die gleiche Aufgabe thematisiert: die Speicherkiste zur Sicherung des Wissens zum Vergröbern und Verfeinern für das mathematische Verfahren des Kürzens und Erweiterns von Brüchen. Dadurch, dass die Aufgabe und Darstellung identisch ist, können Unterschiede in der Umsetzung der Interaktion und ihrer Qualität besonders eindrücklich identifiziert werden.

Einblicke in die Interaktionsqualität in Gruppe M
In Gruppe M lernen Cemil, Lisa, Lorik und Meral gemeinsam mit der Förderlehrerin Frau Petri. Die Jugendlichen besuchen die siebte Klasse einer Gesamtschule in Nordrhein-Westfalen. Die exemplarische Sequenz ist entnommen aus der zweiten Fördersitzung, thematisiert wird die Aufgabe Speicherkiste zur Sicherung der zuvor erarbeiteten und systematisierten Vorstellung zum Vergröbern und Verfeinern (EF2-M-SpeicherkisteC). Die Interaktion im gezeigten Transkript dauert insgesamt circa eine Minute und 30 Sekunden und verschriftlicht die gesamte effektive Lernzeit für die Sicherung in Aufgabenteil Speicherkiste c). Die gesamte Speicherkiste mit Aufgabenteil a) und b) wird in sechs Minuten bearbeitet. Die Sequenz beginnt nachdem Frau Petri und die Lernenden gleichwertige Anteile richtig in der graphischen Darstellung an der Streifentafel korrekt eingezeichnet haben.

Die Interaktion der Gruppe M zeichnet sich durch eine geringe bis durchschnittliche Qualität der *Aktivierung* und *Partizipation* aus (Tabelle 7.2). Die exemplarischen Sequenz ermöglicht Einblicke in die Interaktion mit geringer bis durchschnittlicher Interaktionsqualität. Die Sequenz steht exemplarisch für andere Sequenzen derselben und weiterer Gruppen, die eine geringe bis mittlere Interaktionsqualität umsetzen.

Insgesamt erzielt Gruppe M eine mittlere *kommunikative Aktivierung* (32,3 % für *KA*) und eine mittlere *kommunikative Partizipation* (8,3 % für *KP*). Dies zeigt sich auch in der ausgewählten Sequenz: Frau Petri eröffnet mit ihren Fragen mehrfach den Raum für Beiträge der Schülerinnen und Schüler (u. a. Turn 73, 76, 78). Die relative Länge der Redezeit (mit unterschiedlicher Reichhaltigkeit der Aufgaben, Impulse und Praktiken, *KA*) ist jedoch durchschnittlich, da die einzelnen Beiträge gemessen an der effektiven Lernzeit eher kurz sind. Lediglich die Beiträge von Lisa (Turn 80) und Cemil (Turn 84) dauern etwas länger. Dass die Lernendenbeiträge eher relativ kurz sind, zeigt sich immer wieder auch in anderen Sequenzen dieser Gruppe.

Transkript EF2-M-SpeicherkisteC

b) Gröber und feiner einteilen

Markiere den genauso großen Anteil wie $\frac{6}{8}$ im 4er- und im 16er- Streifen,

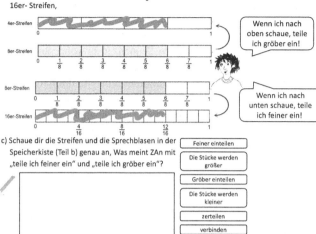

c) Schaue dir die Streifen und die Sprechblasen in der Speicherkiste (Teil b) genau an, Was meint ZAn mit „teile ich feiner ein" und „teile ich gröber ein"?

Feiner einteilen

Die Stücke werden größer

Gröber einteilen

Die Stücke werden kleiner

zerteilen

verbinden

zusammenfassen

Personen: Förderlehrerin Frau Petri, Cemil, Lisa, Lorik, Meral

73	Frau Petri	[*Verteilt Arbeitsblatt mit Aufgabenteil C*] Aber das machen wir nur mündlich, okay, Speicherkiste 2 Teil C schau dir die Streifen und die Sprechblasen in der Speicherkiste Teil B genau an, was meint Can mit teile ich feiner ein und teile ich gröber cin?
74	Cemil	Fein ist halt, klein und gröber ist groß
75	Lorik	Klein *[1 Wort unverständlich]*
76	Frau Petri	*[An Cemil]* Wie meinst du das genau?
77	Cemil	Wie gerade
78	Frau Petri	Kann man das noch anders beschreiben?
79	Cemil	Jaaaaa, schwer *[grinst]*
80	Lisa	*[Meldet sich]* .. Aber ich weiß wie das richtig ist, weil hier steht ja *[deutet auf 6/8 und 3/4 im Bruchstreifen]* der Anteil, also 6/8 und bei den anderen steht das halt nicht d-, das wurde dann anderen, ähm .. Brüchen eingeteilt also 3/4
81	Frau Petri	Mhm, also ich kann die Anteile unterschiedlich ausdrücken, ne?
82	Lisa	Ja
83	Frau Petri	Das auf jeden Fall und was ist nochmal das mit dem feiner und dem gröber?
84	Cemil	Ja, zum Beispiel das ihr hier, ähm, der halt größer ist *[deutet auf ein Stück im Viererstreifen]* und dass der feiner, das zwei noch darein passen
85	Frau Petri	Ah okay! Also aus dem einen Teil werden dann zwei, wenn ich das feiner einteile und andersherum, wenn ich aus zwei Teilen ein Stück mache?
86	Lisa	Gröber
87	Frau Petri	Dann wird's, teile ich's gröber ein, genau

Die *konzeptuelle Aktivierung* in Gruppe M wird je nach Operationalisierung (*ZA-a, ZA-i, ZA-p$_g$, ZA-p$_s$*) im Vergleich zu den Mittelwerten aller Kleingruppen unterschiedlich zwischen gering und mittel eingeschätzt. Aus den deskriptiven Werten (Tabelle 7.2) wird deutlich, dass die relative Bearbeitungszeit konzeptueller Aufgabenanforderungen *(ZA-a)* insgesamt mittel bis hoch ist. Dies bedeutet, dass Frau Petri die Lernenden auch in anderen Sequenzen in konzeptuelle Aufgabenanforderungen – wie in der gezeigten Sequenz – häufiger und länger einbindet als in weniger reichhaltige Aufgabenanforderungen. In der dargestellten Sequenz ist die relative Bearbeitungszeit konzeptueller Impulsanforderungen *(ZA-i)* hoch, da Gruppe M in der gesamten Sequenz die ursprünglichen konzeptuelle Impulsanforderung (Turn 73) behandelt. Der Wert 21,4 % für *ZA-i* deutet jedoch darauf hin, dass die Jugendlichen in anderen Sequenzen mit weniger reichhaltigen Impulsen beschäftigt sind. Dies wird beispielsweise in der Sequenz unmittelbar vor der gezeigten Sequenz deutlich, in der das Nennen der eingezeichneten Anteile im Mittelpunkt steht. In dieser und auch anderen Sequenzen zeigt sich zudem, dass die relative Zeit der Bearbeitung dieser konzeptuellen Impulse im Vergleich zu anderen Kleingruppen gering ist, zum Beispiel, weil eine eher oberflächliche Thematisierung des Inhalts umgesetzt wird: Die gezeigte Sequenz mit der Dauer von 1 Minute und 30 Sekunden stellt die gesamte Bearbeitungszeit zu Aufgabenteil c der Speicherkiste dar.

Wird die *konzeptuelle Aktivierung* praktikenbasiert gemessen (*ZA-p$_g$, ZA-p$_s$*), zeigen sich Abweichungen in der durchschnittlich erreichten Interaktionsqualität unter Berücksichtigung der relativen Länge der Redezeiten in konzeptuellen Praktiken (niedriger bis mittlerer Wert für *ZA-p$_g$*) im Vergleich zur ausschließlichen Berücksichtigung der relativen Länge der Lernenden-Redezeiten (durchschnittlicher Wert für *ZA-p$_s$*). In der Sequenz lassen sich mehrere Versuche von Frau Petri erkennen, eine Steuerung in Richtung des Erklärens von Bedeutung für das Vergröbern und Verfeinern vorzunehmen (z. B. Turn 73, 76), die jedoch von den Lernenden nicht immer in konzeptuellen Praktiken umgesetzt werden (z. B. Lisa, Turn 80). Im Vergleich zu anderen Förderlehrkräften, die die konzeptuellen Praktiken stärker selbst umsetzen, wie beispielsweise Herr Erde (Abschnitt 8.3), lässt sich die Moderation von Frau Petri in der obigen Sequenz und in anderen Sequenzen der Gruppe durch den Versuch charakterisieren, die Jugendlichen in die konzeptuellen Praktiken einzubinden, anstatt diese selbst zu übernehmen. Dies erklärt den niedrigen Wert für *ZA-p$_g$*, während *ZA-p$_s$* durchschnittlich ist. Abweichungen in der Bewertung der Interaktionsqualität in den verschiedenen Operationalisierungen zeigen sich auch bei der *konzeptuellen Partizipation* (6,5 % für *ZP-a*, 2,8 % für *ZP-p*). Eine Erklärung bietet zum Beispiel die Partizipation von Lisa: In der Sequenz beteiligt sie sich mit verbalen Beiträgen an der konzeptuellen Aufgabenanforderung (*ZP-a*), es gelingt ihr in dieser Sequenz jedoch nicht, verbale Beiträge in konzeptuellen Praktiken einzubringen (*ZP-p*).

Die *diskursive Aktivierung* und *diskursive Partizipation* ist gering im Vergleich zu allen Gruppenmittelwerten, wenn sie aufgabenbasiert bewertet wird. In der exemplarischen Sequenz ist die Qualität der *diskursiven Aktivierung* und Partizipation allerdings hoch, da die Kleingruppe in die Bearbeitung diskursiver Aufgabenanforderungen *(DA-a)* eingebunden ist, beziehungsweise die Lernenden individuelle Redezeit in diskursiven Aufgabenanforderungen *(DP-a)* haben. Für Gruppe M deutet der erzielte Wert (33,4 % für *DA-a*) darauf hin, dass die relative Bearbeitungszeit diskursiver Aufgabenanforderungen in anderen Sequenzen weniger vorkommt, also, dass Frau Petri mit ihrer Kleingruppe auch Zeit auf die Bearbeitung nicht-diskursiver Aufgabenanforderungen verwendet. Der im Durchschnitt niedrige Wert lässt sich in der exemplarischen Sequenz auch auf die kurze Bearbeitungsdauer für die diskursiven Teilaufgaben zurückführen, hier beträgt diese 1 Minute und 30 Sekunden (vgl. 4 Minuten in Transkript GF4-U-SpeicherkisteC). Für die Bewertung der Qualität der *diskursiven Aktivierung* und die *diskursiven Partizipation* in den praktikenbasierten Qualitätsmerkmalen muss die Sequenz zerteilt werden. Im ersten Abschnitt (Turn 73 bis 82) steuert Frau Petri mehrmals in Richtung der Umsetzung einer relative Länge der Redezeit in reichhaltigen Diskurspraktiken mit Lehrkraft *(DA-p_g)* beziehungsweise der Lernenden *(DA-p_s)*, indem sie eine Erklärung zum feiner und gröber Einteilen einfordert. In dieser Sequenz gelingt es Lernenden wie Lisa (Turn 80) oder Cemil (u. a. Turn 77) allerdings nicht, eine Erklärung des Verfeinerns und Vergröberns in reichhaltigen Diskurspraktiken umzusetzen. Sie nutzen stattdessen Beschreibungen der eingezeichneten Anteile oder kurzen Aussagen zur Erklärung beziehungsweise verweisen auf etwas, was zuvor in der Interaktion thematisiert wurde. Dies zeigt sich systematisch über alle in der Studie betrachteten Sequenzen immer wieder, auch in anderen Kleingruppen. Im zweiten der Teil der Sequenz (Turn 83 bis 87) scheint es den Lernenden, unter Moderation von Frau Petri, besser zu gelingen, mit reichhaltigen Diskurspraktiken verbal teilzunehmen. So erklärt Cemil in Turn 84 das Vergröbern und Verfeinern, also die Veränderung der Stückanzahl und Stückgröße, kurz an der graphischen Darstellung. An den deskriptiven Werten (Tabelle 7.2) wird deutlich, dass die relative Länge der Lernenden-Redezeit in reichhaltigen Diskurspraktiken *(DA-p_s)*, wie im zweiten Teil der Sequenz gezeigt, insgesamt durchschnittlich ist. Auch, wenn die Umsetzung reichhaltiger Diskurspraktiken, im zweiten Teil der Sequenz gelingt, ist die relative Dauer mit den fünf Turns eher kurz. Dies könnte einerseits auf die insgesamt geringe relative Zeit für reichhaltige Diskurspraktiken zurückgeführt werden, aber auch darauf, dass Lernende wie Lisa und Cemil auch in anderen Sequenzen Schwierigkeiten mit der Umsetzung reichhaltiger Diskurspraktiken zeigen.

Da in der Sequenz keine lexikalischen Aufgabenanforderungen bearbeitet werden, ist eine Charakterisierung der Qualität der *lexikalischen Aktivierung* und der *lexikalischen Partizipation* in den aufgabenbasierten Operationalisierungen (*LA-a, LP-a*) nicht möglich. Die Moderation von Frau Petri zeichnet sich in dieser konzeptuell und diskursiven Aufgabenanforderung durch eine geringe lexikalische Aktivierung aus, wenn sie mit *LA-i* erfasst wird. Die Impulse von Frau Petri steuern in die Richtung der gemeinsamen Bedeutungserklärung zur Vergröberung und Verfeinerung für das Kürzen und Erweitern, zum Beispiel in Turn 83. Dies wird von Cemil an der graphischen Darstellung kurz erklärt (Turn 84). Aufgrund der relativ kurzen Aushandlung anteilig an der effektiven Lernzeit ist die relative Bearbeitungszeit lexikalischer Impulsanforderungen (*LA-i*) in dieser und anderen Sequenzen jedoch gering. Durch die Sequenz wird darüber hinaus deutlich, dass Wortschatzförderung (*LA-i*) nicht auf Aufgaben mit Anforderungen zur Wortschatzförderung (*LA-a*) begrenzt ist.

Einblicke in die Interaktionsqualität in Gruppe U
In der zweiten hier zu zeigenden Gruppe U sind Förderlehrerin Frau Nell und die Schülerinnen und Schüler Inci, Maajid, Theodor und Yasser anwesend. Zum Zeitpunkt der Erhebung besuchten die Lernenden die sechste Klasse eines Gymnasiums in Nordrhein-Westfalen. Die Sequenz ist entnommen aus der zweiten Fördersitzung. Zugrunde liegt die Aufgabe Speicherkiste zur Sicherung. Vor der gezeigten Sequenz (Transkript GF4-U-SpeicherkisteC) hat die Kleingruppe bereits die Erarbeitung und Systematisierung zum Erweitern und Kürzen von Brüchen mit der zugehörigen Grundvorstellung Verfeinern und Vergröbern thematisiert. Die exemplarische Sequenz beginnt, nachdem die Kleingruppe zuvor die Bedeutung des Kürzens und Erweiterns als Verfeinern und Vergröbern an der graphischen Darstellung gemeinsam besprochen hat, also bereits 10 Minuten vergangen sind. Die Sequenz dauert circa 4 Minuten.

Die gezeigte, exemplarische Sequenz der Gruppe U aus der Sicherungsphase lässt sich durch eine hohe *Aktivierung* und eine hohe *Partizipation* durch die Lernenden charakterisieren.

Es liegt eine hohe *kommunikative Aktivierung* (*KA*) vor, welches sich in der Sequenz durch die vielen längeren von den Lernenden eingebrachten Beiträgen spiegelt (bspw. Turn 76, 78). Auch die *kommunikative Partizipation* (*KP*) ist hoch, da Theodor (u. a. Turn 79), Yasser (u. a. Turn 77) und Maajid (u. a. Turn 87) in dieser Sequenz und anderen Sequenzen der Gruppe U mit einer hohen relativen Länge verschiedene reichhaltige, individuelle Äußerungen einbringen.

Transkript GF4-U-SpeicherkisteC

b) Gröber und feiner einteilen

Markiere den genauso großen Anteil wie $\frac{6}{8}$ im 4er- und im 16er- Streifen,

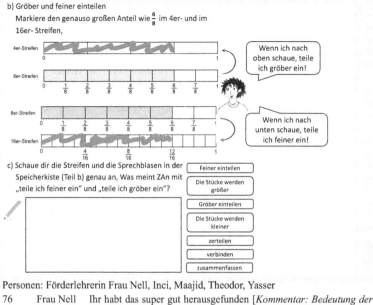

c) Schaue dir die Streifen und die Sprechblasen in der Speicherkiste (Teil b) genau an, Was meint ZAn mit „teile ich feiner ein" und „teile ich gröber ein"?

Feiner einteilen

Die Stücke werden größer

Gröber einteilen

Die Stücke werden kleiner

zerteilen

verbinden

zusammenfassen

Personen: Förderlehrerin Frau Nell, Inci, Maajid, Theodor, Yasser

76	Frau Nell	Ihr habt das super gut herausgefunden [*Kommentar: Bedeutung der sich verändernden Stückanzahl und Größe beim Vergröbern und Verfeinern*] Wie hängt das mit Zähler und Nenner zusammen? Verfeinern und vergröbern Was, wenn ich jetzt beim Vergröbern .. Was passiert mit dem Bruch? ... Yasser
77	Yasser	Der verändert sich Also beim Verfeinern wenn man den verfeinert dann wir der Bruch halt, dann werden die Zahlen höher also da muss da muss halt eben der der Zähl der ja der Nenner, es müssen mehr müssen mehr, muss höher sein und der Nenner äh der Zähler wird auch höher weil, weil die werden ja geteilt die Stücke die markiert sind# Und die auch nicht markierten Stücke# Dann# wird das automatisch größer
78	Frau Nell	#Ja ja ja Super Theodor
79	Theodor	Ähm . hmm also beim Verfeinern Hier im halt äh von . von . von dem Anteil . der hmm markierte Teil der wird beim Vergröbern halbiert und beim Verfeinern verdoppelt
80	Frau Nell	Mhm Was passiert dann mit dem Bruch? Mit Zähler und Nenner?
81	Theodor	Ähm . der . der . Zähler .. äh
82	Frau Nell	Wer hilft nochmal? Inci
83	Theodor	Ich glaube Ich glaube äh der Zähler verdoppelt sich danach
84	Frau Nell	Mhm Ja der Zähler ist, am Nenner können wir aber was sehen beim Verfeinern und Vergröbern .. Maajid
85	Maajid	Also ähm . der Zähler ähm ver, also beim Vergröbern dann wird der immer kleiner der Zähler# Und äh
86	Frau Nell	#Mhm Warum wird der kleiner?

87	Maajid	Weil ähm 2 äh zwei ähm verbinden sich dann und dann sind 2 also nicht 2 einzelnen sondern 2 in einem Und der Nenner ähm ver . ähm verkleinert sich# Weil es ähm weniger Stücke gibt wenn sich# Ähm immer 2 verbinden
88	Frau Nell	#Mhm mhm mhm *[zu Theodor]* mhm
89	Theodor	Und beim Verfeinern verdoppeln sich dann Zähler und Nenner
90	Frau Nell	Genau beim Vergröbern wird der Nenner kleiner wird von acht, von 1/8 zu im Viererstreifen zum Viertel und beim Verfeinern wird der Nenner zum Beispiel von 8 zu 16 größer der Nenner ne? *[zu Maajid]* So rum meintest du das auch# oder?
91	Maajid	Mhm
92	Frau Nell	Super Perfekt

Die Interaktion kann ebenfalls durch eine hohe *konzeptuelle Aktivierung* und eine hohe *konzeptuelle Partizipation* charakterisiert werden. Die Kleingruppe bearbeitet durchweg den letzten Aufgabenteil der Sicherung in der Speicherkiste, der eine konzeptuelle Aufgabenanforderung innehat. Daher ist die relative Bearbeitungszeit konzeptueller Aufgabenanforderungen ($ZA\text{-}a$) in der gezeigten Sequenz hoch. In anderen Sequenzen zeigt sich dies ähnlich, da Frau Nell 82 % der effektiven Lernzeit mit ihrer Kleingruppe in reichhaltigen, konzeptuellen Aufgabenanforderungen, statt zum Beispiel in weniger anspruchsvollen prozeduralen Aufgabenanforderungen, verbringt. Die relative Bearbeitungszeit *konzeptueller Impulsanforderungen (ZA-i)* ist in der Sequenz hoch, da die Kleingruppe während der gesamten Sequenz in der ursprünglich initiierten konzeptuellen Impulsanforderung verbleibt. Die Lernenden Maajid, Theodor und Yasser beteiligen sich in der gesamten Sequenz im Wesentlichen mit Erklärungen zur Bedeutung des Vergröberns und Verfeinerns für das Erweitern und Kürzen. Frau Nell hält die konzeptuelle Aktivierung während der gesamten Sequenz aufrecht, indem sie beispielsweise expliziert, dass es ihr darum geht, die Vergröberung und Verfeinerung des Anteils an der graphischen verknüpft mit symbolischer Darstellung zu erklären (Turn 80, ähnlich in Turn 84). Die relative Länge der Redezeit in konzeptuellen Praktiken, mit Lehrkraft $(ZA\text{-}p_g)$ und die relative Länge der Lernenden-Redezeit in konzeptuellen Praktiken ($ZA\text{-}p_s$) sind ebenfalls hoch, da die Kleingruppe gemeinsam die Bedeutung des Vergröbern und Verfeinerns mit einer Erklärung aushandelt.

Die individuelle *konzeptuelle Partizipation* in der Sequenz ist ebenfalls hoch *(ZP-a, ZP-p)*. Yasser, Maajid und Theodor partizipieren jeweils mit individuellen Äußerungen in konzeptuellen Praktiken. Lediglich Incis Äußerungen sind bezüglich konzeptueller Partizipation als gering einzuschätzen, da sie nicht verbal an der Interaktion teilnimmt. In anderen Sequenzen dagegen partizipiert auch Inci mit längeren Beiträgen.

Die *diskursive Aktivierung* und die *diskursive Partizipation* in der Sequenz sind hoch. Die Kleingruppe arbeitet in einer diskursiven Aufgabenanforderung, das heißt, die relative Bearbeitungszeit diskursiver Aufgabenanforderungen (*DA-a*) hoch. Auch in anderen Sequenzen gelingt es Frau Nell, ihre Gruppe U relativ lange in diskursive Aufgabenanforderungen einzubinden. Auch werden *reichhaltige Diskurspraktiken* umgesetzt (*DA-p_s, DA-p_g*) in der Sequenz umgesetzt, denn Frau Nell engagiert die Lernenden wiederholt erfolgreich in reichhaltigen Diskurspraktiken wie dem Erklären von Bedeutung (z. B. Yasser in Turn 77). Da mehrere Lernende auch individuell an den *reichhaltigen Diskurspraktiken (DP-p)* beziehungsweise in der *diskursiven Aufgabenanforderung (DP-a)* verbal beteiligt sind, ist auch die diskursive Partizipation hoch. In anderen Sequenzen der Gruppe U zeigt sich das ähnlich.

Da in der gezeigten Sequenz keine lexikalischen Aufgabenanforderungen bearbeitet werden, kann keine Charakterisierung der *lexikalischen Aktivierung* und der *lexikalischen Partizipation* in den aufgabenbasierten Operationalisierungen (*LA-a, LP-a*) innerhalb der Sequenz vorgenommen werden. Die Moderation von Frau Nell zeichnet sich jedoch auch in dieser konzeptuellen und diskursiven Aufgabenanforderung durch eine hohe Qualität der lexikalischen aus, da sie wiederholt auf Bedeutungserklärungen zu den Vokabeln Vergröberung und Verfeinerung (Vorstellung für das Kürzen und Erweitern) insistiert, durch eine Vernetzung der symbolischen und graphischen Darstellung. Dementsprechend hoch ist in der dargestellten Sequenz auch die relative Bearbeitungszeit lexikalischer Impulsanforderungen (*LA-i*).

Zusammenfassung der vergleichenden qualitativen Einblicke in zwei Gruppen
Während in Gruppe U eine hohe Interaktionsqualität im Vergleich zum Durchschnitt aller Kleingruppen umgesetzt wird, ist diese in Gruppe M gering bis durchschnittlich (Tabelle 7.2). Die aufgeführten, exemplarischen Sequenzen illustrieren, wie unterschiedlich die Umsetzung der Interaktionsqualität sich in beiden Gruppen gestalten kann. Wesentlich abweichend ist die relative Länge, in welche die beiden Förderlehrerinnen ihre Kleingruppen in reichhaltige Interaktionen engagieren: Während Gruppe U ausführlich die Bedeutung zum Vergröbern und Verfeinern in reichhaltigen Impulsen und Praktiken aushandelt, also relativ lange hohe Interaktionsqualität umgesetzt wird, scheint sich dies in Gruppe M schwieriger zu gestalten.

In den qualitativen Einblicken wird deutlich, dass die Lernenden in Gruppe U eine größere relative Länge der Redezeit (mit unterschiedlicher Reichhaltigkeit der Aufgaben, Impulse und Praktiken, *KA*) und Partizipation (*KP*) umsetzen als die Lernenden in Gruppe M, da in Gruppe U mehrere Lernende längere Beiträge über mehrere Zeilen im Transkript einbringen, während in Gruppe M die Beiträge oft aus wenigen Wörtern bestehen. Insbesondere zeigt sich eine unterschiedlich Interaktionsqualität in den konzeptuellen und lexikalischen Impulsen (*ZA-i, LA-i*) und konzeptuellen Praktiken (*ZA-p_g, ZA-p_s*) sowie Diskurspraktiken (*DA-p_g, DA-p_s*): Frau Nell bindet ihre Gruppe U relativ lange in die Bearbeitung dieser Impulse und Praktiken ein, in Gruppe M ist diese relative Länge kürzer. Dies kann in möglicherweise darauf zurückzuführen sein, dass es einigen Lernenden in einigen Sequenzen nicht zu gelingen scheint, den Anforderungen der reichhaltigen konzeptuellen Praktiken sowie reichhaltigen Diskurspraktiken gerecht zu werden. Für die individuelle Partizipation zeigen sich ähnliche Ergebnisse wie für die Aktivierung.

　　Zudem wird anhand der Mittelwerte der beiden Kleingruppen für die Interaktionsqualität (Tabelle 7.2) und den qualitativen Einblicken deutlich, dass unterschiedliche Konzeptualisierungen und Operationalisierungen zu einer unterschiedlichen Bewertung der Interaktionsqualität führen:

- *Abweichende Bewertung der Interaktionsqualität durch verschiedene Konzeptualisierungen.* Während z. B. bei Gruppe M die kommunikative Aktivierung und Partizipation durchschnittlich ist, ist die diskursive Aktivierung und Partizipation gering (Tabelle 7.2). Die Interaktion in der exemplarischen Sequenz verdeutlicht, dass Schwierigkeiten bei der Umsetzung der reichhaltigen Diskurspraktiken auftreten können, was mit einer geringeren Bewertung der diskursiven Aktivierung einhergehen kann. Wenn also die Äußerungen hinsichtlich diskursiver Reichhaltigkeit bewertet und nicht lediglich die Äußerungen quantifiziert werden, kann dies bei manchen Gruppen (wie bei Gruppe M) zur Bewertung einer geringen Interaktionsqualität führen. In Gruppe M macht also die Bewertung der kommunikativen Aktivierung und Partizipation im Vergleich zur Bewertung der Qualität der diskursiven Aktivierung und Partizipation einen Unterschied.
- *Abweichende Bewertung der Interaktionsqualität durch unterschiedliche Operationalisierungen:* Während beispielsweise die aufgabenbasierte konzeptuelle Aktivierung (*ZA-a*) in beiden Kleingruppen zu einer ähnlichen Bewertung der Interaktionsqualität führt, weichen die impuls- und praktikenbasierten Bewertungen voneinander ab. So ist unter anderem die relative Länge der Lernenden-Redezeit in konzeptuellen Praktiken (*ZA-p_s*) in Gruppe U höher als in Gruppe M, was in der gezeigten Sequenz auf die von Lernenden ausgeführte, ausführliche Behandlung der Erklärung von Bedeutung zum Vergröbern

und Verfeinern zurückzuführen ist. Dieser Unterschied tritt bei der aufgaben-basierten Bewertung der konzeptuellen Aktivierung (*ZA-a*) in Gruppe M und Gruppe U nicht auf.

Zusammengefasst zeigen die deskriptiven Werte (Tabelle 7.1, Tabelle 7.2) sowie die qualitativen Einblicke neben einer großen Heterogenität in der umgesetzten Interaktionsqualität auch die Diskrepanz in der Bewertung mit unterschiedlichen Konzeptualisierungen und Operationalisierungen. Dies motiviert die Untersuchung der Zusammenhänge im Rahmen der Forschungsfrage 1 mit Korrelations- und Regressionsmodellen.

Am Ende dieses Abschnitts sei noch einmal hervorgehoben, dass die Gruppe M aus dem Risiko-Kontext und Gruppe U aus dem Schulerfolgs-Kontext stammt. Dies wirft die Frage auf, inwiefern die Schwierigkeiten der Gruppe M, eine hohe Interaktionsqualität zu erreichen, auch mit den Lernvoraussetzungen und dem Lernmilieu zusammenhängen, wie frühere Studien zu Lernmilieus und Lern-voraussetzungen angedeutet haben (Abschnitt 2.3). Dies wird in Kapitel 8 mit Forschungsfrage 2 und 3 genauer untersucht.

7.2 Statistische Untersuchung der Zusammenhänge mit Korrelations- und Regressionsmodellen

Die festgestellten Unterschiede in der Bewertung der Interaktionsqualität kön-nen in den deskriptiven Ergebnissen und qualitativen Einblicken unter anderem auf die Verwendung unterschiedlicher Konzeptualisierungen und Operationalisie-rungen von Interaktionsqualität zurückgeführt werden (Abschnitt 7.1). Ähnliche Unterschiede wurden bereits in anderen Studien auf die Verwendung unter-schiedlicher Konzeptualisierungen (Brunner, 2018; Schlesinger et al., 2018) und Operationalisierungen (Ing & Webb, 2012) zurückgeführt. Es werden jedoch mehr quantitative Studien zu den Auswirkungen methodologischer Entscheidun-gen zur Konzeptualisierung und Operationalisierung von Konstrukten auf die gemessenen Ergebnisse gefordert (u. a. Cai et al., 2020; Ing & Webb, 2012). Im Rahmen der Forschungsfrage 1 werden daher im Folgenden die Zusammenhänge zwischen verschiedenen Qualitätsmerkmalen unterschiedlicher Konzeptualisie-rung und Operationalisierung mittels Korrelations- und Regressionsmodellen statistisch untersucht. Ziel ist die Quantifizierung, wie eng die Qualitätsmerkmale miteinander in Beziehung stehen, um Rückschlüsse ziehen zu können, inwiefern die vorliegende Heterogenität in der Konzeptualisierung und Operationalisierung die Erfassung von Interaktionsqualität beeinflusst.

Die Modelle wurden mit R Studio berechnet (Abschnitt 6.3.3). Es wurden bivariate Korrelationen (Pearson Korrelationskoeffizienten r) und eine lineare Regression ermittelt. Signifikante Modelle ($p \leq 0,05$) werden durch Fettschrift gekennzeichnet. Ein schwacher Zusammenhang liegt bei $0,1 < |r| < 0,3$ vor, ein mittlerer Zusammenhang bei $0,3 < |r| < 0,5$ und ein starker Zusammenhang bei $|r| > 0,5$ (Döring & Bortz, 2016).

Da alle Qualitätsmerkmale alternative Konzeptualisierungen und Operationalisierungen von Interaktionsqualität darstellen, sind fast überall positive Korrelationen zu erwarten. Eine Ausnahme sind die Zusammenhänge der aufgabenbasierten Qualitätsmerkale zur lexikalischen Aktivierung und Partizipation: Da die Aufgaben entweder als prozedural, lexikalisch oder konzeptuell klassifiziert wurden (Abschnitt 6.3.2), ist zu erwarten, dass eine größere relative Länge der Bearbeitung lexikalischer Aufgabenanforderungen negativ mit mehr einer größeren relativen Länge der Bearbeitung konzeptueller Aufgabenanforderungen korreliert.

7.2.1 Übersicht über Korrelationen zwischen allen Qualitätsmerkmalen

Um Transparenz zu schaffen, werden zunächst alle bestehenden Zusammenhänge zwischen den Qualitätsmerkmalen dokumentiert (Tabelle 7.3). Dargestellt werden sowohl Beziehungen zwischen unterschiedlich operationalisierten Qualitätsmerkmalen derselben Qualitätsdimension als auch zwischen Qualitätsmerkmalen unterschiedlicher Qualitätsdimensionen mit gleicher Operationalisierung. Die signifikanten Korrelationen sind fett abgedruckt.

Insgesamt liegen die Korrelationen der Qualitätsmerkmale den kommunikativen, konzeptuellen und diskursiven Qualitätsdimensionen zwischen r = 0,01 und 0,93. Wie erwartet ergaben sich negative Zusammenhänge zwischen den aufgabenbasiert operationalisierten Qualitätsmerkmalen der lexikalischen Qualitätsdimensionen zu anderen Qualitätsdimensionen (z. B. $-0,76$ für *LA-a* und *ZA-a*). Signifikante Korrelationen rangieren zwischen r von 0,14 über mittlere Korrelationen zwischen 0,3 und 0,5 bis hin zu starken Korrelationen über 0,5 (Cohen, 1988).

Niedrige Korrelationen (unter 0,3) und mittlere Korrelationen (zwischen 0,3 und 0,5) müssen als Messung unterschiedlicher Phänomene interpretiert werden, selbst bei Qualitätsmerkmalen, die zuvor als Messgrößen für dieselben Phänomene konzipiert wurden. Zum Beispiel beträgt die Korrelation zwischen einer aufgabenbasierten Operationalisierung der konzeptuellen Aktivierung (*ZA-a*) und

Tabelle 7.3 Korrelationen (Pearsons r) zwischen allen Qualitätsmerkmalen in der Videostichprobe (49 Kleingruppen, 210 Lernende). Signifikante Korrelationen ($p < 0{,}05$) sind in **fett** markiert

	KA	KN	ZA-a	ZA-i	ZA-p_g	ZA-p_s	ZP-a	ZP-p	DA-a	DA-p_g	DA-p_s	DP-a	DP-p	LA-a	LA-i	LP-a
KA	1	**0,57**	**0,21**	**0,19**	**0,14**	**0,46**	**0,52**	**0,27**	0,13	**0,27**	**0,61**	**0,49**	**0,32**	**-0,14**	0	**0,22**
KP		1	0,11	0,07	0,09	**0,29**	**0,93**	**0,67**	0,07	**0,14**	**0,35**	**0,86**	**0,75**	-0,09	-0,02	**0,33**
ZA-a			1	**0,2**	**0,15**	**0,27**	**0,25**	**0,16**	**0,57**	**0,16**	**0,29**	**0,29**	**0,15**	**-0,76**	0,06	**-0,41**
ZA-i				1	**0,45**	**0,43**	0,11	**0,21**	0,03	**0,65**	**0,56**	0,03	**0,26**	-0,08	**0,81**	0,05
ZA-p_g					1	**0,81**	0,13	**0,46**	0,13	**0,67**	**0,47**	0,13	**0,26**	0,06	**0,36**	0,01
ZA-p_s						1	**0,26**	**0,58**	**0,17**	**0,57**	**0,75**	**0,29**	**0,41**	-0,11	**0,38**	0,02
ZP-a							1	**0,67**	0,07	**0,17**	**0,32**	**0,85**	**0,73**	-0,19	-0,02	0,10
ZP-p								1	0,09	**0,32**	**0,43**	**0,64**	**0,89**	-0,08	**0,2**	0,09
DA-a									1	0,01	0,06	**0,43**	0,04	**-0,44**	-0,07	**-0,23**
DA-p_g										1	**0,78**	0,1	**0,4**	-0,05	**0,55**	0,03
DA-p_s											1	**0,32**	**0,53**	-0,19	**0,5**	0,08
DP-a												1	**0,67**	**-0,22**	-0,06	0,07
DP-p													1	-0,11	**0,25**	**0,16**
LA-a														1	1	**0,55**
LA-i															1	0,02
LP-a																1

einer praktikenbasierten Operationalisierung der konzeptuellen Aktivierung (ZA-p_g) lediglich $r = 0{,}15$. Das bedeutet, dass die relative Länge der Bearbeitung konzeptueller Aufgabenanforderungen (ZA-a) nicht notwendigerweise eng mit der relativen Länge der Redezeit in konzeptuellen Praktiken (ZA-p_g) zusammenhängt. Die meisten Qualitätsmerkmale für die Partizipation (KP, ZP-a, ZP-p, DP-a, DP-p) sind enger miteinander verbunden (r zwischen 0,67 und 0,93) als die Qualitätsmerkmale zur Aktivierung (r zwischen 0,01 und 0,81). Ausgenommen sind hier die Zusammenhänge zur lexikalischen Aktivierung und Partizipation, da zum Beispiel in der Partizipation (LP-a) deutlich schwächere Zusammenhänge zu anderen Qualitätsmerkmalen vorliegen als zwischen den anderen fünf Qualitätsmerkmalen.

7.2.2　Korrelationen zwischen unterschiedlich operationalisierten Merkmalen in derselben Qualitätsdimension

Es ist von großer methodologischer Bedeutung und wird daher von Forschenden gefordert, genauer zu untersuchen, wie sich unterschiedlich operationalisierte Qualitätsmerkmale für dieselben Konzeptualisierungen verhalten, also, inwiefern die Qualitätsbewertung übereinstimmt oder sich unterscheidet (Ing & Webb, 2012). Daher werden in Abschnitt 7.2.2 die *Zusammenhänge* zwischen *aufgabenbasierten, impulsbasierten und praktikenbasierten Operationalisierungen* fokussiert. Da die kommunikative Aktivierung und Partizipation sowie die lexikalische Partizipation lediglich mit je einem Qualitätsmerkmal operationalisiert sind, werden KA, KP und LP-a nicht berücksichtigt. Die im Folgenden verfolgte Forschungsfrage lautet:

Forschungsfrage 1.1:　Welche Zusammenhänge zeigen sich zwischen verschiedenen Operationalisierungen von Interaktionsqualität bei gleicher Konzeptualisierung?

Die Zusammenhänge zwischen den Qualitätsmerkmalen, die mit drei verschiedenen Basen operationalisiert wurden, entsprechen einer Betrachtung der horizontalen Zusammenhänge im Analyserahmen (Tabelle 6.2), also beispielsweise zwischen aufgabenbasiert und praktikenbasiert operationalisierter diskursiver Aktivierung (DA-a, DA-p_s).

Da quantitative Vergleiche der verschiedenen Operationalisierungen bisher kaum vorliegen und mögliche Unterschiede kaum berücksichtigt wurden

(Abschnitt 4.2; zur Kritik zum Beispiel Ing & Webb, 2012), kann über die Stärke der Zusammenhänge zwischen den verschiedenen Operationalisierungen nur spekuliert werden. Die implizite Annahme könnte sein, dass die Operationalisierungen alle die gleichen Phänomene innerhalb einer Konzeptualisierung erfassen, sodass hohe Korrelationen zu erwarten wären. Dies gilt insbesondere für die Zusammenhänge zwischen impuls- und praktikenbasierte Operationalisierungen, deren Zusammenspiel in qualitativen Studien bereits häufiger untersucht wurde (z. B. Webb et al., 2008).

In Abbildung 7.1 sind die Korrelationen der konzeptuellen Qualitätsdimensionen dargestellt, für die vier Qualitätsmerkmale der konzeptuellen Aktivierung und zwei Qualitätsmerkmale der konzeptuellen Partizipation. Signifikante Korrelationen sind als durchgezogene Linien dargestellt, nicht signifikante als gestrichelte Linien. Die Dicke der Linien gibt die Enge oder Breite der Zusammenhänge zwischen den Qualitätsmerkmalen an, wobei jedem r-Wert eine Liniendicke zugeordnet ist, die der Enge des Zusammenhangs entspricht.

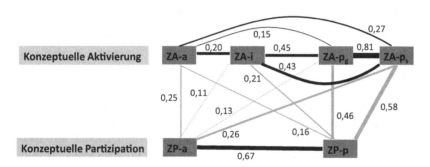

Abb. 7.1 Korrelationen zwischen Qualitätsmerkmalen in aufgaben-, impuls- und praktikenbasierten Operationalisierungen für konzeptuelle Aktivierung und konzeptuelle Partizipation. Nicht-signifikante Korrelationen sind als gestrichelte Linien abgebildet

Für die *konzeptuelle Aktivierung* ist die Korrelation zwischen aufgabenbasiertem Qualitätsmerkmal *ZA-a* und impulsbasierten Qualitätsmerkmal *ZA-i* ($r = 0{,}2$) gering. Auch mit den praktikenbasierten Qualitätsmerkmalen $ZA\text{-}p_s$ und $ZA\text{-}p_g$ steht die relative Länge der Bearbeitung konzeptueller Aufgabenanforderungen (*ZA-a*) in keinem engen Zusammenhang ($r = 0{,}15$; $r = 0{,}27$). Dies bedeutet, dass eine größere relative Länge der Bearbeitung konzeptueller Aufgabenanforderungen nicht im gleichen Maß, sondern in einem geringeren Ausmaß, zur

Steigerung der Eingebundenheit der Kleingruppe in konzeptuelle Impulse und Praktiken geführt hätte.

Das impulsbasierte Qualitätsmerkmal *ZA-i* und die praktikenbasierten Qualitätsmerkmale *ZA-p$_s$* und *ZA-p$_g$* stehen in moderater Verbindung ($r = 0{,}43$ und $r = 0{,}45$). Dies bedeutet, dass die relative Bearbeitungszeit konzeptueller Impulsanforderungen nicht immer auch in den reichhaltigeren, konzeptuellen Praktiken umgesetzt wird. Durch den Einblick in die Interaktion von Gruppe M (Abschnitt 7.1.2) wurde bereits illustriert, dass Schwierigkeiten bei der Umsetzung konzeptueller Praktiken, welche durch konzeptuelle Impulse intendiert wurden, bestehen können. In der Sequenz zeigen sich mehrere Anläufe von Frau Petri, mit konzeptuellen Impulsen in Richtung des Erklärens von Bedeutung für das Vergröbern und Verfeinern zu steuern (Transkript EF2-M-SpeicherkisteC, u. a. Turn 73, 76). Dies wird jedoch von den Lernenden nicht immer in konzeptuellen Praktiken umgesetzt. Quabeck und Erath (2022) zeigen ein hierfür ein weiteres, illustrierendes Beispiel. Die beiden praktikenbasierten Qualitätsmerkmale *ZA-p$_g$* und *ZA-p$_s$* stehen in engem Zusammenhang ($r = 0{,}81$). Inhaltlich interpretiert bedeutet dies, dass eine relative Länge der Redezeit in konzeptuellen Praktiken mit einer höheren relative Länge der Lernenden-Redezeit in konzeptuellen Praktiken einhergeht.

In der *konzeptuellen Partizipation* ist die Beziehung zwischen den aufgaben- und praktikenbasierten Qualitätsmerkmalen enger ($r = 0{,}67$) als zwischen vielen Qualitätsmerkmalen in der kommunikativen Aktivierung, aber dennoch nicht 1. Das bedeutet, dass die Zeit, die einzelne Lernende individuell in konzeptuellen Aufgabenanforderungen reden, nicht unbedingt immer zu konzeptuellen Praktiken beitragen (Transkript EF2-M-SpeicherkisteC, u. a. Lisa in Turn 080). Häufig wird die relative Länge der individuellen Redezeit in konzeptuellen Aufgabenanforderungen jedoch in konzeptuellen Praktiken umgesetzt (Transkript GF4-U-SpeicherkisteC, u. a. Turn 077 von Yasser).

Zwischen der *konzeptuellen Aktivierung* und der *konzeptuellen Partizipation* bestehen hohe Korrelationen zwischen den praktikenbasierten Qualitätsmerkmalen *ZA-p$_s$* und *ZA-p$_g$* zu *ZP-p* ($r = 0{,}58$, $r = 0{,}46$). Für alle Beziehungen zwischen Aktivierung (*ZA-a, ZA-i, ZA-p$_s$, ZA-p$_g$*) und Partizipation (*ZP-a, ZP-p*) sind sie jedoch geringer ($r \leq 0{,}26$).

In Abbildung 7.2 sind die Korrelationen für Qualitätsmerkmale der *diskursiven Aktivierung* und der *diskursiven Partizipation* abgebildet, für die aufgaben- und praktikenbasierten Operationalisierungen.

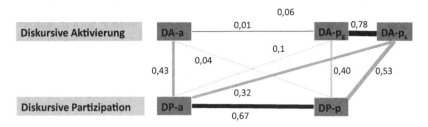

Abb. 7.2 Korrelationen zwischen Qualitätsmerkmalen in aufgaben- und praktikenbasierten Operationalisierungen für diskursive Aktivierung und diskursive Partizipation. Nichtsignifikante Korrelationen sind als gestrichelte Linien abgebildet

Anders als in der konzeptuellen Aktivierung stehen die aufgabenbasiert operationalisierte *diskursive Aktivierung* (*DA-a*) und die praktikenbasiert operationalisierten Qualitätsmerkmale (*DA-p_s*, *DA-p_g*) nicht in Zusammenhang zueinander ($r = 0{,}01$ und $r = 0{,}06$, beide nicht signifikant). In der diskursiven Aktivierung besteht, wie in der konzeptuellen Aktivierung, ebenfalls eine enge Beziehung zwischen den beiden praktikenbasierten Qualitätsmerkmalen *DA-p_s* und *DA-p_g* ($r = 0{,}78$). Qualitative Einblicke in die Videodaten erklären die nicht signifikanten Zusammenhänge: Einige Förderlehrkräfte verbrachten relativ lange der effektiven Lernzeit mit der Bearbeitung diskursiver Aufgabenanforderungen und setzen gleichzeitig kaum Redezeiten in reichhaltige Diskurspraktiken um. Andere Förderlehrkräfte riefen auch in nicht-diskursiven Aufgabenanforderungen reichhaltige Diskurspraktiken hervor. Die Korrelationsmodelle zeigen also, dass die Umsetzung derselben diskursiven Aufgabenanforderungen nicht automatisch mit einer Umsetzung von reichhaltigen Diskurspraktiken einhergeht.

Wie in der konzeptuellen Partizipation zeigen die aufgabenbasierte und die praktikenbasierte Operationalisierung der *diskursiven Partizipation* hohe Korrelationen ($r = 0{,}67$ für *DP-a* und *DP-p*).

Die Beziehung zwischen *diskursiver Aktivierung* und *diskursiver Partizipation* ist, wie in den konzeptuellen Qualitätsdimensionen, zwischen den praktikenbasierten Qualitätsmerkmalen (*DA-p_s* und *DA-p_g* zu *DP-p*) enger als zur aufgabenbasierten Operationalisierung (*DP-a*). Dies bedeutet beispielsweise, dass die relative Bearbeitungszeit diskursiver Aufgabenanforderungen (*DA-a*) nicht notwendigerweise der diskursiven Partizipation einzelner Lernender entspricht, die durch die relative Länge der individuellen Redezeit in reichhaltigen Diskurspraktiken (*DP-p*) oder durch die relative Länge der individuellen Redezeit in diskursiven Aufgabenanforderungen (*DP-a*) gemessen wird. Individuelle Redezeiten, die diskursiver Partizipation entsprechen, finden folglich auch in anderen Aufgabenanforderungen – zum Beispiel konzeptuellen Aufgabenanforderungen – statt.

Abbildung 7.3 zeigt schließlich die Beziehungen zwischen den verschiedenen Operationalisierungen *LA-a* und *LA-a* der *lexikalischen Aktivierung*.

Abb. 7.3 Korrelation zwischen LA-a und LA-i in der lexikalischen Aktivierung. Nichtsignifikante Korrelationen sind als gestrichelte Linien abgebildet

Wie die nicht-signifikante Korrelation $r = 0{,}02$ anzeigt, ist die relative Bearbeitungszeit lexikalischer Aufgabenanforderungen (*LA-a*) nicht verbunden mit der relativen Bearbeitungszeit lexikalischer Impulsanforderungen (*LA-i*). Dass die beiden Qualitätsmerkmale nicht in Beziehung miteinanderstehen wird auch durch die qualitativen Einblicke (Abschnitt 7.1.2) deutlich. In beiden Gruppen M und U steuern Frau Petri und Frau Nell mit ihren Impulsen in Richtung der Erklärung von Bedeutung zum Vergröbern und Verfeinern für das Kürzen und Erweitern. In anderen Sequenzen der gleichen und auch anderer Kleingruppen zeigt sich das immer wieder: Die Kleingruppen sind eingebunden in die Bearbeitung lexikalischer Impulse zum Aushandeln eines gemeinsamen, bedeutungsbezogenen Wortschatz unabhängig von lexikalischen Aufgabenanforderungen.

Zusammenfassend zeigen sich für die Beantwortung von Forschungsfrage 1.1 verschiedene enge beziehungsweise nur lose Zusammenhänge zwischen unterschiedlichen Operationalisierungen von Interaktionsqualität bei gleicher Konzeptualisierung.

Der impliziten Annahme, dass die Operationalisierungen innerhalb einer Konzeptualisierung die gleichen Aspekte der Interaktionsqualität erfassen, muss hier auf Basis der Korrelationsmodelle weitgehend widersprochen werden. Die Korrelationen zwischen aufgabenbasierter und impuls- bzw. praktikenbasierter Operationalisierung sind bei der diskursiven und lexikalischen Aktivierung klein und bei der konzeptuellen Aktivierung klein bis moderat. Das bedeutet, dass eine größere relative Bearbeitungszeit reichhaltiger Aufgabenanforderungen nicht mit der Beschäftigung mit reichhaltigen Impulsen oder Praktiken einhergehen muss. Der in qualitativen Studien (z. B. Webb et al., 2008) untersuchte Zusammenhang zwischen impuls- und praktikenbasierten Operationalisierungen ist in dieser Videostichprobe für die konzeptuelle Aktivierung moderat. Anders als die bisher kaum vorhandene Debatte über die Verwendung verschiedener Operationalisierungen vermuten lässt (Abschnitt 4.2), führt die Bewertung einer Qualitätsdimension mit unterschiedlichen Operationalisierungen zu unterschiedlichen Ergebnissen für die gemessene Interaktionsqualität. Beim Fokus auf die individuelle Partizipation zeigen die Korrelationsmodelle in allen fünf betrachteten Qualitätsdimensionen engere Zusammenhänge als beim Fokus auf die Aktivierung.

Diese empirischen Ergebnisse werden in Abschnitt 9.1 unter Berücksichtigung der Grenzen dieser spezifischen Untersuchung diskutiert und Konsequenzen für die Messung der Interaktionsqualität gezogen.

7.2.3   Korrelationen und Regression zwischen Merkmalen verschiedener Qualitätsdimensionen und gleichen Operationalisierungen

Im folgenden Abschnitt wird der Einfluss verschiedener Konzeptualisierungen auf die Bewertung der Interaktionsqualität untersucht. Dazu erfolgt die genauere Betrachtung, wie kommunikative, konzeptuelle, diskursive und lexikalische Qualitätsdimensionen zusammenhängen. Dies entspricht den vertikalen Beziehungen im Analyserahmen (Tabelle 6.2). Der vorangegangene Abschnitt 7.2.1 hat gezeigt, dass Operationalisierungen eine wesentliche Rolle spielen und dass Aktivierung und Partizipation meist nur schwach bis moderat miteinander zusammenhängen, weshalb der Fokus im Folgenden auf Korrelationen zwischen Qualitätsmerkmalen mit gleicher Operationalisierungsbasis *(-a, -i, -p)* gelegt wird. Verfolgt wird dabei Forschungsfrage 1.2:

Forschungsfrage 1.2:   Welche Zusammenhänge zeigen sich zwischen verschiedenen Konzeptualisierungen von Interaktionsqualität bei gleicher Operationalisierung?

Qualitative Fallstudien wurden dahingehend interpretiert, dass die fehlende Schaffung von Raum für Lernendenäußerungen impliziert, dass ebenfalls keine diskursiv und mathematisch reichhaltigen Gespräche realisiert werden können (Abschnitt 2.4.2). Weiterhin wurde ein enge Beziehung zwischen mathematisch reichhaltigen (hier: konzeptuellen) Gesprächen und diskursiv reichhaltigen Gesprächen (hier: reichhaltige Diskurspraktiken) festgestellt (u. a. Moschkovich, 1999, Abschnitt 2.1.2). Dies legt hohe Korrelationen oder zumindest moderate bis hohe Korrelationen wie bei Prediger und Neugebauer (2021) nahe. Daher wird zwischen den diskursiven und konzeptuellen Qualitätsdimensionen ein engerer Zusammenhang als zu den kommunikativen Qualitätsdimensionen erwartet.

Abbildung 7.4 zeigt auf der linken Seite die Korrelationen zwischen den aufgabenbasierten Qualitätsmerkmalen, in der Mitte die Korrelationen zwischen den impulsbasierten Qualitätsmerkmalen und auf der rechten Seite die Korrelationen zwischen den praktikenbasierten Qualitätsmerkmalen, alle für die umgesetzte Aktivierung. Wiederum sind signifikante Korrelationen als durchgezogene Linien dargestellt, nicht signifikante als gestrichelte Linien. Die Dicke der Linien gibt die Enge oder Breite der Zusammenhänge zwischen den Qualitätsmerkmalen an, wobei jedem r-Wert eine Liniendicke zugeordnet ist, die der Enge des Zusammenhangs entspricht.

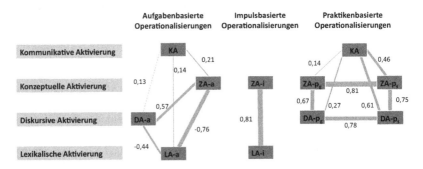

Abb. 7.4 Gleiche Operationalisierungen – andere Konzeptualisierungen: Korrelationen zwischen aufgaben-, impuls- und praktikenbasierten Merkmalen der Aktivierung. Nichtsignifikante Korrelationen sind als gestrichelte Linien abgebildet

Im Vergleich der drei Teil-Abbildungen innerhalb von Abb 7.4 fällt auf, dass die Korrelationen zwischen den Qualitätsdimensionen für die drei verschiedenen Operationalisierungen unterschiedlich sind. Sie sind schwächer bei vielen Zusammenhängen der aufgabenbasierten Operationalisierungen (linke Seite von Abbildung 7.4) als bei impuls- und praktikenbasierten Operationalisierungen. Die Befunde zu unterschiedlichen Korrelationen der Qualitätsmerkmale $-p_g$ und $-p_s$ in der praktikenbasierten Operationalisierung (rechte Seite von Abbildung 7.4) weisen in eine ähnliche Richtung: Beide Male ist die relative Länge der Lernenden-Redezeit (ZA-p_s, DA-p_s) mit der relativen Länge der Redezeit in reichhaltigen Diskurspraktiken mit Lehrkraft (ZA-p_g, DA-p_g) ähnlich stark verknüpft. Wird jedoch die Beziehung zu anderen Qualitätsmerkmalen, zum Beispiel zur kommunikativen Aktivierung (*KA*) betrachtet, so sind die Qualitätsmerkmale, die die relativen Längen der Lernenden-Redezeit (ZA-p_s, DA-p_s) einschließen, enger miteinander verbunden ($r \geq 0{,}46$), als wenn auch die Redezeiten der Förderlehrkräfte einbezogen werden ($r \leq 0{,}27$).

Das Qualitätsmerkmal *KA* weist zu den anderen drei Qualitätsdimensionen jeweils nur schwache Zusammenhänge auf ($r \leq 0{,}21$). Hingegen steht die relative Bearbeitungszeit diskursiver Aufgabenanforderungen (*DA-a*) positiv in enger Beziehung zur relativen Bearbeitungszeit konzeptueller Aufgabenanforderungen (*ZA-a*), wenn auch geringer als $r = 1$. Erwartungsgemäß steht die lexikalische Aktivierung (*LA-a*) in einem starken negativen Zusammenhang der konzeptuellen Aktivierung ($r = -0{,}76$ für *LA-a* und *ZA-a*), aber daneben auch in negativem Zusammenhang mit diskursiver Aktivierung ($r = -0{,}44$ für *LA-a* und *DA-a*). Die Förderlehrkräfte, die mit ihren Kleingruppen einen größeren Anteil der effektiven Lernzeit für Wortschatzförderungsaufgaben aufwenden, nutzten also einen geringeren Anteil der effektiven Lernzeit für konzeptuelle und diskursive Aufgabenanforderungen.

Eine der zwei größten Korrelationen für die umgesetzte Aktivierung ($r = 0{,}81$) besteht zwischen der relativen Bearbeitungszeit konzeptueller Impulsanforderungen (*ZA-i*) und der relativen Bearbeitungszeit lexikalischer Impulsanforderungen (*LA-i*). Dieses Ergebnis ist vor dem Hintergrund der Zielsetzung des Projekts MESUT2 (Abschnitt 6.1.1) erfreulich: Die intendierte Unterstützung durch Impulse zum Wortschatzerwerb (*LA-i*) deckt sich mit der intendierten Unterstützung durch Impulse zum Erwerb konzeptuellen Wissens (*ZA-i*). Die Förderlehrkräfte nutzen also häufig die ihnen zur Verfügung stehende Zeit, um konzeptuelles Wissen und den Erwerb von Wortschatz gleichzeitig zu fördern.

Im Vergleich der Ergebnisse der aufgaben- und praktikenbasierten Operationalisierungen korreliert die kommunikative Aktivierung (*KA*) mit geringen bis moderaten Effektstärken ($r \leq 0{,}27$) mit der relativen Länge der Redezeit in konzeptuellen Praktiken (*ZA-p_g*) beziehungsweise der relativen Länge der Redezeit in reichhaltigen Diskurspraktiken (*DA-p_g*). Alle anderen Zusammenhänge sind enger (r $\geq 0{,}46$). Die Annahme, dass kommunikative Aktivierung weniger eng mit den beiden reichhaltigeren Aktivierungsdimensionen konzeptuelle und diskursive Aktivierung zusammenhängt, kann in den praktikenbasierten Operationalisierungen für die Redezeiten mit Lehrkraft (-p_g) bestätigt werden, nicht jedoch für Lernenden-Redezeiten (-p_s). Die Wahl der Operationalisierung ist an dieser Stelle entscheidend dafür, welche Aussagen getroffen werden können. Darüber hinaus zeigt sich, dass die diskursive und die konzeptuelle Aktivierung, wie bereits vermutet, eng zusammenhängen ($r \geq 0{,}47$).

Zusammenfassend lassen sich keine pauschalen Aussagen über die Zusammenhänge der Qualitätsdimensionen treffen, da diese Aussagen je nach betrachteter Operationalisierung stark voneinander abweichen. Da jedoch die geringsten Korrelationen zur oberflächlichen Konzeptualisierung der kommunikativen Aktivierung bestehen (Ausnahme -p_s), kann zumindest vermutet werden, dass konzeptuelle und diskursive Aktivierung enger zusammenhängen als die kommunikative Aktivierung mit den reichhaltigeren Qualitätsdimensionen konzeptuelle, diskursive und lexikalische Aktivierung.

In Abbildung 7.5 sind die Korrelationen zwischen aufgabenbasierten Merkmalen der Partizipation (linke Seite) und die Korrelationen zwischen den praktikenbasierten Merkmalen der Partizipation (rechte Seite) dokumentiert.

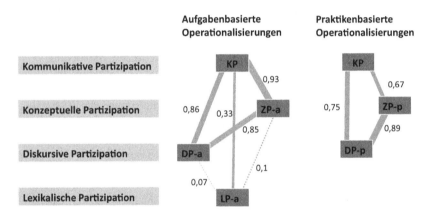

Abb. 7.5 Gleiche Operationalisierungen – andere Konzeptualisierungen: Korrelationen zwischen aufgaben- und praktikenbasierten Merkmalen der Partizipation. Nicht-signifikante Korrelationen sind als gestrichelte Linien abgebildet

Außer bei den gering bis moderaten Zusammenhängen zur lexikalischen Partizipation ($r \leq 0{,}33$) sind die Korrelationen bei der Partizipation der einzelnen Schülerinnen und Schüler hoch ($r \geq 0{,}67$). Enge Zusammenhänge zeigen sich sowohl zwischen kommunikativer und diskursiver (*KP, DP-a* und *KP-DP-p*), kommunikativer und konzeptueller (*KP, ZP-a* und *KP-ZP-p*) sowie konzeptueller und diskursiver Partizipation (*ZP-a, DP-a* und *ZP-p-DP-p*). Dies gilt für die aufgabenbasierten (Abbildung 7.5, linke Seite) und für die praktikenbasierten Operationalisierungen (Abbildung 7.5, rechte Seite). Die Partizipation in der lexikalischen Qualitätsdimension steht hingegen nur in moderatem Zusammenhang zur kommunikativen Partizipation ($r = 0,33$), sodass nicht davon auszugehen ist, dass eine größere relative Länge der individuellen Redezeit (*KP*) mit einer größeren relativen Länge der individuellen Redezeit in lexikalischen Aufgabenanforderungen *(LP-a)* einhergeht.

In der praktikenbasierten Operationalisierung (Abbildung 7.5, rechte Seite) ist die geringste Korrelation $r = 0,67$ zwischen der relativen Länge der individuellen Redezeit (mit unterschiedlicher Reichhaltigkeit der Aufgaben, Impulse und Praktiken, *KP*) und der relativen Länge der individuellen Redezeit in konzeptuellen Praktiken (*ZP-p*). Trotz der hohen Korrelation zeigt dies, dass es einen Unterschied in der Konzeptualisierung der Qualität und Quantität der individuellen Lernendenäußerungen gibt.

Aus diesem engen Zusammenhang ergibt sich die methodologische Fragestellung, inwieweit die diskursive Partizipation der einzelnen Lernenden bereits durch die relative Länge der individuellen Redezeit (mit unterschiedlicher Reichhaltigkeit der Aufgaben, Impulse und Praktiken, *KP*) erfasst wird, ohne dass die einzelnen Lernendenäußerungen mit der Basiscodierung Diskurspraktiken (Abschnitt 6.3.1) zusätzlich codiert werden müssen. Da sich diese Fragestellung gleichzeitig auf drei Qualitätsmerkmale bezieht, wird sie mit Hilfe einer linearen Regression untersucht. Die Fragestellung, inwieweit die kommunikative Partizipation (*KP*) bereits die diskursive Partizipation erklärt, ist methodisch vor allem deshalb relevant, weil die Erfassung aller Einzelbeiträge (*KP*) nicht wie bei den reichhaltigen Diskurspraktiken (*DP-p, ZP-p*) eine umfangreiche, hoch inferente Codierung verlangt.

Die lineare Regression in Tabelle 7.4 zeigt die Beziehung zwischen den Prädiktoren *ZP-p* und *KP* und dem abhängigen Merkmal *DP-p*. Der *b*-Koeffizient gibt jeweils an, wie sich eine Veränderung in einem der unabhängigen Merkmale *ZP-p* und *DP-p* auf das abhängige Merkmal *DP-p* auswirkt. Das Signifikanzniveau wird mit *** für < 0,001, ** für < 0,01 und * für < 0,05 angegeben (Janczyk & Pfister, 2015).

Tabelle 7.4 Prädiktoren für Qualität der diskursiven Partizipation (DP-p): Lineares Regressionsmodell für den Zusammenhang zur kommunikativen (KP) und konzeptuellen Partizipation (ZP-p)

	Koeffizient b	Standardfehler
y-Achsenabschnitt	0,002	0,002
ZP-p: Relative Länge der individuellen Redezeit in konzeptuellen Praktiken	**0,844*****	**0,045**
KP: Relative Länge der individuellen Redezeit, verschieden reichhaltig	**0,169*****	**0,023**

$R^2 = 0{,}84$, korrigiertes $R^2 = 0{,}84$, $F\,(2,\,207) = 549{,}5$, $p < 0{,}001$

Die Modellgüte R^2 zeigt an, dass ein sehr großer Anteil der Varianz in der abhängigen Variablen durch die beiden Prädiktoren *ZP-p* und *KP* erklärt wird. *ZP-p* hat einen *b*-Koeffizienten von 0,844 und ist signifikant ($p < 0{,}001$), was bedeutet, dass die Variable *DP-p* stark und signifikant von der Variable *ZP-p* vorhergesagt wird. *KP* trägt zusätzlich einen signifikanten b-Koeffizienten von 0,169 bei (p < 0,001). Der *b*-Koeffizient für *ZP-p* (0,844) kann dahingehend interpretiert werden, dass eine 1 %ige Zunahme der relativen Länge der individuellen Redezeit in konzeptuellen Praktiken (*ZP-p*) mit einer 0,844 %igen Zunahme der relativen Länge der individuellen Redezeit in reichhaltigen Diskurspraktiken (*DP-p*) einhergeht. Die Vorhersagekraft von *KP* für *DP-p* ist geringer. Insgesamt zeigt die lineare Regression (Tabelle 7.4), dass die kommunikative Partizipation allein die diskursive Partizipation bei weitem nicht so gut vorhersagt wie das kombinierte Modell aus konzeptueller und kommunikativer Partizipation. Um die Qualität der Partizipation zu messen, ist es daher wichtig, alle drei Qualitätsdimensionen zu konzeptualisieren und zu operationalisieren.

Zusammenfassend zeigen sich für die Beantwortung der Forschungsfrage 1.2 unterschiedliche enge beziehungsweise weite Zusammenhänge zwischen den Konzeptualisierungen von Interaktionsqualität, wenn gleiche Operationalisierungen in die Korrelations- und Regressionsmodelle einbezogen werden. Wie vermutet, zeigt sich ein engerer Zusammenhang zwischen diskursiver und mathematischer Reichhaltigkeit als der jeweilige Zusammenhang zur kommunikativen Dimension, jedoch ist letzterer für die individuelle Partizipation hoch (Abbildung 7.4), was vorher nicht erwartet wurde. Allgemein wurden für die individuelle Partizipation der Lernenden engere Zusammenhänge zwischen Qualitätsmerkmalen der kommunikativen, konzeptuellen und diskursiven Partizipation ($r \geq 0{,}67$) identifiziert als für die umgesetzte Aktivierung der gesamten Kleingruppe. Dies gilt allerdings nicht für die lexikalische Partizipation, die mit den anderen drei Qualitätsdimensionen nicht oder nur moderat zusammenhängt (Abbildung 7.5). Während bei der Fokussierung auf die individuelle Partizipation die identifizierten Zusammenhänge in den aufgaben- und praktikenbasierten Operationalisierungen ähnlich sind, ist dies bei der Aktivierung nicht der Fall. Daher lässt sich zusammenfassend festhalten, dass eine Aussage über bestehende Zusammenhänge zwischen den Qualitätsdimensionen nur mit Bezug auf die verwendete Operationalisierung getroffen werden kann.

7.3 Zusammenfassung: Zusammenhänge zwischen Konzeptualisierungen und Operationalisierungen von Interaktionsqualität

In vielen qualitativen Studien konnte bereits gezeigt werden, dass die Interaktionsqualität im Mathematikunterricht ein wichtiger Aspekt bei der Bereitstellung oder Einschränkung von Lerngelegenheiten für Schülerinnen und Schüler ist (M. Lampert & Cobb, 2003; Walshaw & Anthony, 2008, Abschnitt 2.4). Obwohl die Bedeutung der Umsetzung von Interaktionsqualität unumstritten ist, gibt es bislang weniger Klarheit darüber, wie die Interaktionsqualität auch in quantitativen Studien zuverlässig erfasst werden kann (z. B. Praetorius & Charalambous, 2018, Kapitel 3 und 4). Die bestehende Heterogenität der Konzeptualisierungen und Operationalisierungen von Interaktionsqualität wirft vielmehr die methodologische Frage auf, inwiefern diese Heterogenität die Erfassung von Interaktionsqualität beeinflusst. Denn empirische Studien haben bereits nachgewiesen, dass verschiedene Konzeptualisierungen (Brunner, 2018) und Operationalisierungen (Ing & Webb, 2012) zu abweichenden Ergebnissen führen können. Daher wird gemäß dem in Kapitel 5 formulierten Erkenntnisinteresse in dieser Dissertation ein methodologischer Schwerpunkt verfolgt, indem verschiedenen *Konzeptualisierungen* und *Operationalisierungen* von Interaktionsqualität miteinander in Beziehung gesetzt werden. Die übergreifende Forschungsfrage 1 lautet:

F1:   Welche Zusammenhänge zeigen sich (1.1) zwischen verschiedenen Konzeptualisierungen von Interaktionsqualität mit ihren (1.2) unterschiedlichen (aufgaben-, impuls- und praktikenbasierten) Operationalisierungen?

Zunächst wurden im Rahmen der Forschungsfrage 1.1 die Zusammenhänge zwischen verschiedenen Operationalisierungen von Interaktionsqualität bei gleicher Konzeptualisierung untersucht. Zusammenfassend zeigen die Ergebnisse unterschiedliche Zusammenhänge zwischen den verschiedenen Operationalisierungen

von Interaktionsqualität. Insbesondere sind die Korrelationen zwischen der aufgabenbasierten und der praktikenbasierten Operationalisierung der diskursiven
Aktivierung schwach, während sie für die konzeptuelle Aktivierung schwach
bis moderat sind. Dies bedeutet, dass eine höhere relative Bearbeitungszeit diskursiver Aufgabenanforderungen nicht mit einer höheren relativen Länge der
Redezeit in reichhaltigen Diskurspraktiken einhergeht, während bei konzeptueller
Aktivierung ein engerer Zusammenhang zwischen Aufgabenanforderungen und
realisierten Praktiken besteht. Die verschiedenen Operationalisierungen von Interaktionsqualität decken verschiedene Aspekte der Interaktion ab, scheinen also
unterschiedliche Phänomene zu erfassen.

Zusammenfassend zeigen die Ergebnisse der Beantwortung der Forschungsfrage 1.2 unterschiedliche Zusammenhänge zwischen den Konzeptualisierungen
von Interaktionsqualität, je nachdem, welche Operationalisierungen zugrunde
liegt. Beim Fokus auf individuelle Partizipation zeigen die Korrelationsmodelle
engere Zusammenhänge als beim Fokus auf Aktivierung. Während beispielsweise
die Zusammenhänge zwischen kommunikativer Aktivierung und der diskursiven sowie lexikalischen Aktivierung in der aufgabenbasierten Operationalisierung
und beim Messen der relativen Länge der Redezeiten mit Lehrkraft gering
sind, sind sie beim Messen der relativen Länge der Lernenden-Redezeiten
enger (Abbildung 7.4). Für die Partizipation sind die Zusammenhänge zwischen
den Qualitätsdimensionen enger, mit Ausnahme der lexikalischen Partizipation
(Abbildung 7.3). Die Ergebnisse der linearen Regression (Tabelle 7.4) verdeutlichen zudem, dass lediglich durch die kommunikative Partizipation die diskursive
Partizipation nicht vergleichbar guterklärt wird wie durch die konzeptuelle und
kommunikative Partizipation gemeinsam. Einerseits scheint es somit bedeutsam
zu sein, alle Qualitätsdimensionen einzeln zu konzeptualisieren und zu operationalisieren, da sie unterschiedliche Phänomene zu erfassen scheinen. Andererseits
können Aussagen über vorliegende Zusammenhänge zwischen den Qualitätsdimensionen in dieser Untersuchung nur mit Rückbezug auf die verwendete
Operationalisierung vorgenommen werden.

Abschließend ist festzuhalten, dass es von großer Relevanz ist, zu wissen,
welche Konzeptualisierung und Operationalisierung der Interaktionsqualität herangezogen beziehungsweise in Beziehung gesetzt werden, um eine Aussage
darüber treffen zu können, ob es sich um enge, mittlere oder nur lose Zusammenhänge handelt. Dies wird vor dem Hintergrund des aktuellen Forschungsstands in
Kapitel 9 diskutiert.

Rolle der Lernmilieus und Lernvoraussetzungen für die Interaktionsqualität im sprachbildenden Mathematikunterricht

8

Größere Leistungszuwächse in privilegierten Schulen werden in der Literatur durch drei Effekte erklärt: (a) Voraussetzungs-Effekte, (b) institutionelle Effekte und (c) Kompositions-Effekte (Baumert et al., 2006; Dumont et al., 2013; Neumann et al., 2007; Schiepe-Tiska, 2019). Für die Umsetzung des regulären Mathematikunterrichts weisen Studien bereits darauf hin, dass die drei Effekte mit der Qualität der Aktivierung beziehungsweise Partizipation der Lernenden verbunden sind (Abschnitt 2.3, u. a. Lipowsky et al., 2007). Qualitative empirische Studien im Mathematikunterricht (z. B. Boaler, 2002) zeigen *institutionelle Effekte* in Form einer geringeren Aufgabenqualität bei nicht-privilegierten Lernmilieus. Diese Tendenzen wurden für die ursprüngliche Zielgruppe des sprachbildenden Mathematikunterrichts, die sprachlich schwachen Mehrsprachigen, anhand von Schulbuchanalysen auch 20 Jahre später wiederum bestätigt (de Araujo & Smith, 2022). Darüber hinaus ist von *Kompositions-* und *Voraussetzungs-Effekten* auszugehen, das heißt, von einem Einfluss der Lernmilieus und Lernvoraussetzungen auf das Mathematiklernen. Erath und Prediger (2021) weisen in diesem Zusammenhang auf bestehende fehlende Lerngelegenheiten für die Zielgruppe der sprachlich und mathematisch schwachen Lernenden hin, die gemäß einiger qualitativer Analysen weniger anspruchsvolle und mathematisch weniger reichhaltige Lerngelegenheiten zu erhalten und zugleich weniger an diesen Lerngelegenheiten zu partizipieren scheinen (Abschnitt 2.3).

Um die Wechselwirkungen der (a) Voraussetzungs-Effekte, der (b) institutionellen Effekte und der (c) Kompositions-Effekte auf die Interaktionsqualität besser zu verstehen, wird in dieser Arbeit der institutionelle Effekt weitestgehend minimiert, indem Faktoren wie die Ausbildung der Förderlehrkräfte, das Curriculum und die Aufgabenqualität konstant gehalten wurden (Abschnitt 6.1). Die in der Intervention verwendeten Unterrichtsmaterialien folgen den Prinzipien zur

K. Quabeck, *Interaktionsqualität im sprachbildenden Mathematikunterricht*, Dortmunder Beiträge zur Entwicklung und Erforschung des Mathematikunterrichts 54, https://doi.org/10.1007/978-3-658-43697-1_8

Konzeption und Gestaltung eines sprachbildenden Mathematikunterrichts, sodass sprachlich heterogene Lernvoraussetzungen adressiert werden (Abschnitte 2.2). Im Rahmen der Dissertation werden gezielt Voraussetzungs- und Kompositions-Effekte kontrastiert, die durch familiäre und individuelle Lernvoraussetzungen sowie den schulischen Kontext operationalisiert sind (Abschnitt 2.3, 6.1). Es wird erwartet, dass eine unterschiedliche Unterrichtskultur zwischen den Schulerfolgs- und Risiko-Kontext besteht, die sich sogar in einer solchen Laborstudie mit externen Förderlehrkräften und Kleingruppenförderung relevant zeigt. Da die Interaktion in hohem Maße die realisierten Lerngelegenheiten bedingt (Abschnitt 2.4.1, 2.4.2), lohnt es sich, das Zusammenspiel der drei Effekte auf der Unterrichtsebene und ihre Beziehung zur Interaktionsqualität besser zu verstehen.

Die Darstellung der Ergebnisse erfolgt in der Reihenfolge der beschriebenen Forschungsfragen und Forschungshypothesen (Abschnitt 5.2). In Abschnitt 8.1 werden zur Untersuchung des Kompositions-Effekts zunächst die Unterschiede in der Aktivierung und Partizipation zwischen Schulerfolgs- und Risiko-Kontext anhand deskriptiver Werte untersucht und diese mittels Hypothesentests auf Signifikanz geprüft. Existieren Unterschiede in der Interaktionsqualität zwischen dem Schulerfolgs- und dem Risiko-Kontext, so wird auch auf der Mikro-Ebene der Kleingruppen das Vorhandensein differentieller Lernmilieus bestätigt, das heißt, einen potentiellen Kompositions-Effekt. Da sich die Gruppe aus dem Risiko- und Schulerfolgs-Kontext hinsichtlich ihrer Lernvoraussetzungen unterscheiden (Tabelle 6.1), könnten die lernmilieubezogenen Unterschiede allerdings auch auf die Lernvoraussetzungen zurückzuführen sein. Im darauffolgenden Abschnitt 8.2 werden daher Kompositions- und Voraussetzungs-Effekte kontrastiert, indem die Unterschiede in der Interaktionsqualität in Risiko- und Schulerfolgs-Kontext unter Berücksichtigung der Lernvoraussetzungen in linearen Regressionen berechnet werden. In Abschnitt 8.3 werden die gewonnenen Ergebnisse durch qualitative Einblicke in eine Gruppe aus dem Risiko-Kontext und eine Gruppe aus dem Schulerfolgs-Kontext vertieft, die vom selben Lehrer unterrichtet wurden (Abschnitt 8.3). Die Ergebnisse werden in Abschnitt 8.4 zusammengefasst. Die Ergebnisse dieses Kapitels wurden von der Autorin eigenständig erarbeitet und sind in dem ZDM-Artikel Quabeck et al. (2024) publiziert.

8.1　Unterschiede in der Aktivierung und Partizipation in Risiko- und Schulerfolgs-Kontexten

Für die *Interaktionsqualität* im regulären Mathematikunterricht konnten bereits *institutionelle Effekte* nachgewiesen werden. Lipowsky et al. (2007) zeigen, dass qualitativ hochwertigere, mathematisch reichhaltigere Lerngelegenheiten eher an Gymnasien umgesetzt werden als an anderen Schulformen der Sekundarstufe 1. Zudem treten mathematisch und diskursiv reichhaltigere Gespräche in Schulerfolgs-Kontexten tendenziell häufiger auf als in Risiko-Kontexten (Pauli & Reusser, 2015). Auch im sprachbildenden Mathematikunterricht gibt es erste Hinweise auf eine höhere Interaktionsqualität in Schulerfolgs-Kontexten im Vergleich zu Risiko-Kontexten (u. a. de Araujo et al., 2018; de Araujo & Smith, 2022). Die Einwirkung der Schulerfolgs-Kontexte und der Risiko-Kontexte auf die Qualität der Aktivierung und Partizipation, also potentielle *Kompositions-Effekte*, sollen im Folgenden für das MESUT-Videokorpus mit seiner zugrunde liegenden Stichprobe untersucht werden.

Wie in Abschnitt 6.3 erläutert, wurde die Stichprobe des *Risiko-Kontexts R* für diese Dissertation aus Schülerinnen und Schülern der 7. Jahrgangsstufe der nichtgymnasialen Schulen gebildet, deren Ergebnisse im Brüche-Vortest unter 15 Punkten lagen. Dies entspricht etwa 30 % der Gesamtstichprobe der nichtgymnasialen Schulen. In der Gruppe aus dem Risiko-Kontext befinden sich also nicht alle nicht-gymnasialen Lernenden, sondern nur diejenigen, die bei der ersten Begegnung mit dem Themenfeld Brüche nicht ausreichend konzeptuelles Wissen erwarben. In die Gruppe aus dem Risiko-Kontext wurden zu gleichen Teilen mehrsprachige und einsprachige Lernende mit starken und schwachen sprachlichen Kompetenzen aufgenommen, Lernende mit privilegierten Lernvoraussetzungen (z. B. hohe Sprachkompetenz) wurden also gezielt überrepräsentiert.

Die Stichprobe des *Schulerfolgs-Kontextes S* wurde aus Lernenden an Gymnasien zusammengesetzt, die also den Übergang in die Sekundarstufe erfolgreich bewältigt haben. Durch den gezielten Einbezug von Gymnasien in herausfordernden Einzugsgebieten (z. B. hoher Standortfaktor, Abschnitt 6.2.3) wurden mehrsprachige und sprachlich schwache Lernende im Schulerfolgs-Kontext überrepräsentiert, um die Rolle dieser Lernvoraussetzungen auch in diesem Kontext genauer untersuchen zu können. Um die Vergleichbarkeit mit der Gruppe aus dem Risiko-Kontext zu gewährleisten, wurden die Schülerinnen und Schüler aus der vorangegangenen Jahrgangsstufe ausgewählt, solange sie in der Sekundarstufe noch keinen Unterricht zu Brüchen erhalten hatten, sodass die Intervention die erste unterrichtliche Begegnung darstellte. Wiederum wurden nur Schülerinnen und Schüler mit weniger als 15 Punkten im Brüche-Vortest einbezogen. Dies waren 95 % des Jahrganges.

8.1.1 Deskriptiver Vergleich von Risiko- und Schulerfolgs-Kontext

Der Hypothesenprüfung geht eine deskriptive Datenanalyse voraus, die als erster Zugang für die Weiterarbeit mit komplexeren Modellen empfohlen wird (Döring & Bortz, 2016). Tabelle 8.1 zeigt dazu die Mittelwerte und Standardabweichungen der Qualitätsmerkmale der gesamten Videostichprobe R & S (N = 49 Kleingruppen mit 210 Lernenden) sowie die Werte für die Gruppen aus dem Risiko-Kontext R und Schulerfolgs-Kontext S.

Die deskriptiven Ergebnisse in den letzten beiden Spalten zeigen für die relative Bearbeitungszeit konzeptueller Aufgabenanforderungen (*ZA-a*) und die relative Bearbeitungszeit lexikalischer Aufgabenanforderungen (*LA-a*) eine ähnliche Interaktionsqualität für beide Lernmilieus. In allen anderen 14 Qualitätsmerkmalen scheinen die Lernenden aus dem Schulerfolg-Kontext eine qualitativ hochwertigere Aktivierung zu erhalten und qualitativ hochwertiger als die Lernenden aus dem Risiko-Kontext zu partizipieren; dies gilt für alle vier Qualitätsdimensionen und übergreifend in den verschieden operationalisierten Qualitätsmerkmalen.

Die durchgeführte deskriptive Dateninspektion unterstreicht die Relevanz der genaueren Untersuchung der Rolle der beiden Lernmilieus für die Interaktionsqualität, auch unter Einbezug der individuellen Lernvoraussetzungen. Deshalb sollen mit den Hypothesen H2.1 und H2.2 die Mittelwertunterschiede zwischen den hier vorliegenden Stichproben aus Risiko- und Schulerfolgs-Kontext in den beiden folgenden Abschnitten auf Signifikanz geprüft werden. Aufgrund technischer Probleme wurde ZA-i nur in einer Teilstichprobe von 29 Kleingruppen erfasst und kann daher bei der Hypothesenprüfung nicht berücksichtigt werden.

Tabelle 8.1 Verteilungsdaten der 17 Qualitätsmerkmale in acht Qualitätsdimensionen (jeweils relative Länge der Bearbeitungs- oder Gesprächszeit, für R&S, R und S)

Qualitätsmerkmal		Operationalisierung des Qualitätsmerkmal, jeweils anteilig an der effektiven Lernzeit. Relative...	m (SD) in R&S	m (SD) in R	m (SD) in S
Kommun. Aktivierung	KA	...Länge der Redezeit (mit unterschiedlicher Reichhaltigkeit der Aufgaben, Impulse und Praktiken)	33,4 % (14 %)	23,1 % (12 %)	40,2 % (10 %)
Kommun. Partizipation	KP	...Länge der individuellen Redezeit (mit unterschiedlicher Reichhaltigkeit der Aufgaben, Impulse und Praktiken)	7,7 % (5 %)	5,4 % (5 %)	9,2 % (5 %)
Konzept. Aktivierung	ZA-a	...Bearbeitungszeit konzeptueller Aufgabenanforderungen	77,4 % (11 %)	76,2 % (10 %)	78,2 % (11 %)
	ZA-i	...Bearbeitungszeit konzeptueller Impulsanforderungen	35,3 % (13 %)	29,8 % (11 %)	39,0 % (13 %)
	ZA-p_g	...Länge der Redezeit in konzeptuellen Praktiken, mit Lehrkraft	23,5 % (12 %)	21,2 % (11 %)	25,1 % (13 %)
	ZA-p_s	...Länge der Lernenden-Redezeit in konzeptuellen Praktiken	12,1 % (7 %)	9,4 % (5 %)	14,0 % (7 %)
Konzept. Partizipation	ZP-a	...Länge der individuellen Redezeit in konzeptuellen Aufgabenanforderungen	5,5 % (4 %)	4,0 % (4 %)	6,4 % (4 %)

(Fortsetzung)

Tabelle 8.1 (Fortsetzung)

Qualitätsmerkmal		Operationalisierung des Qualitätsmerkmal, jeweils anteilig an der effektiven Lernzeit. Relative…	m (SD) in R&S	m (SD) in R	m (SD) in S
	ZP-p	…Länge der individuellen Redezeit in konzeptuellen Praktiken	2,8 % (3 %)	2,2 % (2 %)	3,2 % (3 %)
Diskursive Aktivierung	DA-a	…Bearbeitungszeit diskursiver Aufgabenanforderungen	57,0 % (13 %)	55,4 % (12 %)	60,3 % (15 %)
	DA-p$_g$	…Länge der Redezeit in reichhaltigen Diskurspraktiken, mit Lehrkraft	33,0 % (12 %)	27,9 % (10 %)	36,4 % (13 %)
	DA-p$_s$	…Länge der Lernenden-Redezeit in reichhaltigen Diskurspraktiken	16,8 % (07 %)	12,4 % (5 %)	19,7 % (7 %)
Diskursive Partizipation	DP-a	…Länge der individuellen Redezeit in diskursiven Aufgabenanforderungen	4,6 % (4 %)	3,1 % (3 %)	5,5 % (4 %)
	DP-p	…Länge der individuellen Redezeit in reichhaltigen Diskurspraktiken	3,9 % (3 %)	2,8 % (3 %)	4,5 % (3 %)
Lexikal. Aktivierung	LA-a	…Bearbeitungszeit lexikalischer Aufgabenanforderungen	10,7 % (9 %)	9,7 % (8 %)	11,4 % (9 %)

(Fortsetzung)

Tabelle 8.1 (Fortsetzung)

Qualitätsmerkmal		Operationalisierung des Qualitätsmerkmal, jeweils anteilig an der effektiven Lernzeit. Relative…	m (SD) in R&S	m (SD) in R	m (SD) in S
	LA- i	…Bearbeitungszeit lexikalischer Impulsanforderungen	42,4 % (13 %)	38,8 % (10 %)	44,8 % (15 %)
Lexikal. Partizipation	LP-a	…Länge der individuellen Redezeit in lexikalischen Aufgabenanforderungen	0,9 % (1 %)	0,5 % (1 %)	1,2 % (1 %)

8.1.2   Prüfung der Unterschiedshypothese zur Qualität der Partizipation

Wie in Abschnitt 6.4 beschrieben, werden zur Überprüfung der Unterschiedshypothese H2.1 mehrere t-Tests durchgeführt:

Forschungsfrage 2:   Zeigt sich im Schulerfolgs-Kontext eine höhere Interaktionsqualität als im Risiko-Kontext, auch wenn Aufgabenqualität und Rahmenbedingungen konstant gehalten werden?

Es werden die Effektstärken für die lernmilieubezogenen Unterschiede bestimmt. Ihre Höhe folgt den Konventionen von Cohen (1988): Ein kleiner Effekt für *d* liegt bei Werten um 0.2 vor, ein mittlerer Effekt bei Werten um 0.5 und ein großer Effekt bei Werten um 0.8. Für die vorliegende Arbeit ist vor allem der Vergleich der Effektstärken von Bedeutung, da er auf mögliche Unterschiede in der Interaktionsqualität zwischen den Lernmilieus bei unterschiedlichen Konzeptualisierungen und Operationalisierungen von Interaktionsqualität hinweist (Tabelle 6.2). Der Vergleich der Effektstärken erlaubt zudem die Interpretation, ob zum Beispiel die lexikalische Reichhaltigkeit im Risiko-Kontext qualitativ hochwertiger ist als im Schulerfolgs-Kontext, während die diskursive Reichhaltigkeit in der Gruppe aus dem Schulerfolgs-Kontext möglicherweise höher ist als in der Gruppe aus dem Risiko-Kontext.

Im folgenden Abschnitt werden die *lernmilieubezogenen Mittelwertunterschiede* in der Interaktionsqualität für die *individuelle Partizipation* im Rahmen von Hypothese 2.1 überprüft:

Hypothese 2.1:   Die Lernenden aus dem Schulerfolgs-Kontext partizipieren qualitativ hochwertiger als die aus dem Risiko-Kontext.

Der Vergleich der Effektstärken erfolgt analog zu den Korrelationsanalysen in Kapitel 7: Bei unterschiedlichen Konzeptualisierungen werden die Effektstärken vertikal miteinander verglichen, der Vergleich der Effektstärken unterschiedlicher Operationalisierungen entspricht einem horizontalen Vergleich im Analyserahmen (Tabelle 6.2).

In Tabelle 8.2 sind die Mittelwertunterschiede für die Qualität der individuellen Partizipation in sechs Qualitätsmerkmalen dargestellt. Die Stichprobengröße beträgt N = 210 Lernende. Signifikante t-Tests sind in Fettdruck abgedruckt.

Tabelle 8.2 Welch t-Tests zu den lernmilieubezogenen Unterschieden in der Qualität der Partizipation bei N = 210 Lernenden für 6 Qualitätsmerkmale

Merkmal	Welch t-Test	p	Effektstärke d	Risiko-Kontext R		Schulerfolgs-Kontext S	
				m	SD	m	SD
KP	t(178,83) = – 5,49	< 0,001	0,77	5,4 %	4,8 %	9,2 %	5,0 %
ZP-a	t(183,07) = – 4,49	< 0,001	0,63	4,0 %	3,8 %	6,4 %	4,0 %
ZP-p	t(199,13) = – 2,92	0,002	0,4	2,2 %	2,3 %	3,2 %	2,9 %
DP-a	t(194,52) = – 4,90	< 0,001	0,67	3,1 %	3,3 %	5,5 %	3,9 %
DP-p	t(197,09) = – 4,06	< 0,001	0,55	2,8 %	2,7 %	4,5 %	3,3 %
LP-a	t(207,48) = – 4,97	< 0,001	0,64	0,5 %	0,9 %	1,2 %	1,4 %

Für alle sechs Qualitätsmerkmale zeigen sich signifikante Mittelwertunterschiede in der Qualität der individuellen Partizipation zwischen der Gruppe aus Risiko- und Schulerfolgs-Kontext mit mittleren bis hohen Effektstärken d. Die **Hypothese 2.1** kann somit **bestätigt** werden: Lernende aus dem Schulerfolgs-Kontext S partizipieren in allen Qualitätsdimensionen und allen Operationalisierungen qualitativ höherwertig als die Lernenden aus dem Risiko-Kontext R.

Der Vergleich der Effektstärken bei unterschiedlichen Konzeptualisierungen zeigt ähnliche Ergebnisse. Die Effektstärken der verschiedenen Konzeptualisierungen der aufgabenbasierten Qualitätsmerkmale (*ZP-a, DP-a, LP-a*) sind mittel bis groß. Das bedeutet, dass die Qualität der individuellen Partizipation der Lernenden aus dem Risiko-Kontext geringer ist als der Lernenden aus dem Schulerfolgs-Kontext, wenn sie mit aufgabenbasierten Operationalisierungen erfasst wird. Bei den drei praktikenbasierten Qualitätsmerkmalen (*KP, ZP-p, DP-p*) ist der Mittelwertunterschied bei der konzeptuellen Partizipation geringer ($d = 0,4$) als bei der kommunikativen Partizipation ($d = 0,77$) und der diskursiven Partizipation ($d = 0,55$).

Beim Vergleich der Effektstärken, die mit unterschiedlicher Operationalisierung bei gleicher Konzeptualisierung (*ZP-a* und *ZP-p*, *DP-a* und *DP-p*)
erzielt wurden, sind die ermittelten Mittelwertunterschiede bei den aufgabenbasierten Qualitätsmerkmalen jeweils etwas höher als bei den praktikenbasierten
Qualitätsmerkmalen.

8.1.3 Prüfung der Unterschiedshypothese zur Qualität der Aktivierung

Zur Überprüfung und zum anschließenden Vergleich der Effektstärken für
die unterschiedlichen Qualitätsmerkmale der umgesetzten Aktivierung werden
ebenfalls t-Tests verwendet. Es wird Hypothese 2.2 überprüft:

Hypothese 2.2:   Die Lernenden aus dem Schulerfolgs-Kontext erhalten eine
                      qualitativ hochwertigere Aktivierung als die aus dem Risiko-
                      Kontext.

Im Folgenden werden lernmilieubezogene Unterschiede in der realisierten Qualität der Aktivierung mit einer Stichprobengröße von N = 49 Kleingruppen
betrachtet. In Tabelle 8.3 sind die Ergebnisse der Welch t-Tests zur Bestimmung
der Mittelwertunterschiede im Risiko- und Schulerfolgs-Kontext dokumentiert.
Signifikante t-Tests sind in Fettdruck abgedruckt.

Tabelle 8.3 Welch t-Tests zu den lernmilieubezogenen Unterschieden in der Qualität der
Aktivierung für 10 Qualitätsmerkmale (N = 49 Kleingruppen)

Merkmal	Welch t-Test	p	Effektstärke d	Risiko-Kontext R		Schulerfolgs-Kontext S	
				m	SD	m	SD
KA	t(37,52) = − 5,57	< 0,001	1,66	23,1 %	12,0 %	40,2 %	10,0 %
ZA-a	t(44,00) = − 0,83	0,205	0,24	76,2 %	10,1 %	78,2 %	11,3 %
ZA-i	t(44,19) = − 2,74	**0,004**	**0,78**	29,8 %	11,2 %	39,0 %	12,6 %

(Fortsetzung)

Tabelle 8.3 (Fortsetzung)

Merkmal	Welch t-Test	p	Effektstärke d	Risiko-Kontext R		Schulerfolgs-Kontext S	
				m	SD	m	SD
ZA-p_g	t(44,40) = − 1,18	0,122	0,33	21,2 %	11,2 %	25,1 %	12,8 %
ZA-p_s	**t(46,88) = − 2,93**	**0,003**	**0,79**	9,4 %	4,8 %	13,9 %	7,1 %
DA-a	t(46,31) = − 1,36	0,090	0,38	55,4 %	11,6 %	60,3 %	15,4 %
DA-p_g	**t(44,07) = − 2,85**	**0,003**	**0,77**	27,9 %	10,2 %	36,4 %	11,5 %
DA-p_s	**t(46,83) = − 4,52**	**< 0,001**	**1,24**	12,3 %	5,3 %	19,7 %	7,0 %
LA-a	t(44,17) = − 0,57	0,287	0,16	9,7 %	8,1 %	11,4 %	9,4 %
LA-i	t(46,88) = − 1,43	0,079	0,39	38,8 %	9,9 %	44,8 %	14,5 %

Tabelle 8.3 zeigt die statistisch signifikanten Unterschiede sowie die Qualitätsmerkmale, für die die Welch t-Tests keine signifikanten Mittelwertunterschiede in
der umgesetzten Aktivierung im Risiko-Kontext und im Schulerfolgs-Kontext zeigen. Negative t-Werte bedeuten, dass der erwartete Mittelwert der Gruppe aus
dem Schulerfolgs-Kontext größer ist als der erwartete Mittelwert der Gruppe
aus dem Risiko-Kontext. Statistisch signifikante Unterschiede ergaben sich für
die fettgedruckten Qualitätsmerkmale *KA, ZA-i, ZA-p_s, DA-p_g* und *DA-p_s* in
Tabelle 8.3. Das Effektstärkemaß *d* ist für die signifikanten Modelle (*KA, ZA-
i, ZA-p_s, DA-p_g, DA-p_s*) größer oder gleich 0,77, das heißt, die Unterschiede
zwischen Gruppen aus Risiko- und der Schulerfolgs-Kontext sind für alle diese
Qualitätsmerkmale gemäß Festlegung groß. Für die übrigen Qualitätsmerkmale
ZA-a, ZA-p_g, DA-a, LA-a und *LA-i* sind die Mittelwertunterschiede nicht signifikant. Die Betrachtung der Mittelwerte und Standardabweichungen in den letzten
vier Spalten der Tabelle 8.3 zeigt jedoch Tendenzen in die gleiche Richtung: Die Mittelwerte für alle Qualitätsmerkmale sind in der Gruppe aus dem

Schulerfolgs-Kontext in jedem Qualitätsmerkmal höher als die der Gruppe aus dem Risiko-Kontext, werden aber für die Stichprobe der 49 Kleingruppen nicht signifikant. Die signifikanten Mittelwertunterschiede und Tendenzen in den Mittelwerten zeigen, dass die Förderlehrkräfte im Schulerfolgs-Kontext eine höhere kommunikative, konzeptuelle, diskursive und lexikalische Interaktionsqualität umsetzen als im Risiko-Kontext.

Aufgrund der geringen Zahl von 49 Kleingruppen kann gemäß der empirischen Ergebnisse in Tabelle 8.3 die Hypothese 2.2 nur für einige Qualitätsmerkmale (*KA, ZA-i, ZA-p$_s$, DA-p$_g$* und *DA-p$_s$*) verlässlich bestätigt werden: Lernende aus dem Schulerfolgs-Kontext erhalten eine qualitativ hochwertigere Aktivierung als Lernende aus dem Risiko-Kontext. Für die anderen Qualitätsmerkmale *ZA-a, ZA-p$_g$, DA-a, LA-a* und *LA-i* ergeben sich keine signifikanten Mittelwertunterschiede zwischen der Gruppe aus dem Risiko- und Schulerfolgs-Kontext, sodass einschränkend für die Qualität der Aktivierung nur auf die Mittelwertunterschiede in den letzten vier Spalten der Tabelle 8.3 als Tendenz verwiesen werden kann. Auch für diese ist in den letzten vier Spalten der Tabelle 8.3 eine tendenziell höhere Qualität der Aktivierung in der Gruppe des Schulerfolgs-Kontexts im Vergleich zur Gruppe des Risiko-Kontexts zu erkennen.

Beim Vergleich der signifikanten Modelle der Qualitätsmerkmale mit *unterschiedlichen Konzeptualisierungen* bei gleicher praktikenbasierter Operationalisierung (*KA, ZA-p$_s$, DA-p$_g$* und *DA-p$_s$*) weichen die Effektstärken deutlich voneinander ab. Obwohl alle Effektstärken groß sind, sind die Mittelwertunterschiede in der relativen Länge der Lernendenäußerungen (*KA*) und der relativen Länge des Lernenden-Redezeit in reichhaltigen Diskurspraktiken (*DA-p$_s$*) noch größer als die relative Länge der Lernenden-Redezeit in konzeptuellen Praktiken (*ZA-p$_s$*) oder wenn die Redezeiten der Lehrkräfte mit einbezogen werden (*DA-p$_g$*). In einem praktikenbasierten Qualitätsmerkmal, wenn die Redezeiten der Lehrkräfte in konzeptuellen Praktiken mit einbezogen werden (*ZA-p$_g$*), gibt es sogar keine signifikanten Mittelwertunterschiede zwischen Schulerfolgs- und Risiko-Kontext. In den aufgabenbasierten Qualitätsmerkmalen gibt es keine signifikanten Mittelwertunterschiede, auch deskriptiv sind die Differenzen gering. In Abschnitt 8.3 werden die identifizierten Unterschiede illustriert und vertieft.

Zusammenfassend zeigen sich Mittelwertunterschiede in der Qualität der Partizipation (Abschnitt 8.1.2) und Aktivierung (Abschnitt 8.1.3) im Vergleich des Risiko- und Schulerfolgs-Kontext. Es existieren in der untersuchten Stichprobe und Intervention demnach *lernmilieubezogene Unterschiede*: Das Lernmilieu, operationalisiert durch Schulerfolgs- und Risiko-Kontext, bedingt die Qualität der Partizipation in allen Qualitätsmerkmalen und die Aktivierung in einigen Qualitätsmerkmalen.

8.2   Zusammenhänge zwischen Lernmilieus und Lernvoraussetzungen zur Interaktionsqualität

Da sich die Stichprobe aus Risiko- und Schulerfolgs-Kontext hinsichtlich ihrer Lernvoraussetzungen voneinander unterscheiden (Tabelle 6.1), könnten die ermittelten, lernmilieubezogenen Unterschiede (Abschnitt 8.1) auch auf die Lernvoraussetzungen zurückzuführen sein. Die *Lernvoraussetzungen* werden daher im Folgenden in die Analysen mit einbezogen.

Es ist davon auszugehen, dass sich unterschiedliche familiäre und individuelle Lernvoraussetzungen der Schülerinnen und Schüler generell auf das Mathematiklernen auswirken (Abschnitt 2.3, z. B. Hasselhorn & Gold, 2009; Prediger et al., 2015). Diese statistischen Befunde aus längs- und querschnittlichen Leistungsstudien erklären jedoch nicht genau, wie sich die Lernvoraussetzungen im Zusammenspiel von Angebot und Nutzung auf die Lernprozesse auswirken (Vieluf et al., 2020). Für den regulären Mathematikunterricht konnte bereits gezeigt werden, dass leistungsstärkere Lernende von den Lehrpersonen qualitativ besser in den Unterricht einbezogen werden beziehungsweise sich qualitativ hochwertiger beteiligen (Decristan et al., 2020; Pauli & Lipowsky, 2007; Sedova et al., 2019, Abschnitt 2.3). Auch im sprachbildenden Unterricht weisen Erath und Prediger (2021) auf fehlende Lerngelegenheiten hin, die eine qualitativ geringere Aktivierung und Partizipation der Lernenden meint (z. B. de Araujo et al., 2018; Moschkovich, 1999).

Im Rahmen der Untersuchung der übergeordneten Forschungsfrage 3 soll daher überprüft werden, ob die *Lernvoraussetzungen* allein die *lernmilieubezogenen Unterschiede* vollständig erklären. Die übergeordnete Forschungsfrage 3 wird mit den entsprechenden Hypothesen 3.1 und 3.2 untersucht:

Forschungsfrage 3:   Hängt die Interaktionsqualität mit dem Lernmilieu zusammen, wenn die Lernvoraussetzungen der Lernenden kontrolliert werden?

Zur Prüfung der Hypothesen 3.1 und 3.2 werden mehrere Regressionen herangezogen, in denen die Zusammenhänge zwischen Lernmilieus und Lernvoraussetzungen zur Interaktionsqualität bestimmt werden. Gemäß Festlegung in der Datenauswertung (Abschnitt 6.3) ist das Signifikanzniveau auf $\alpha = 0.05$ festgelegt. In den Modellen werden signifikante Modelle von $p < 0.05$ mit *, für $p < 0.01$ mit ** und für $p < 0.001$ mit *** angegeben. Bei nicht signifikanten Modellen wird der p-Wert mit angegeben. Die signifikanten Prädiktoren werden mit Fettdruck hervorgehoben.

8.2.1   Zusammenhänge für die Qualität der individuellen Partizipation

In den Tabellen 8.4, 8.5, 8.6, 8.7, 8.8 und 8.9 sind die Zusammenhänge der *Lernmilieus* und *Lernvoraussetzungen* zur Qualität der *individuellen Partizipation* dokumentiert. Geprüft wird in Abschnitt 8.2.1 die folgende Hypothese:

Hypothese 3.1:   Unter Einbezug der individuellen und familiären Lernvoraussetzungen sind die Lernmilieus nicht mehr signifikant prädiktiv für die Qualitätsmerkmale der individuellen Partizipation.

In jeder Tabelle gibt die Schätzung für jeden der Prädiktoren *Schulerfolgs- statt Risiko-Kontext, Vorwissen zu Brüchen, Sprachkompetenz, kognitive Grundfähigkeiten, sozioökonomischer Status* sowie *Mehrsprachigkeit statt Einsprachigkeit* an, um wie viel mehr Prozentpunkte die individuelle Partizipation steigen würde, wenn die individuelle Punktzahl im Test der jeweiligen Lernvoraussetzung um einen Punkt höher wäre beziehungsweise wenn die Kleingruppe dem Schulerfolgs-Kontext entstammen würde und nicht dem Risiko-Kontext. Zum Beispiel zeigt Tabelle 8.4, wie die *kommunikative Partizipation KP* (relative Länge der individuellen Äußerungen) durch die *Lernvoraussetzungen* und das *Lernmilieu* (Schulerfolgs- statt Risiko-Kontext) vorhergesagt wird: Wenn ein Lernender einen Punkt mehr im Test zu den kognitiven Grundfähigkeiten erzielt hätte, inwiefern würde dies eine höhere Qualität in der kommunikativen Partizipation (*KP*) voraussagen.

Tabelle 8.4 Prädiktoren für Qualität der kommunikativen Partizipation (KP): Lineares Regressionsmodell für den Zusammenhang zu Lernmilieus und Lernvoraussetzungen

	Koeffizient b	Standardfehler
Y-Achsenabschnitt	0,071**	0,026
Schulerfolgs- statt Risiko-Kontext	0,035**	0,011
Vorwissen zu Brüchen	0,0002	0,002
Sprachkompetenz	− 0,0005	0,001
Sozioökonomischer Status	0,009	0,007
Kognitive Grundfähigkeiten	− 0,002	0,002
Mehrsprachigkeit statt Einsprachigkeit	− 0,014	0,007

$R^2 = 0,153$, korrigiertes $R^2 = 0,127$, $F\,(6,\,200) = 6,004$, $p < 0,001$ ***

Tabelle 8.5 Prädiktoren für Qualität der konzeptuellen Partizipation (ZP-a): Lineares Regressionsmodell für den Zusammenhang zu Lernmilieus und Lernvoraussetzungen

	Koeffizient b	Standardfehler
Y-Achsenabschnitt	**0,051***	**0,021**
Schulerfolgs- statt Risiko-Kontext	**0,027****	**0,009**
Vorwissen zu Brüchen	0,001	0,002
Sprachkompetenz	0,0001	0,001
Sozioökonomischer Status	0,003	0,005
Kognitive Grundfähigkeiten	− 0,003	0,001
Mehrsprachigkeit statt Einsprachigkeit	**− 0,013***	**0,006**

$R^2 = 0{,}128$, korrigiertes $R^2 = 0{,}101$, $F(6, 200) = 4{,}873$, $p < 0.001$ ***

Tabelle 8.6 Prädiktoren für Qualität der konzeptuellen Partizipation (ZP-p): Lineares Regressionsmodell für den Zusammenhang zu Lernmilieus und Lernvoraussetzungen

	Koeffizient b	Standardfehler
Y-Achsenabschnitt	0,025	0,014
Schulerfolgs- statt Risiko-Kontext	**0,013***	**0,006**
Vorwissen zu Brüchen	0,0001	0,001
Sprachkompetenz	0,0003	0,0004
Sozioökonomischer Status	− 0,001	0,004
Kognitive Grundfähigkeiten	− 0,001	0,001
Mehrsprachigkeit statt Einsprachigkeit	− 0,002	0,004

$R^2 = 0{,}048$, korrigiertes $R^2 = 0{,}020$, $F(6, 200) = 1{,}699$, $p = 0{,}12$

Tabelle 8.7 Prädiktoren für Qualität der diskursiven Partizipation (DP-a): Lineares Regressionsmodell für den Zusammenhang zu Lernmilieus und Lernvoraussetzungen

	Koeffizient b	Standardfehler
Y-Achsenabschnitt	**0,074*****	**0,019**
Schulerfolgs- statt Risiko-Kontext	**0,024****	**0,008**
Vorwissen zu Brüchen	− 0,002	0,002
Sprachkompetenz	0,0001	0,001

(Fortsetzung)

Tabelle 8.7 (Fortsetzung)

	Koeffizient b	Standardfehler
Sozioökonomischer Status	− 0,002	0,005
Kognitive Grundfähigkeiten	− 0,002	0,001
Mehrsprachigkeit statt Einsprachigkeit	**− 0,012***	**0,005**

$R^2 = 0{,}142$, korrigiertes $R^2 = 0{,}116$, $F(6, 200) = 5{,}527$, $p < 0{,}001$ ***

Tabelle 8.8 Prädiktoren für Qualität der diskursiven Partizipation (DP-p): Lineares Regressionsmodell für den Zusammenhang zu Lernmilieu und Lernvoraussetzungen

	Koeffizient b	Standardfehler
Y-Achsenabschnitt	0,015	0,017
Schulerfolgs- statt Risiko-Kontext	**0,017***	**0,007**
Vorwissen zu Brüchen	0,0005	0,002
Sprachkompetenz	0,0004	0,001
Sozioökonomischer Status	− 0,0005	0,004
Kognitive Grundfähigkeiten	− 0,0003	0,001
Mehrsprachigkeit statt Einsprachigkeit	− 0,003	0,005

$R^2 = 0{,}076$, korrigiertes $R^2 = 0{,}049$, $F(6, 200) = 2{,}760$, $p < 0{,}05$ *

Tabelle 8.9 Prädiktoren für Qualität der lexikalischen Partizipation (LP-a): Lineares Regressionsmodell für den Zusammenhang zu Lernmilieu und Lernvoraussetzungen

	Koeffizient b	Standardfehler
Y-Achsenabschnitt	0,002	0,006
Schulerfolgs- statt Risiko-Kontext	**0,007***	**0,003**
Vorwissen zu Brüchen	0,001	0,001
Sprachkompetenz	**− 0,001***	**0,0002**
Sozioökonomischer Status	**0,004****	**0,002**
Kognitive Grundfähigkeiten	0,001	0,0004
Mehrsprachigkeit statt Einsprachigkeit	0,003	0,002

$R^2 = 0{,}157$, korrigiertes $R^2 = 0{,}132$, $F(6, 200) = 6{,}203$, $p < 0{,}001$ ***

Die Zusammenhänge zwischen Lernmilieus und Lernvoraussetzungen und der Qualität der individuellen Partizipation werden für alle sechs Qualitätsmerkmale gemeinsam erläutert (Tabelle 8.4 bis 8.9).

Für fünf der sechs Qualitätsmerkmale liegen für die untersuchte Stichprobe signifikante Modelle vor, in denen das *Lernmilieu* (Schulerfolgs- statt Risiko-Kontext) beziehungsweise die *Lernvoraussetzungen* die Qualität der individuellen kommunikativen, konzeptuellen, diskursiven beziehungsweise der lexikalischen Partizipation vorhersagen. Eine Ausnahme bildet die über Praktiken erfasste konzeptuelle Partizipation (*ZP-p*), die nicht durch das Lernmilieu und die Lernvoraussetzungen vorhergesagt wird ($p = 0{,}12$).

Exemplarisch zeigt die lineare Regression für das Kriterium DP-p in Tabelle 8.8 einen signifikanten Einfluss der Zugehörigkeit zum Schulerfolgs-Kontext auf die Qualität der individuellen Partizipation in reichhaltigen Diskurspraktiken, auch wenn die individuellen Lernvoraussetzungen berücksichtigt werden. Diese erklären die Partizipation hingegen nicht zusätzlich. Entscheidend für die Qualität der individuellen Partizipation ist also die Teilnahme an einer Interventionsgruppe im Schulerfolgs-Kontext. In den Regressionsmodellen der Tabellen 8.7 und 8.9 hingegen haben bestimmte individuelle Lernvoraussetzungen eine zusätzliche Prädiktionskraft (Mehrsprachigkeit für *DP-a* in Tabelle 8.7 und Sprachkompetenz und sozioökonomischer Status für *LP-a* in Tabelle 8.9), aber sie heben die Vorhersagekraft des Kontexts nicht auf.

Auf der Grundlage der in den Tabellen 8.4 bis 8.9 berechneten Modelle muss demnach die Hypothese 3.1 widerlegt werden: Die heterogenen Lernvoraussetzungen erklären die lernmilieuspezifischen Unterschiede in einigen Qualitätsdimensionen der individuellen Partizipation nicht vollständig, sondern haben allenfalls zusätzliche Prädiktionskraft.

Da sich die Regressionsmodelle hinsichtlich der Prädiktoren und ihrer Einflussstärke auf die Qualität der Partizipation unterscheiden, werden im Folgenden die relevanten Unterschiede herausgearbeitet.

In den signifikanten Modellen (*KP, ZP-a, DP-a, DP-p, LP-a*) zeigt sich ein stärkerer Einfluss des *Lernmilieus* (Schulerfolgs- statt Risiko-Kontext) auf die Qualität der individuellen Partizipation, während die Lernvoraussetzungen dagegen häufig keinen zusätzlichen erklärenden Einfluss haben. Für die relative Länge der individuellen Redezeit in konzeptuellen Aufgabenanforderungen (*ZP-a*) und die relative Länge der individuellen Redezeit in diskursiven Aufgabenanforderungen (*DP-a*) ist neben dem *Schulerfolgs- statt Risiko-Kontext* auch *Mehrsprachigkeit statt Einsprachigkeit* ein Prädiktor, wenn auch mit geringerem Einfluss als das Lernmilieu. Dieses Ergebnis wird in der Diskussion (Abschnitt 9.1.2) aufgegriffen.

Die lexikalische Partizipation (*LP-a*) ist das einzige der Qualitätsmerkmale mit anderen prädiktiven Lernvoraussetzungen als Mehrsprachigkeit statt Einsprachigkeit: Die Sprachkompetenz steht in negativem Zusammenhang zur Qualität der lexikalischen Partizipation. Das heißt, dass Lernende mit höherer Sprachkompetenz in den lexikalischen Teilaufgaben qualitativ geringer partizipieren. Im Hinblick auf die zeitbasierte Messung ist davon auszugehen, dass sich sprachlich starke Lernende in den lexikalisch reichhaltigen Teilaufgaben zur Wortschatzförderung weniger beteiligen als sprachlich schwächeren Lernende mit expliziten Wortschatzlernbedarfen. Weiterhin steht ein höherer sozioökonomischer Status positiv in Beziehung mit der Qualität der lexikalischen Partizipation.

Werden die Koeffizienten *b* miteinander in Beziehung gesetzt, so zeigt sich, dass die Zugehörigkeit zum Schulerfolgs-Kontext einen unterschiedlich starken Einfluss auf die Qualität in den einzelnen Qualitätsdimensionen hat. Während der Einfluss auf die kommunikative Partizipation ($b = 0{,}035$ für *KP*) größer ist, hat die Zugehörigkeit zum Schulerfolgs-Kontext im Vergleich zum Risiko-Kontext einen geringeren Einfluss auf die Qualität der lexikalischen Partizipation ($b = 0{,}007$ für *LP-a*).

Die Modellgüte (R^2) liegt für die fünf signifikanten Modelle zwischen ca. 8 % (*DP-p*) und ca. 16 % (*LP-a*). Dies entspricht einer geringen bis mittleren Varianzaufklärung (Cohen, 1988). Im Umkehrschluss bedeutet dies aber auch, dass ein großer Teil der Varianz durch die einbezogenen Variablen nicht aufgeklärt wird. Darauf wird in der Diskussion eingegangen (Abschnitt 9.1.2).

Insgesamt zeigt sich über die Modelle hinweg ein deutlich *stärkerer Einfluss des Lernmilieus* auf die *Qualität der Partizipation* als der Einfluss der *Lernvoraussetzungen*. In der Diskussion (Abschnitt 9.1) wird dieser unterschiedliche Einfluss von Lernmilieus und Lernvoraussetzungen auf die Qualität der Partizipation mit Kompositions- und Voraussetzungs-Effekten (Abschnitt 2.3) in Verbindung gebracht.

8.2.2 Zusammenhänge für die Qualität der Aktivierung

In den Tabellen 8.10, 8.11, 8.12, 8.13, 8.14, 8.15, 8.16, 8.17, 8.18 und 8.19 sind die Zusammenhänge der *Lernmilieus und Lernvoraussetzungen* zur *Qualität der Aktivierung* aufgeführt. Geprüft wird damit in diesem Abschnitt die folgende Hypothese:

Hypothese 3.2: Unter Einbezug der individuellen und familiären Lernvoraussetzungen sind die Lernmilieus nicht mehr signifikant prädiktiv für die Qualitätsmerkmale der Aktivierung.

Die Ergebnisse werden für alle Qualitätsmerkmale gemeinsam erläutert. In den Regressionsmodellen gibt jeder Prädiktor den Schätzwert an, um den sich die Aktivierung um einen Punkt erhöhen würde, wenn der Gruppendurchschnitt im Prädiktor Lernvoraussetzungen um einen Punkt höher wäre bzw. wenn die Kleingruppe aus dem Schulerfolgs-Kontext und nicht aus dem Risiko-Kontext stammen würde.

Tabelle 8.10 Prädiktoren für Qualität der kommunikativen Aktivierung (KA): Lineares Regressionsmodell für den Zusammenhang zu Lernmilieus und Lernvoraussetzungen

	Koeffizient b	Standardfehler
Y-Achsenabschnitt	**0,318****	**0,090**
Schulerfolgs- statt Risiko-Kontext	**0,157****	**0,044**
Vorwissen zu Brüchen	− 0,002	0,005
Sprachkompetenz	− 0,0004	0,003
Sozioökonomischer Status	0,019	0,031
Kognitive Grundfähigkeiten	− 0,007	0,008
Mehrsprachigkeit statt Einsprachigkeit	**− 0,068***	**0,033**

$R^2 = 0,479$, korrigiertes $R^2 = 0,405$, $F (6, 42) = 6,440$, $p < 0,001$ ***

Tabelle 8.11 Prädiktoren für Qualität der konzeptuellen Aktivierung (ZA-a): Lineares Regressionsmodell für den Zusammenhang zu Lernmilieus und Lernvoraussetzungen

	Koeffizient b	Standardfehler
Y-Achsenabschnitt	**0,747****	**0,093**
Schulerfolgs- statt Risiko-Kontext	0,054	0,045
Vorwissen zu Brüchen	− 0,002	0,005
Sprachkompetenz	0,005	0,003
Sozioökonomischer Status	− 0,059	0,032
Kognitive Grundfähigkeiten	− 0,004	0,008
Mehrsprachigkeit statt Einsprachigkeit	− 0,013	0,034

$R2 = 0,103$, korrigiertes $R^2 = − 0,025$, $F (6, 42) = 0,802$, $p = 0.57$

Tabelle 8.12 Prädiktoren für Qualität der kommunikativen Aktivierung (ZA-i): Lineares Regressionsmodell für den Zusammenhang zu Lernmilieus und Lernvoraussetzungen

	Koeffizient b	Standardfehler
Y-Achsenabschnitt	0,197	0,101
Schulerfolgs- statt Risiko-Kontext	**0,101***	**0,049**
Vorwissen zu Brüchen	− 0,003	0,005
Sprachkompetenz	0,003	0,003
Sozioökonomischer Status	− 0,030	0,035
Kognitive Grundfähigkeiten	0,004	0,009
Mehrsprachigkeit statt Einsprachigkeit	0,066	0,037

$R^2 = 0{,}243$, korrigiertes $R^2 = 0{,}135$, $F\,(6, 42) = 2{,}247$, $p = 0{,}057$

Tabelle 8.13 Prädiktoren für Qualität der konzeptuellen Aktivierung (ZA-p_g): Lineares Regressionsmodell für den Zusammenhang zu Lernmilieus und Lernvoraussetzungen

	Koeffizient b	Standardfehler
Y-Achsenabschnitt	**0,315****	**0,106**
Schulerfolgs- statt Risiko-Kontext	0,051	0,052
Vorwissen zu Brüchen	− 0,006	0,006
Sprachkompetenz	0,004	0,004
Sozioökonomischer Status	− 0,047	0,037
Kognitive Grundfähigkeiten	− 0,007	0,009
Mehrsprachigkeit statt Einsprachigkeit	− 0,062	0,039

$R^2 = 0{,}118$, korrigiertes $R^2 = -\,0{,}009$, $F\,(6, 42) = 0{,}9327$, $p = 0{,}48$

Tabelle 8.14 Prädiktoren für Qualität der konzeptuellen Aktivierung (ZA-p_s): Lineares Regressionsmodell für den Zusammenhang zu Lernmilieus und Lernvoraussetzungen

	Koeffizient b	Standardfehler
Y-Achsenabschnitt	**0,140***	**0,056**
Schulerfolgs- statt Risiko-Kontext	0,051	0,027

(Fortsetzung)

Tabelle 8.14 (Fortsetzung)

	Koeffizient b	Standardfehler
Vorwissen zu Brüchen	− 0,002	0,003
Sprachkompetenz	0,002	0,002
Sozioökonomischer Status	− 0,010	0,019
Kognitive Grundfähigkeiten	− 0,006	0,005
Mehrsprachigkeit statt Einsprachigkeit	− 0,021	0,021

$R^2 = 0,187$, korrigiertes $R^2 = 0,071$, $F(6, 42) = 1,610$, $p = 0,17$

Tabelle 8.15 Prädiktoren für Qualität der diskursiven Aktivierung (DA-a): Lineares Regressionsmodell für den Zusammenhang zu Lernmilieus und Lernvoraussetzungen

	Koeffizient b	Standardfehler
Y-Achsenabschnitt	**0,715***	**0,120**
Schulerfolgs- statt Risiko-Kontext	0,089	0,059
Vorwissen zu Brüchen	− 0,008	0,006
Sprachkompetenz	0,004	0,004
Sozioökonomischer Status	− 0,079	0,042
Kognitive Grundfähigkeiten	− 0,009	0,011
Mehrsprachigkeit statt Einsprachigkeit	− 0,036	0,044

$R^2 = 0,162$, korrigiertes $R^2 = 0,042$, $F(6, 42) = 0,142$, $p = 0,26$

Tabelle 8.16 Prädiktoren für Qualität der diskursiven Aktivierung (DA-p_g): Lineares Regressionsmodell für den Zusammenhang zu Lernmilieus und Lernvoraussetzungen

	Koeffizient b	Standardfehler
Y-Achsenabschnitt	**0,237***	**0,099**
Schulerfolgs- statt Risiko-Kontext	0,090	0,048
Vorwissen zu Brüchen	− 0,003	0,005
Sprachkompetenz	0,003	0,003
Sozioökonomischer Status	− 0,030	0,034
Kognitive Grundfähigkeiten	0,002	0,009
Mehrsprachigkeit statt Einsprachigkeit	0,002	0,036

$R^2 = 0,176$, korrigiertes $R^2 = 0,059$, $F(6, 42) = 1,498$, $p = 0,20$

Tabelle 8.17 Prädiktoren für Qualität der diskursiven Aktivierung (DA-p_s): Lineares Regressionsmodell für den Zusammenhang zu Lernmilieus und Lernvoraussetzungen

	Koeffizient b	Standardfehler
Y-Achsenabschnitt	0,095	0,058
Schulerfolgs- statt Risiko-Kontext	**0,077****	**0,028**
Vorwissen zu Brüchen	− 0,001	0,003
Sprachkompetenz	0,001	0,002
Sozioökonomischer Status	− 0,004	0,020
Kognitive Grundfähigkeiten	− 0,001	0,005
Mehrsprachigkeit statt Einsprachigkeit	0,009	0,021

$R^2 = 0{,}294$, korrigiertes $R^2 = 0{,}193$, $F\,(6, 42) = 2{,}914$, **$p < 0{,}05$** *

Tabelle 8.18 Prädiktoren für Qualität der lexikalischen Aktivierung (LA-a): Lineares Regressionsmodell für den Zusammenhang zu Lernmilieus und Lernvoraussetzungen

	Koeffizient b	Standardfehler
Y-Achsenabschnitt	0,111	0,078
Schulerfolgs- statt Risiko-Kontext	0,001	0,038
Vorwissen zu Brüchen	0,001	0,004
Sprachkompetenz	− 0,003	0,003
Sozioökonomischer Status	0,036	0,027
Kognitive Grundfähigkeiten	− 0,001	0,007
Mehrsprachigkeit statt Einsprachigkeit	0,010	0,029

$R^2 = 0{,}056$, korrigiertes $R^2 = -\,0{,}079$, $F\,(6, 42) = 0{,}417$, $p = 0{,}86$

Tabelle 8.19 Prädiktoren für Qualität der lexikalischen Aktivierung (LA-i): Lineares Regressionsmodell für den Zusammenhang zu Lernmilieus und Lernvoraussetzungen

	Koeffizient b	Standardfehler
Y-Achsenabschnitt	**0,381****	**0,109**
Schulerfolgs- statt Risiko-Kontext	0,046	0,053
Vorwissen zu Brüchen	− 0,005	0,006
Sprachkompetenz	− 0,002	0,004

(Fortsetzung)

Tabelle 8.19 (Fortsetzung)

	Koeffizient b	Standardfehler
Sozioökonomischer Status	− 0,002	0,038
Kognitive Grundfähigkeiten	0,009	0,010
Mehrsprachigkeit statt Einsprachigkeit	**0,086***	**0,040**

$R^2 = 0{,}184$, korrigiertes $R^2 = 0{,}067$, $F\,(6, 42) = 1{,}573$, $p = 0{,}18$

Für die Qualität der Aktivierung ergeben sich insgesamt nur für zwei der zehn in den Tabellen 8.10 bis 8.19 dargestellten Qualitätsmerkmale signifikante Modelle: Die Qualität der kommunikativen Aktivierung (*KA* in Tabelle 8.10) und der diskursiven Aktivierung (*DA-p_S* in Tabelle 8.17) hängt mit dem Lernmilieu zusammen, bei der kommunikativen Aktivierung (*KA)* neben dem Lernmilieu auch die Mehrsprachigkeit. Für die relative Länge der verschieden reichhaltigen Lernendenäußerungen *(KA)* und für die relative Länge der Lernenden-Redezeit in reichhaltigen Diskurspraktiken (*DA-p_S)* sind die Modelle geeignet, den Zusammenhang zwischen *Lernmilieu* und *Lernvoraussetzungen* und der *Qualität der Aktivierung* in dieser Stichprobe zu beschreiben. Für die anderen acht Qualitätsmerkmale, die sich auf die Aktivierung beziehen, ist in der vorliegenden Stichprobe keine zuverlässige Vorhersage durch das Lernmilieu oder eine der Lernvoraussetzungen möglich.

In den beiden signifikanten Regressionsmodellen (*KA, DA-p_S*) zeigt sich ein *Einfluss des Lernmilieus*: Lernende in Kleingruppen des Schulerfolgs-Kontexts erhalten eine qualitativ hochwertigere Aktivierung als Lernende aus dem Risiko-Kontext. Der Prädiktor *Mehrsprachigkeit statt Einsprachigkeit* als Lernvoraussetzung hat darüber hinaus in einem der beiden Merkmale Erklärungswert: Er ist ein Prädiktor für die Qualität der kommunikativen Aktivierung, wobei ein höherer Anteil an Mehrsprachigen in der Kleingruppe mit einer geringeren kommunikativen Aktivierung der jeweiligen Kleingruppe verbunden ist. Der Vergleich der *b*-Koeffizienten verdeutlicht jedoch, wie schon bei der Qualität der individuellen Partizipation in Abschnitt 8.2.1, den stärkeren Einfluss des Lernmilieus im Vergleich zu den Lernvoraussetzungen.

Auf der Grundlage der in den Tabellen 8.10 bis 8.19 berechneten Modelle kann wiederum die Hypothese 2.1 widerlegt werden: Die heterogenen Lernvoraussetzungen erklären im Wesentlichen nicht die lernmilieuspezifischen Unterschiede in einigen Qualitätsmerkmalen der Aktivierung, statt dessen behält der Schulerfolgs-Kontext die größte Prädiktionskraft. An dieser Stelle muss jedoch auch auf die nicht signifikanten Modelle eingegangen werden. Denn bei der vorliegenden *geringen Teststärke* für die Aktivierung (Abschnitt 6.3) wurden möglicherweise vorhandene Zusammenhänge mit geringerer Modellgüte übersehen. Denn kleine und mittlere Effekte werden in einer so kleinen Stichprobe nicht aufgedeckt. Darauf wird in der Diskussion (Abschnitt 9.1.2) eingegangen. Daher wäre es in jedem Fall wünschenswert, diese Untersuchung mit einer größeren Stichprobe zu wiederholen, um die Widerlegung der Hypothese auf breiterer Basis zu bestätigen.

Die erzielte Modellgüte (R^2) in den beiden signifikanten Modellen beträgt 29,4 % (*DA-p_s*) beziehungsweise 47,9 % (*KA*) und liegt damit deutlich über der Modellgüte für die individuelle Partizipation. Die vorliegende Heterogenität der Modellgüte verweist erneut auf die Bedeutung der Konzeptualisierung und Operationalisierung der Qualitätsmerkmale, dass also unterschiedliche Aspekte der Interaktionsqualität erfasst werden. Auf diesen Punkt wird in der Diskussion (Abschnitt 9.1.2) eingegangen.

8.3 Vertiefte Einblicke in Unterschiede in Risiko- und Schulerfolgs-Kontext beim gleichen Lehrer

Bereits auf Grundlage der erzielten empirischen Ergebnisse in Kapitel 7 und 8 sowie den theoretischen Annahmen (Abschnitt 2.3) war davon auszugehen, dass es für bestimmte Gruppen an Lernenden schwieriger ist, eine hohe Interaktionsqualität umzusetzen. In den Abschnitten 8.1 und 8.2 wurde für den vorliegenden Datensatz quantitativ der nachweisbare Einfluss des *Schulerfolgs- und Risiko-Kontextes* auf die *Interaktionsqualität* aufgezeigt. Dieser Einfluss rechtfertigt es, auch in Bezug auf die Interaktionsqualität von *differentiellen Lernmilieus* zu sprechen, wie dies im Kontext der größeren Leistungsstudien üblich ist (Baumert & Schümer, 2002).

Der folgende Abschnitt dient der Vertiefung und Veranschaulichung der identifizierten Unterschiede in der Interaktionsqualität in den beiden unterschiedlichen Lernmilieus. Ziel ist es, anhand exemplarischer Interaktionsausschnitte tiefere Einblicke und mögliche Erklärungen für die unterschiedliche Interaktionsqualität zu gewinnen. Im Gegensatz zu den meisten empirischen Studien, die den Mathematikunterricht verschiedener Lehrpersonen untersuchen (z. B. Pauli & Reusser, 2015; Sedova et al., 2019), wurde hier je eine von mehreren möglichen Kleingruppen aus Risiko- und Schulerfolgs-Kontext herausgegriffen, die beide vom selben Förderlehrer unterrichtet wurden. Gruppe R entstammt dem Risiko-Kontext, Gruppe C dem Schulerfolgs-Kontext. Sie wurden beide von Herrn Erde unterrichtet. Das Forschungsdesign erlaubt es, neben dem Aufgabenanforderungen auch die Merkmale der Lehrperson (durch Auswahl desselben Förderlehrers in beiden Lernmilieus) weitestgehend konstant zu halten und dann die Interaktion zu kontrastieren. Dennoch dürfen die aus den qualitativen Einblicken gewonnenen Einblicke nicht verallgemeinert werden, denn im Gegensatz zu den quantitativen Analysen in den Abschnitten 8.1 und 8.2 handelt es sich um exemplarisch ausgewählte Kleingruppen und Interaktionsausschnitte.

Als erster Zugang ist in Tabelle 8.20 die deskriptive Ausprägung der Qualitätsmerkmale von Interaktionsqualität dokumentiert. Die Mittelwerte für die beiden Kleingruppen C und R wurden auf Grundlage des Analyserahmens (Tabelle 6.2) ermittelt.

Die beiden Kleingruppen von Herrn Erde unterscheiden sich deutlich in der Interaktionsqualität. Dies betrifft sowohl die Qualität der Aktivierung als auch die Qualität der individuellen Partizipation der Schülerinnen und Schüler.

Gruppe C aus dem Schulerfolgs-Kontext erhält eine kommunikativ, konzeptuell, diskursiv und lexikalisch reichhaltigere Aktivierung als Gruppe R aus dem Risiko-Kontext. Dies korrespondiert mit der bestätigten Hypothese 2.2, dass die Lernenden aus dem Schulerfolgs-Kontext eine qualitativ hochwertigere Aktivierung erfahren als die Lernenden aus dem Risiko-Kontext (Tabelle 8.20). Eine Ausnahme stellt die Qualität der lexikalischen Aktivierung dar: Herr Erde wendet in seiner Gruppe R aus dem Risiko-Kontext eine längere relative Bearbeitungszeit lexikalischer Aufgabenanforderungen (*LA-a*) und Impulsanforderungen (*LA-i*) auf als in seiner Gruppe C aus dem Schulerfolgs-Kontext.

Tabelle 8.20 Arithmetisches Mittel in allen Qualitätsdimensionen von zwei Kleingruppen aus Risiko- und Schulerfolgs-Kontext

Qualitätsmerkmal		Gruppe R (Risiko-Kontext)	Gruppe C (Schulerfolgs-Kontext)
Kommunikative Aktivierung	KA	8,7 %	43,3 %
Kommunikative Partizipation	KP	1,7 %	10,8 %
Konzeptuelle Aktivierung	ZA-a	57,5 %	69,7 %
	ZA-i	15,0 %	50,5 %
	ZA-p_g	11,4 %	13,6 %

(Fortsetzung)

Tabelle 8.20 (Fortsetzung)

Qualitätsmerkmal		Gruppe R (Risiko-Kontext)	Gruppe C (Schulerfolgs-Kontext)
	ZA-p_s	6,2 %	9,7 %
Konzeptuelle Partizipation	ZP-a	1,3 %	4,7 %
	ZP-p	1,2 %	2,4 %
Diskursive Aktivierung	DA-a	57,5 %	54,1 %
	DA-p_g	24,9 %	37,4 %
	DA-p_s	7,6 %	21,2 %
Diskursive Partizipation	DP-a	1,3 %	5,2 %
	DP-p	1,5 %	5,3 %
Lexikalische Aktivierung	LA-a	15,2 %	2,4 %
	LA- i	31,2 %	52,8 %
Lexikalische Partizipation	LP-a	0,1 %	0,4 %

Die sechs Qualitätsmerkmale der individuellen Partizipation weisen in Gruppe C deutlich höhere Mittelwerte auf als in Gruppe R. Deutliche Abweichungen zeigen sich beispielsweise in der kommunikativen Partizipation (*KP*): Die relative Länge der individuellen, verschieden reichhaltigen Gesprächsbeiträge überwiegt in Gruppe C aus dem Schulerfolgs-Kontext deutlich. Dagegen ist der Unterschied in der lexikalischen Partizipation (*LP-a*) in den beiden Kleingruppen geringer.

Werden gleiche Operationalisierungen in verschiedenen Konzeptualisierungen betrachtet, so unterscheiden sich die relativen Bearbeitungszeiten der konzeptuellen und diskursiven Aufgabenanforderungen (*ZA-a, DA-a*) weniger als die relativen Bearbeitungszeiten der lexikalischen Aufgabenanforderungen (*LA-a*). Herr Erde beteiligt seine Gruppe R aus dem Risiko-Kontext länger an lexikalischen Aufgabenanforderungen als seine Gruppe C aus dem Schulerfolgs-Kontext. Möglicherweise geht er damit auf die Bedürfnisse der Lernenden aus dem Risiko-Kontext beim Wortschatzlernen ein. Ein erheblicher Unterschied zeigt sich auch in der relativen Länge der Bearbeitung konzeptueller und lexikalischer Impulsanforderungen *(ZA-i, LA-i)*, in welche Gruppe C länger für die Thematisierung dieser anspruchsvollen Impulsanforderungen eingebunden ist als Gruppe R.

Bei gleichen Konzeptualisierungen und unterschiedlichen Operationalisierungen zeigen sich im Vergleich der beiden Kleingruppen die größten Unterschiede in der kommunikativen Aktivierung (*KA*): Die Lernenden der Gruppe C aus dem Schulerfolgs-Kontext sind von sich aus stärker am Gespräch beteiligt, beziehungsweise erhalten mehr Raum für Gesprächsbeiträge als die Lernenden der Kleingruppe R. Bei der konzeptuellen Aktivierung ($ZA\text{-}p_s$, $ZA\text{-}p_g$) sind die Unterschiede geringer: Hier gelingt es Herrn Erde, ein vergleichsweise hohes Engagement der Lernenden in den konzeptuellen Praktiken auch in der Gruppe aus dem Risiko-Kontext umzusetzen.

Die geringere Interaktionsqualität, die Herr Erde im Risiko-Kontext umsetzt, deutet darauf hin, dass es sich für den gleichen Lehrer – trotz gleicher Reichhaltigkeit der Aufgaben – schwierig gestaltete, im Risiko-Kontext eine qualitativ ebenso hochwertige Interaktion umzusetzen wie im Schulerfolgs-Kontext. Wie sich dies in genau darstellt, wird im Folgenden anhand von qualitativen Einblicken aufgezeigt und kontrastiert.

Qualitative Einblicke: Interaktion im Risiko-Kontext
Die erste Interaktionssequenz stammt aus der Erarbeitungsphase des reichhaltigen Kontextproblems „Wer hat besser geschossen" (Transkript EG2-R-Aufgabe 5, Aufgabe auch in Wessel & Erath, 2018). Die Jugendlichen Ceren, Mine, Asude, Christian und Jan besuchen die siebte Klasse einer Hauptschule in Nordrhein-Westfalen und erhalten im Rahmen der Förderung bei Herrn Erde die Möglichkeit, den Stoff nachzuholen, den sie im Unterricht des letzten Schuljahres nicht erfolgreich erarbeiten konnten. Die in der Sequenz behandelte Aufgabe 5 zielt auf den Austausch von Ideen, wer den Torschusswettbewerb gewonnen hat ab, um das mathematische Konzept der Gleichwertigkeit von Anteilen zu erarbeiten. Mathematisch führt die Aufgabe den Vergleich von Anteilen ein, der bereits vor dieser Aufgabe im Kontext des Duplo-Teilens mit Hilfe der Streifentafel erarbeitet wurde und in den folgenden Systematisierungs- und Sicherungsaufgaben verfolgt wird. Die Sequenz beginnt, nachdem die Schülerinnen und Schüler in Einzelarbeit über den Gewinner des Kontextproblems nachgedacht und ihn auf einer Antwortkarte notiert haben. Sie dauert circa 2 Minuten und 20 Sekunden von insgesamt circa 8 Minuten der gesamten Aufgabe 5. Nach der abgedruckten Sequenz arbeitet die Kleingruppe 5 Minuten und 40 Sekunden an der Aufgabe weiter.

Transkript EG2-R-Aufgabe 5

5   Wer hat besser geschossen?

In der Klasse 7c) wurde in drei Gruppen auf eine Torwand geschossen.

Die Gruppe der Jungen hat 4 von 5 Schüssen getroffen.
Die Gruppe der Mädchen hat 8 von 10 Schüssen getroffen.
Die Lehrergruppe hat 20 Mal geschossen und 4 Mal nicht getroffen.

a) Wer hat gewonnen? Schreibe deine Antwort auf eine Tippkarte.
b) Legt eure Tippkarten in die Mitte. Seid ihr euch einig? Begründet eure Antworten.

Personen: Förderlehrer Herr Erde, Ceren, Mine, Asude, Christian, Jan

52	Herr Erde	Ok, also, ich habe schon, gesehen ihr habt unterschiedliche Ergebnisse. Die Jungs sagen, dass die Jungs gewonnen haben und die Mädchen sind aber anderer Meinung. Vielleicht könnt ihr Jungs erst argumentieren, warum ihr meint, dass die Jungengruppe gewonnen hat?
53	Christian	Äh, weil sie fünf Mal geschossen haben und vier Mal getroffen haben, also das ist ja mehr Schüsse getroffen als die Mädchen.
54	Mine	Aber dann musst du doch erstmal einen gemeinsamen Nenner finden. Das geht ja so gar nicht.
55	Herr Erde	Wie würdest du argumentieren?
56	Mine	Ja, eigentlich haben ja alle gleich viele Tore gemacht, 8/10.
57	Herr Erde	Jungs *[meint Christian und Jan]* was würdet ihr sagen? 8/10 und 4/5? … Zehn Mal geschossen und fünf Mal geschossen. Bei dem einen vier Mal getroffen, bei dem anderen aber acht Mal. Könnte man da sagen, dass das gleich viel ist?
58	Christian	Nein.
59	Jan	Eh eh *[verneinend]*.
60	Herr Erde	Nee? Wir hatten ja vorhin die Aufgabe mit den Duplos gehabt. Da waren ja die Anteile, hatten wir festgestellt, von den 4/5, wenn man ein Duplo in 4/5 und das andere Duplo, wenn man da 8/10 hat. Das war … war das gleich viel? Oder war das andere mehr? … Was hatten wir da gesagt, bei den Duplos? *[8 Sek.]* Oder vielleicht reicht es ja, wenn ihr die Streifentafel anschaut. Wenn ihr mal die 4/5 euch anschaut und die 8/10. Wir hatten ja vorhin schon gesagt, da wollten wir gleich große Anteile finden. Ich hole eben mal die große *[legt große Streifentafel in die Mitte]* Vorhin haben wir gleich große Anteile gesucht. Da hatten wir zum Beispiel auch gesagt, dass 4/5 gleich groß ist wie 8/10. *[5 Sek.]* Also streng genommen müsste man sagen, dass die Jungs und Mädels
61	Jan	Gleich sind.
62	Herr Erde	Gleich sind.
63	Mine	Und die Lehrer.
64	Herr Erde	Und die Lehrer.

Die Sequenz zeichnet sich durch eine durchgehend hohe Impulsanforderung aus, da Herr Erde über die gesamte Sequenz hinweg beabsichtigt, dass sich die Lernenden mit dem Gleichstand der drei Gruppen aus dem Torschusswettbewerb auseinandersetzen. Allerdings setzt sich die intendierte, qualitativ hochwertige Impulsanforderung nicht immer in hohe relative Bearbeitungsdauern in diesen gleichen Impulsanforderungen (ZA-i oder LA-i) um. Zunächst initiiert er eine Begründung, wer den Wettbewerb gewonnen hat (Turn 52), und nachdem Mine eine andere Meinung als Christian (Turn 53) geäußert hat (Turn 54), erweitert er seinen Ausgangsimpuls und fordert sie auf, weiter zu begründen, warum sie anderer Meinung ist (Turn 55). Im zweiten Teil der Sequenz fordert er auch Christian und Jan auf, sich zu Mines richtiger Lösung, dem anteiligen Vergleich, zu äußern (Turn 57). Die Jungen verwenden Ein-Wort-Antworten (Turn 58 – 59), woraufhin Herr Erde weitere Hilfestellungen anbietet, indem er auf den zuvor behandelten Duplo-Verteilungskontext mit gleichen Anteilen verweist (Turn 57). Nach mehreren Pausen (Turn 57) zeigt Herr Erde selbst mit der grafischen Darstellung die richtige Lösung, also die gleichwertigen Anteile. Die Szene zeichnet sich durch den Versuch von Herrn Erde aus, durch zahlreiche Impulse zu einer hohen konzeptuellen und lexikalischen Aktivierung zu führen und die Lernenden einzubinden, was jedoch nur teilweise gelingt.

Die kommunikative Aktivierung (KA) der Lernenden in R ist als eher gering einzuschätzen, da die meiste Zeit Herr Erde spricht und zudem alle Redebeiträge der Lernenden eher kurz bis sehr kurz sind.

Da in dieser Sequenz sowohl reichhaltige Diskurspraktiken als auch konzeptuelle Praktiken zum Einsatz kommen, werden die diskursiven und konzeptuellen Qualitätsdimensionen gemeinsam betrachtet. Für die Charakterisierung der Qualität der umgesetzten Praktiken (ZA-p_g, ZA-p_s, DA-p_g, DA-p_s) muss die Sequenz bei Turn 57 geteilt werden. Während die diskursive und konzeptuelle Aktivierung in der gesamten Sequenz, gemessen an der relativen Sprechzeit mit der Lehrperson ($-p_g$), hoch ist, weist der zweite Teil ab Turn 57, gemessen an der relativen Sprechzeit der Lernenden ($-p_s$), eine geringe Interaktionsqualität auf. Im ersten Teil der Sequenz (bis Turn 57) begründen Christian und Mine, wie von Herrn Erde intendiert, wobei sich in Christians Äußerung eine Fehlvorstellung in der Strukturierung der Situation auf die absoluten Fehltreffer (Turn 53) erkennen lässt. Im ersten Teil der Sequenz ist also die relative Länge des Lernenden-Redezeiten in reichhaltigen Praktiken (ZA-p_s, DA-p_s) hoch. Nach einer Wiedergabe der situativen und symbolischen Darstellung des Torschusskontexts durch Herrn Erde (Turn 57) antworten Christian und Jan auf die erneute Aufforderung, zur möglichen Gleichwertigkeit Stellung zu nehmen, mit Ein-Wort-Äußerungen (Turn 58 und 59). Dies entspricht nicht den reichhaltigen

Diskurspraktiken ($DA\text{-}p_s$) oder den konzeptuellen Praktiken ($ZA\text{-}p_s$). Insgesamt ist innerhalb der Sequenz die relative Zeit in reichhaltigen Praktiken mit der Lehrperson ($\text{-}p_g$) hoch. Allein Turn 57 nimmt etwas mehr als eine Minute der Sequenz ein. Wird allerdings nur die relative Zeit der Lernenden ($\text{-}p_s$) betrachtet, ist die Interaktionsqualität geringer.

Die individuelle Partizipation der Lernenden ist qualitativ insgesamt eher gering, da beispielsweise mit Ein-Wort-Antworten (z. B. Jan, Turn 61) oder kurzen Begründungen ($ZP\text{-}p$, $DP\text{-}p$) am Gespräch teilgenommen wird. Quantifiziert spiegelt sich dies in einer geringen Partizipation wider, so werden beispielsweise durchschnittlich nur 1,7 % der effektiven Lernzeit pro Schülerin oder Schüler für die Partizipation in allen Gesprächen aufgewendet (Tabelle 8.20). Für die reichhaltigeren Qualitätsdimensionen, zum Beispiel die relative Länge des individuellen Gesprächs in konzeptuellen Praktiken, sind die Werte noch geringer.

Qualitative Einblicke: Interaktion im Schulerfolgs-Kontext
Die Sequenz aus dem Schulerfolgs-Kontext ist der Gruppe C entnommen. Die Jugendlichen Fridolin, Helena, Peyam und Leonore aus Gruppe C besuchen die sechste Klasse eines Gymnasiums in Nordrhein-Westfalen und haben im Rahmen der Förderung ihre erste Begegnung mit Brüchen. Für einen Vergleich der Interaktion mit der Gruppe aus dem Risiko-Kontext setzt die ausgewählte Sequenz der Fördersitzung an einer ähnlichen Stelle im Lernprozess an wie bei Gruppe R. Sie umfasst einen Teil der Erarbeitungsphase des reichhaltigen Kontextproblems, in der die Lernenden intuitive Vermutungen zum Kontextproblem notieren und mit der zuvor gelernten Darstellung von Anteilen an der Streifentafel vernetzen sollen. In der Sequenz werden die Vermutungen der Lernenden diskutiert. Die gezeigte Sequenz dauert etwa 1 Minute und 15 Sekunden von insgesamt 13 Minuten, die Herr Erde mit Gruppe C für die Aufgabe 5 nutzt. Auch diese Sequenz stellt also nicht die gesamte Erarbeitungsphase dar, sondern einen Ausschnitt.

Die dargestellte Sequenz zeichnet sich durch eine hohe relative Länge der Bearbeitung konzeptueller Impulsanforderungen ($ZA\text{-}i$) aus. Herr Erde stellt konzeptuelle Impulsanforderungen an die Lernenden, die gleichwertigen Anteile in der situativen Darstellung zu diskutieren. Er initiiert zunächst eine Begründung für mehrere Lernende wie Helena (Turn 162) und Fridolin (Turn 168), wobei Fridolin selbst das Rederecht einfordert (Turn 167).

Transkript GG3-C-Aufgabe 5

5   Wer hat besser geschossen?

In der Klasse 7c) wurde in drei Gruppen auf eine Torwand geschossen.

Die Gruppe der Jungen hat 4 von 5 Schüssen getroffen.
Die Gruppe der Mädchen hat 8 von 10 Schüssen getroffen.
Die Lehrergruppe hat 20 Mal geschossen und 4 Mal nicht getroffen.

a) Wer hat gewonnen? Schreibe deine Antwort auf eine Tippkarte.
b) **Legt eure Tippkarten in die Mitte.** Seid ihr euch einig? Begründet eure Antworten.

Personen: Förderlehrer Herr Erde, Fridolin, Helena, Peyam, Leonore

162	Herr Erde	Helena, was meinst du? Du hast etwas geschrieben.
163	Helena	Ich dachte, dass die Jungen gewonnen haben, weil die nur einen Schuss verschossen haben.
164	Herr Erde	Die haben nur ein, einen Schuss verschossen.
165	Helena	Ja.
166	Herr Erde	Okay .. okay,
167	Fridolin	Ich hab, hab meine Meinung geändert und sage, alle haben gleich viel # also, dass keiner gewonnen hat.
168	Herr Erde	Mhm, okay, #Okay, begründe das mal.
169	Fridolin	Ich hätte jetzt so gedacht, weil die .. die Jungen haben äh einen Schuss nicht getroffen von fünf. Und das Doppelte wären zwei Schüsse von zehn nicht getroffen, und das haben die Mädchen. Ja, also wären die schon einmal gleich. Denke ich mal. Und wenn die zwei von zehn nicht treffen und zehn ist das immer doppelt ist zwanzig.
170	Peyam	Stimmt!
171	Fridolin	Und das Doppelte von zwei ist vier. Und die Lehrer haben vier Mal nicht getroffen, also haben die alle gleich. #Also alle fünf Schüsse trefft, trifft einer nicht.
172	Herr Erde	#Mhm
173	Helena	Stimmt!
174	Herr Erde	Okay ..

Auch die Qualität der umgesetzten Praktiken ($ZA\text{-}p_g$, $ZA\text{-}p_s$, $DA\text{-}p_g$, $DA\text{-}p_s$) ist in der gesamten Sequenz hoch. Auf die Aufforderung von Herrn Erde, sich zu erklären (Turn 162), begründet Helena, wer für sie den Wettbewerb gewonnen hat (Turn 163). Ihre Antwort zeigt eine ähnliche Fehlvorstellung wie bei Christian in der ersten Szene: Sie argumentiert über die absoluten Fehltreffer und strukturiert das Kontextproblem in Turn 164 noch nicht anteilig. Nachdem Fridolin das Rederecht für eine Begründung erhalten hat, begründet er ausführlich die Gleichwertigkeit der Anteile (Turn 169 und Turn 171). Sein mathematisch reichhaltiger Beitrag zeigt, dass er in Anteilen denkt („zwei Schüsse von zehn") und einen multiplikativen Umstrukturierungsprozess des einen Anteils in den anderen berücksichtigt („ist immer doppelt", „alle fünf Schüsse trifft einer nicht"). Zusammenfassend zeigt sich, dass die Aktivitäten, die durch die herausfordernden Impulsanforderungen initiiert werden, nicht nur von langer Dauer sind (ZA-i), sondern insbesondere von Fridolin mit anspruchsvollen konzeptuellen Praktiken beziehungsweise Diskurspraktiken umgesetzt werden (ZA-p_g, ZA-p_s, DA-p_g, DA-p_s), ohne, dass Herr Erde weiter unterstützen muss.

Die Qualität der individuellen Partizipation ist in der gesamten Sequenz hoch, was durch die Beiträge von Fridolin, aber auch von Helena, deutlich wird. Das umfasst die kommunikative, aber auch konzeptuelle und diskursive Partizipation in Praktiken (KP, ZP-p, DP-p). Einzelne Lernende wie Leonore partizipieren in der gezeigten Sequenz allerdings nicht.

Kontrastierung: Interaktionsqualität im Risiko- und Schulerfolgs-Kontext
In den Sequenzen aus dem Risiko- und dem Schulerfolgs-Kontext zeigen sich deutliche Unterschiede in der Interaktionsqualität. Diese Unterschiede stehen exemplarisch für die Unterschiede zwischen anderen Kleingruppen unterschiedlicher Lernmilieus beziehungsweise zwischen anderen Sequenzen derselben Kleingruppen R und C. Obwohl die dargestellten qualitativen Einblicke in die Interaktion statistisch nicht repräsentativ sind, lassen sich die in den Hypothesen identifizierten Unterschiede in der Interaktionsqualität (Abschnitte 8.1, 8.2) durch die Kontrastierung der Sequenzen veranschaulichen.

Große Unterschiede in der Umsetzung zwischen den Gruppen C und R zeigen sich bei der kommunikativen Aktivierung (KA) und der kommunikativen Partizipation (KP). Die Schülerinnen und Schüler aus dem Risiko-Kontext liefern in der gezeigten Sequenz relativ kurze Redebeiträge, die teilweise nicht mehr als einzelne Wörter umfassen. Dies zeigt sich auch systematisch über alle in der Studie betrachteten Sequenzen hinweg immer wieder. Demgegenüber nehmen die Redebeiträge der Lernenden aus dem Schulerfolgs-Kontext in der gezeigten Sequenz und auch in anderen Sequenzen eine deutlich längere relative Zeit in Anspruch. Eine höhere Ausprägung der kommunikativen Qualitätsdimensionen zeigt sich auch für die individuelle Partizipation innerhalb der Sequenz: Die relative Länge der individuellen Redezeit fällt zugunsten der Lernenden aus dem Schulerfolgs-Kontext aus, wie etwa die relative Länge der Beiträge von Christian (Risiko-Kontext) im Vergleich zu Fridolins Beiträgen (Schulerfolgs-Kontext).

Die Gruppe des Schulerfolgs-Kontexts erreicht eine höhere Interaktionsqualität in den relativen Bearbeitungszeiten qualitativ hochwertiger Impulsanforderungen (*ZA-i* und *LA-i*, Tabelle 8.20). Die niedrigere Interaktionsqualität bezüglich ZA-i in Gruppe R von Herrn Erde ist im Vergleich zur Gruppe C in der gezeigten Sequenz jedoch nicht auf das Stellen von qualitativ niedrigeren, wie beispielsweise konzeptuellen, Impulsanforderungen zurückzuführen. Dies zeigt sich auch in Gruppe M in Abschnitt 7.1 ähnlich. In beiden Sequenzen steuert Herr Erde mit seinen Impulsen in die Richtung, die Lernenden in die Bearbeitung anspruchsvoller Impulsanforderungen einzubinden. Im Vergleich zeigt sich eine unterschiedliche relative Länge der Bearbeitungszeit in diesen Impulsanforderungen: Die Gruppe C aus dem Schulerfolgs-Kontext verbringt eine größere relative Länge ihrer effektiven Lernzeit mit der Thematisierung des intendierten konzeptuellen Wissens als die Gruppe R aus dem Risiko-Kontext (Tabelle 8.20). In der Sequenz ergibt sich dies durch Lernende wie Fridolin, die sehr stark in die Aushandlung der Impulsanforderungen involviert sind. Dies geht einher mit einer relativ langen Bearbeitungszeit dieser Impulsanforderungen. Auch wenn die beiden Sequenzen dies nur andeuten, zeigt sich eine ähnliche Tendenz auch in anderen Sequenzen: Im Schulerfolgs-Kontext setzen Förderlehrkräfte und Lernende ausführlichere, längere Aushandlungsprozesse, also eine längere relative Bearbeitungsdauer in den Impulsanforderungen um, während dies Lernenden aus dem Risiko-Kontext möglicherweise größere Schwierigkeiten bereitet, wie exemplarisch an den Beiträgen von Christian und Jan aus dem Risiko-Kontext deutlich wird.

Auch die Qualität der umgesetzten Praktiken (*ZA-p$_g$*, *ZA-p$_S$*, *DA-p$_g$*, *DA-p$_S$*) in den beiden Kleingruppen R und C unterscheidet sich. Während in Gruppe C vor allem die Lernenden zur Umsetzung diskursiv und konzeptionell reichhaltiger Praktiken beitragen, übernimmt Herr Erde dies in der Gruppe R aus dem Risiko-Kontext in der dargestellten Sequenz. In dieser Sequenz gelingt es Herrn Erde in Gruppe R nicht, den Schülerinnen und Schülern eine angemessene Unterstützung für das Engagement in konzeptuellen und reichhaltigen Praktiken zu geben. Mehrere Versuche, wie die Initiierung eines Darstellungswechsels zur bekannten graphischen Darstellung für die Bestimmung der Gleichwertigkeit von Anteilen (Transkript EG2-R-Aufgabe 5, Turn 60), führen in der dargestellten Sequenz der Gruppe aus dem Risiko-Kontext nicht zum Erfolg. Während in der Sequenz der Gruppe aus dem Schulerfolgs-Kontext die reichhaltigen Diskurspraktiken durch Lernende wie Fridolin eingebracht werden, verbleibt in der dargestellten

Sequenz der Gruppe im Risiko-Kontext die diskursive und inhaltliche Verantwortung im Wesentlichen bei Herrn Erde. In anderen Sequenzen Gruppe R zeigt sich systematisch immer wieder, wie schwierig es für Herrn Erde ist, eine angemessene Unterstützung zur konzeptuell und diskursiv reichhaltigen Aktivierung und Partizipation in der Gruppe aus dem Risiko-Kontext zu geben. Hingegen scheinen Lernende aus dem Schulerfolgs-Kontext S in der Gruppe C weniger Unterstützung zu benötigen.

8.4   Zusammenfassung: Rolle der Lernmilieus und der Lernvoraussetzungen für die Interaktionsqualität

Die Größe des Leistungszuwachses in ausgewählten Schulen – zum Beispiel aus mehr oder weniger herausfordernden Einzugsgebieten – wird in der Forschungsliteratur durch *Voraussetzungs-Effekte, institutionelle Effekte* und *Kompositions-Effekte* erklärt (Baumert et al., 2006; Dumont et al., 2013; Neumann et al., 2007; Schiepe-Tiska, 2019). Den Ergebnissen empirischer Studien folgend ist davon auszugehen, dass die unterschiedlichen Leistungszuwächse unter anderem durch eine voneinander abweichende Qualität der Aktivierung und Partizipation der Schülerinnen und Schüler geprägt ist (Lipowsky et al., 2007) und dass die abweichende Qualität der Aktivierung und Partizipation in Zusammenhang mit den drei aufgezählten Effekten steht (Abschnitt 2.3). Empirische Studien im sprachbildenden Mathematikunterricht (z. B. de Araujo & Smith, 2022) zeigen bereits das Vorhandensein von *institutionellen Effekten* in Form von geringerer Aufgabenqualität für die ursprüngliche Zielgruppe des sprachbildenden Mathematikunterrichts, die sprachlich schwachen Mehrsprachigen. Um die Wechselwirkung des *Voraussetzungs- und Kompositions-Effekts* für die Umsetzung von Interaktionsqualität im Rahmen dieser Dissertation untersuchen zu können, wurde der *institutionelle Effekt* weitestgehend minimiert. Faktoren wie die Ausbildung der Förderlehrkräfte, der Lehrplan und die Aufgabenqualität wurden dafür konstant gehalten. Es wurde erwartet, dass es eine unterschiedliche Unterrichtskultur zwischen verschiedenen Lernmilieus gibt und die Interaktionen und ihre Qualität einen großen Einfluss auf die realisierten Lerngelegenheiten haben (Abschnitt 2.3).

Um die Unterschiede zwischen Risiko- und Schulerfolgs-Kontexten als differentielle Lernmilieus im Rahmen der Forschungsfrage 2 zu untersuchen, wurden die Ausprägungen der Qualitätsmerkmale in Abschnitt 8.1 zunächst deskriptiv dargestellt und anschließend mit t-Tests auf Signifikanz geprüft. Da sich die Gruppe aus dem Risiko- und Schulerfolgs-Kontext hinsichtlich ihrer Lernvoraussetzungen unterscheiden (Tabelle 6.1), könnten die Unterschiede in den Lernmilieus auch auf die Lernvoraussetzungen zurückgeführt werden. Diese Zusammenhangshypothesen zwischen Lernmilieu und Lernvoraussetzungen zur Interaktionsqualität wurden mit Forschungsfrage 3 in Abschnitt 8.2 untersucht. Die quantitativ ermittelten Unterschiede wurden durch qualitative Einblicke in zwei Interaktionen desselben Lehrers in beiden Lernmilieus vertieft (Abschnitt 8.3).

Tabelle 8.21 bietet einen Überblick über die untersuchten Forschungsfragen und die zugehörigen Hypothesen mit den erzielten empirischen Ergebnissen. Grundlage sind die t-Tests und Regressionsmodelle aus den Abschnitten 8.1 und 8.2.

Tabelle 8.21 Übersicht über die Ergebnisse zur Rolle der Lernmilieus und Lernvoraussetzungen für die Interaktionsqualität im sprachbildenden Mathematikunterricht

Fragestellungen	Zugehörige Hypothesen	Empirische Ergebnisse
F2: Lernmilieubezogene Unterschiede in der Interaktionsqualität	H2.1 Die Lernenden aus dem Schulerfolgs-Kontext partizipieren qualitativ hochwertiger als die aus dem Risiko-Kontext.	**Bestätigt:** Lernende S partizipieren in allen sechs Qualitätsmerkmalen qualitativ höherwertig als Lernende R
	H2.2 Die Lernenden aus dem Schulerfolgs-Kontext erhalten eine qualitativ hochwertigere Aktivierung als die aus dem Risiko-Kontext.	**Bestätigt:** Signifikante Unterschiede für einige Qualitätsmerkmale (KA, ZA-i, ZA-p_s, DA-p_g und DA-p_s). Tendenzen in den Mittelwerten für die anderen Qualitätsmerkmale erkennbar

(Fortsetzung)

Tabelle 8.21   (Fortsetzung)

Fragestellungen	Zugehörige Hypothesen	Empirische Ergebnisse
F3: Zusammenhänge von Lernmilieus und Lernvoraussetzungen zur Interaktionsqualität	**H3.1** Unter Einbezug der individuellen und familiären Lernvoraussetzungen sind die Lernmilieus nicht mehr signifikant prädiktiv für die Qualitätsmerkmale der individuellen Partizipation.	**Widerlegt:** Fünf signifikante Regressionsmodelle. Größerer Einfluss des Lernmilieus als der Lernvoraussetzungen. Prädiktionskraft der Lernvoraussetzungen für die Qualität der Partizipation allenfalls zusätzlich zur Prädiktionskraft durch Lernmilieus.
	H3.2 Unter Einbezug der individuellen und familiären Lernvoraussetzungen sind die Lernmilieus nicht mehr signifikant prädiktiv für die Qualitätsmerkmale der Aktivierung.	**Widerlegt:** Zwei signifikante Modelle (KA und DA-p_s). Die heterogenen Lernvoraussetzungen erklären im Wesentlichen nicht die lernmilieuspezifischen Unterschiede in einigen Qualitätsmerkmalen der Aktivierung, stattdessen behält der Schulerfolgs-Kontext die größte Prädiktionskraft.

Wie in Abschnitt 8.1 dokumentiert, ergeben sich signifikante Mittelwertunterschiede in der Interaktionsqualität durch Zugehörigkeit zu Risiko- und Schulerfolgs-Kontext. Diese signifikanten Mittelwertunterschiede mit mittleren bis hohen Effektstärken *d* wurden für die Qualität der individuellen Partizipation in allen sechs Qualitätsmerkmalen identifiziert (Abschnitt 8.1). Somit konnte Hypothese 2.1 bestätigt werden: Lernende im Schulerfolgs-Kontext partizipieren höherwertiger als Lernende aus dem Risiko-Kontext.

Darüber hinaus bestehen signifikante Mittelwertunterschiede zwischen der Qualität der Aktivierung im Risiko- und im Schulerfolgs-Kontext für *KA*, *ZA-i*, *ZA-p_s*, *DA-p_g* und *DA-p_s*. Für die anderen Qualitätsmerkmale konnten keine signifikanten Welch t-Tests berechnet werden, jedoch zeigen die Mittelwerte in Tabelle 8.1 die Tendenz, dass die Qualität der Aktivierung im Schulerfolgs-Kontext höher ist als die Qualität der Aktivierung im Risiko-Kontext. Somit konnte auch Hypothese 2.2 bestätigt werden. Abschließend kann die Annahme bestätigt werden, dass Schulerfolgs-Kontext und Risiko-Kontext in dieser Videostudie zwei unterschiedliche Lernmilieus auf der Mikro-Ebene der Kleingruppenförderung darstellen.

Aufgrund der anzunehmenden Heterogenität hinsichtlich der Lernvoraussetzungen in Schulerfolgs- und Risiko-Kontext (Tabelle 6.1) wurden die Lernvoraussetzungen in die Analyse mit einbezogen (Forschuungsfrage 3). Es wurde angenommen, dass die lernmilieubezogenen Unterschiede bei Berücksichtigung der Lernvoraussetzungen entfallen. Dies konnte jedoch durch die Überprüfung der Hypothesen 3.1 und 3.2 widerlegt werden. Denn auch unter Berücksichtigung der heterogenen Lernvoraussetzungen bleiben die Lernmilieus der stärkste Prädiktor für die Qualität der Partizipation (H3.1) und die Qualität der Aktivierung (H3.2). Wider Erwarten verschwindet der Einfluss der Lernmilieus nicht, während die Lernvoraussetzungen allenfalls zusätzliche Vorhersagekraft besitzen. Dies zeigt sich beispielsweise durch den Vergleich der jeweiligen b-Koeffizienten bei den Regressionsmodellen zu $DP\text{-}a$ (Tabelle 8.7) und $DA\text{-}p_s$ (Tabelle 8.17). Einschränkend ist an dieser Stelle anzumerken, dass insbesondere für Hypothese 3.2 eine Wiederholung der Hypothesenprüfung mit einer größeren Stichprobe mit höherer Teststärke wünschenswert wäre. Darüber hinaus gibt die teilweise nur geringe Varianzaufklärung in den Regressionsmodellen Anlass zur Diskussion. Beide Aspekte werden in Abschnitt 9.2 aufgegriffen.

In den dargestellten Sequenzen aus dem Risiko- und dem Schulerfolgs-Kontext zeigen sich deutliche Unterschiede in der Interaktionsqualität (Abschnitt 8.3). Sie stehen exemplarisch für lernmilieubezogene Unterschiede zwischen anderen Kleingruppen beziehungsweise zwischen anderen Sequenzen derselben, hier untersuchten Kleingruppen. Obwohl die dargestellten qualitativen Einblicke in die Interaktion statistisch nicht repräsentativ sind, lassen sich die in den Hypothesen identifizierten Unterschiede in der Interaktionsqualität durch die Kontrastierung der Sequenzen veranschaulichen: Die Kleingruppen im Schulerfolgs-Kontext erfahren eine qualitativ hochwertigere Aktivierung und partizipieren qualitativ hochwertiger. In der dargestellten Sequenz gelingt es Herrn Erde in der Kleingruppe aus dem Risiko-Kontext zum Beispiel nicht, ausreichend Unterstützung für die Umsetzung reichhaltiger Impulsanforderungen und Praktiken zu geben. Dies zeigt sich auch in anderen Sequenzen der Gruppe R sowie anderer Kleingruppen im Risiko-Kontext, in denen die Förderlehrkräfte

Schwierigkeiten haben, die Schülerinnen und Schüler angemessen zu unterstützen. Hingegen zeigen Einblicke in die Interaktionen im Schulerfolgs-Kontext, dass Lernende wie Fridolin in Gruppe C tendenziell weniger Unterstützung für die Umsetzung einer reichhaltigen Interaktion benötigen.

Die gewonnenen Ergebnisse werden im folgenden Kapitel 9 in den aktuellen Forschungsstand eingeordnet und diskutiert, Grenzen der Untersuchung erläutert und mögliche Konsequenzen für die Forschung und Praxis aufgezeigt.

Zusammenfassung und Diskussion 9

Innerhalb dieser Arbeit wurde *Interaktionsqualität* als ein spezifischer Bereich der Unterrichtsqualität des *sprachbildenden Mathematikunterrichts* als zu untersuchendes Konstrukt ausgewählt. In *Kapitel 2* wurde diese Entscheidung durch wiederholte empirische Ergebnisse motiviert, die die Umsetzung von Interaktionsqualität als einen der bedeutsamen Faktoren für die Schaffung mathematisch reichhaltiger Lerngelegenheiten herausstellen (u. a. M. Lampert & Cobb, 2003; Walshaw & Anthony, 2008). Für die Untersuchung der Interaktionsqualität spielen die *Lernmilieus* der Schülerinnen und Schüler sowie die *Lernvoraussetzungen* im regulären Mathematikunterricht eine wichtige Rolle (Abschnitt 2.3). Im Rahmen dieser Dissertation sollte die Rolle der Lernmilieus und Lernvoraussetzungen auch für die Umsetzung von Interaktionsqualität im sprachbildenden Mathematikunterricht untersucht werden. Wie in Abschnitt 2.4 dargestellt, wurde die Interaktionsqualität bisher überwiegend mit qualitativen Forschungsmethoden und im regulären Mathematikunterricht erforscht. Insbesondere für den sprachbildenden Mathematikunterricht liegen nur wenige Studien und noch weniger quantitative Studien vor, in denen Ergebnisse zur Interaktionsqualität beschrieben werden (Erath et al., 2021). Während unstrittig ist, dass die Interaktionsqualität als Teilbereich der Unterrichtsqualität auch quantitativ untersucht werden sollte, besteht weniger Klarheit darüber, wie dies umgesetzt werden kann (Erath & Prediger, 2021).

In *Kapitel 3* wurden daher unterschiedliche, oft implizite *Konzeptualisierungen* der Interaktionsqualität in quantitativen Erfassungsinstrumenten identifiziert. Dafür wurden zwölf potentielle Konzeptualisierungen von Interaktionsqualität (Tabelle 3.1) als Grundlage verwendet, die sich durch die vier Qualitätsbereiche reichhaltiger Interaktion (Abschnitt 2.4.2) sowie drei Fokussen der quantitativen Forschung (Abschnitt 3.1) ergeben.

Angesichts der Heterogenität bestehender Operationalisierungen zur Erfassung gleicher Konstrukte fordern etwa Praetorius und Charalambous (2018) in einem Übersichtsartikel einen stärkeren methodologischen und transparenten Austausch darüber, wie Konstrukte operationalisiert werden können. Anknüpfend an diese Forderung wurden in *Kapitel 4* das Konstrukt *Operationalisierungsbasis* zur Unterscheidung verschiedener Operationalisierungen neu eingeführt. Gemeinsam mit den Messentscheidungen wurden bestehende Operationalisierungen von Interaktionsqualität in quantitativen Erfassungsinstrumenten und Studien identifiziert, die sich insbesondere durch große Heterogenität charakterisieren lassen.

In *Kapitel 5* wurden das Erkenntnisinteresse erläutert und daraus und aus den Kapiteln 2 bis 4 die Forschungsfragen abgeleitet. Im Rahmen der *Forschungsfrage 1* wurde in der Dissertation ein methodisch-systematisierende Erkenntnisinteresse verfolgt: Es sollten verschiedene Konzeptualisierungen und Operationalisierungen von Interaktionsqualität zueinander in Beziehung gesetzt werden. Mit den *Forschungsfragen 2 und 3* wurde ein hypothesenprüfendes Erkenntnisinteresse verfolgt, um die Rolle der Lernmilieus und Lernvoraussetzungen auf die Interaktionsqualität zu bestimmen.

In *Kapitel 6* wurden die Forschungsmethoden erläutert, die die Instrumententwicklung zur Erfassung von Interaktionsqualität beinhalten. Diese Dissertation wurde im DFG-Projekt MuM-MESUT2 (Prediger & Erath, 2022; Prediger, Erath et al., 2022) verfasst. Hinzugenommen wurden zudem Daten aus dem Vorgängerprojekt MESUT1 (Prediger & Wessel, 2018). In MESUT1 und MESUT2 wurde jeweils die gleiche sprachbildende Intervention durchgeführt, deren Wirksamkeit für die Förderung des konzeptuellen Verständnisses bereits nachgewiesen wurde (Prediger & Wessel, 2013). Durch die Konstanthaltung der Unterrichtsmaterialien und Teilnahme von Förderlehrkräften mit ähnlicher Expertise konnten Unterschiede in der intendierten Aktivierung der Interaktion minimiert werden. So wurde es möglich, für die Messung der Interaktionsqualität insbesondere auf die umgesetzte Aktivierung und individuelle Partizipation der Lernenden zu fokussieren. Das Prinzip der Initiierung und Unterstützung reichhaltiger Diskurspraktiken kann im Unterrichtsdesign durch Aufgaben- und Methodenwahl verfolgt werden (Abschnitt 2.2.2), bedarf in der unterrichtlichen Umsetzung jedoch auch eine diskursiv reichhaltige Interaktion. Die integrierte Förderung des bedeutungsbezogenen Wortschatzes wird neben den entsprechenden Aufgaben, Methoden, Unterstützungsformaten im Unterrichtsdesign dann in der Ausgestaltung durch lexikalisch reichhaltige Interaktion realisiert.

Kapitel 7 und *Kapitel 8* enthalten die erzielten empirischen Ergebnisse. Im vorliegenden *Kapitel 9* werden die zentralen Ergebnisse zusammengefasst und vor dem Hintergrund des aktuellen Forschungsstands interpretiert und diskutiert

(Abschnitt 9.1). Anschließend werden bestehende Grenzen der durchgeführten Untersuchung aufgezeigt (Abschnitt 9.2). Weiterhin werden Konsequenzen für die Anschlussforschung und Unterrichts- und Fortbildungspraxis gezogen (Abschnitt 9.3). Zuletzt erfolgt das Fazit der vorliegenden Arbeit (Abschnitt 9.4).

9.1 Zusammenfassung und Diskussion der zentralen Ergebnisse

Aufbauend auf dem Beitrag von Erath und Prediger (2021) wurde in dieser Dissertation ein Erfassungsinstrument für die Interaktionsqualität im sprachbildenden Mathematikunterricht entwickelt. Damit konnten die bisher primär qualitativ-rekonstruierenden Analysen zur Interaktion (z. B. Krummheuer, 2011, Abschnitt 2.3) auf quantitative Forschungsmethoden erweitert werden. Hierdurch wurde eine Messung der Reichhaltigkeit von Gesprächen möglich, die über die Messung der Interaktionsqualität in den oberflächlichen, kommunikativen Qualitätsdimensionen hinausgeht, auf die quantitative Forschung bisher oft beschränkt ist (z. B. Decristan et al., 2020, Abschnitt 4.2). Zudem wurde die Rolle von *Lernmilieus* und *Lernvoraussetzungen* für die Interaktionsqualität durch differentielle Analysen näher bestimmt.

Selbstverständlich sind die Ergebnisse aus dem Empirieteil nur vor dem Hintergrund der Forschungsmethoden (Kapitel 6) zu deuten. Die Grenzen werden in Abschnitt 9.2 reflektiert und daraus notwendige Konsequenzen (Abschnitt 9.3) abgeleitet.

9.1.1 Zusammenhänge zwischen Konzeptualisierungen und Operationalisierungen von Interaktionsqualität

Entsprechend dem methodisch-systematisierenden Erkenntnisinteresse (Kapitel 5) bestand eine wichtige Strategie innerhalb dieser Dissertation darin, nicht vorab eine spezifische Konzeptualisierung und Operationalisierung von Interaktionsqualität festzulegen. Vielmehr wurde dasselbe Datenmaterial mit unterschiedlichen Konzeptualisierungen und Operationalisierungen analysiert, um mögliche Simplifizierungen der Konzeptualisierung und Operationalisierung von Interaktionsqualität empirisch fundiert diskutieren zu können. Dabei handelt es sich um eine bislang noch wenig ausgeprägte, aber wichtige methodologische Perspektive, deren Relevanz immer wieder betont wird (Ing & Webb, 2012; Praetorius & Charalambous, 2018).

Obwohl es theoretisch plausibel ist, dass unterschiedliche Konzeptualisierungen und Operationalisierungen von Interaktionsqualität unterschiedliche Aspekte der Interaktion erfassen, wird diese Annahme in der vorliegenden Arbeit nicht nur theoretisch angenommen, sondern auch *empirisch* belegt. Hierfür bieten die zwölf potentiellen Konzeptualisierungen von Interaktionsqualität (Tabelle 3.1) und das in dieser Arbeit eingeführte methodologische Konstrukt der aufgaben-, impuls- und praktikenbasierten Basen (Abschnitt 4.1) Möglichkeiten zur Schaffung von mehr Transparenz.

Zusammenhänge zwischen Operationalisierungen von Interaktionsqualität
Zwischen den verschiedenen aufgaben-, impuls- und praktikenbasierten Operationalisierungen der Interaktionsqualität wurden unterschiedlich enge bzw. weite Zusammenhänge festgestellt (Abschnitt 7.2.2). Für die individuelle Partizipation der Lernenden wurden engere Zusammenhänge ermittelt als für die umgesetzte Aktivierung. Innerhalb der gleichen Konzeptualisierung bestehen engere Beziehungen zwischen der impuls- und praktikenbasierten Operationalisierung als jeweils zur aufgabenbasierten Operationalisierung. Diese Befunde decken sich mit den Ergebnissen früheren Studien (Prediger & Neugebauer, 2021; Stein & Lane, 1996; Walshaw & Anthony, 2008; Webb et al., 2008). Aufgrund der sehr guten Teststärke der Korrelationsmodelle (Abschnitt 6.3.3) kann mit hoher Wahrscheinlichkeit davon ausgegangen werden, dass alle Zusammenhänge zwischen den Konzeptualisierungen und Operationalisierungen zuverlässig erkannt wurden.

Wie bereits von Ing und Webb (2012) gezeigt, lässt sich durch die statistischen Modelle und qualitativen Einblicke (Abschnitt 7.2.2) zeigen, dass sich die Messung von Interaktionsqualität im untersuchten Datensatz nicht auf aufgaben- oder impulsbasierte Qualitätsmerkmale reduzieren lässt. Vielmehr werden durch unterschiedliche aufgaben-, impuls- und praktikenbasierte Operationalisierungen verschiedene Aspekte der Interaktionsqualität erfasst. Dies wurde auch in einer weiteren Veröffentlichung bestätigt: Die verschiedenen Qualitätsmerkmale unterscheiden sich auch deutlich in ihrer Vorhersagekraft für den Leistungszuwachs der Lernenden (Prediger et al., accepted).

Zusammenhänge zwischen Konzeptualisierungen von Interaktionsqualität
Die Zusammenhänge zwischen den Konzeptualisierungen individueller Partizipation sind enger als bei der umgesetzten Aktivierung (Abschn. 7.2.3). Mit diesem Ergebnis wird die Forderung, Aktivierung und Partizipation als getrennte Konstrukte zu betrachten (u. a. Decristan et al., 2020; Vieluf et al., 2020), erneut empirisch bestätigt.

Weiterhin hat die relative Länge der individuellen, unterschiedlich reichhaltigen Redezeit in der kommunikativen Partizipation allein nur eine geringe Prädiktionskraft für die Partizipation an reichhaltigen Diskurspraktiken. Im Gegensatz dazu erklärt die relative Länge der individuellen Redezeit in konzeptuellen Praktiken einen großen Teil der Varianz für die Partizipation an reichhaltigen Diskurspraktiken, was die im qualitativen Bereich bereits mehrfach gezeigte Verflechtung von diskursiver und mathematisch reichhaltiger Interaktion (Erath et al., 2018; Moschkovich, 1999) quantifiziert.

Darüber hinaus ist es jedoch kaum möglich, pauschale Aussagen über die Zusammenhänge zwischen verschiedenen Konzeptualisierungen von Interaktionsqualität zu treffen, da die Aussagen von den betrachteten Operationalisierungen abhängen, was die Relevanz dieser nochmals unterstreicht.

Bei den aufgabenbasierten und praktikenbasierten Operationalisierungen sind die diskursive und die konzeptuelle Aktivierung jeweils enger miteinander verknüpft als sie paarweise mit der kommunikativen Aktivierung verknüpft sind. Aufgrund dieser Tatsache kann zumindest vermutet werden, dass sie enger miteinander zusammenhängen als jeweils mit der oberflächlichen, kommunikativen Aktivierung. Dieser Befund wurde in der Literatur bereits erwartet (u. a. Mercer et al., 1999; Sedova et al., 2019), jedoch konnte der Unterschied zwischen allen Lernendenäußerungen und mathematisch und diskursiv reichhaltigen Interaktionen erstmals genau quantifiziert werden. Dass die kommunikativen Qualitätsdimensionen weniger eng miteinander zusammenhängen als die reichhaltigeren Qualitätsdimensionen untereinander, gilt jedoch nicht für die praktikenbasierte Operationalisierung der relativen Länge der Redezeit der Lernenden in den reichhaltigen, konzeptuellen und diskursiven Praktiken: Sie stehen in einem moderaten bis engen Zusammenhang mit dem Raum für Lernendenäußerungen (Abbildung 7.4). Die Tatsache, dass je nach betrachteter Operationalisierung unterschiedliche Interpretationen möglich sind, bestätigt die Relevanz weiterer Forschung und Diskussion zur Konzeptualisierung und Operationalisierung (Mu et al., 2022; Praetorius & Charalambous, 2018).

9.1.2 Rolle von Lernmilieus und Lernvoraussetzungen für die Interaktionsqualität im sprachbildenden Mathematikunterricht

In Kapitel 8 wurde die Rolle von *Lernmilieus* und *Lernvoraussetzungen* für die Interaktionsqualität mittels differentieller Analysen untersucht. Im Rahmen des hypothesenprüfenden Erkenntnisinteresses (Forschungsfragen 2 und 3) wurden dazu in dieser Dissertation *Kompositions-* und *Voraussetzungs-Effekte* (Baumert et al., 2006; Neumann et al., 2007; Schiepe-Tiska, 2019) auf der Mikro-Ebene der Kleingruppenförderung gezielt kontrastiert.

Lernmilieubezogene Unterschiede für die Interaktionsqualität
Insgesamt zeigen die statistischen Modelle im Rahmen der Beantwortung der Forschungsfrage 2 für die meisten Qualitätsmerkmale signifikante Mittelwertunterschiede in der Interaktionsqualität zwischen Risiko- und Schulerfolgs-Kontext. Somit bestätigt sich auf der Mikroebene der Förderung das *Vorhandensein* zweier *Lernmilieus*, die sich aus Risiko- und dem Schulerfolgs-Kontext ergeben. Dass unterschiedliche schulische Kontexte Lernmilieus darstellen, die mit den erzielten Mathematikleistungen zusammenhängen, wurde bereits in großen Schulleistungsstudien (u. a. Baumert & Schümer, 2002, Abschnitt 2.3) und in qualitativen Fallstudien (z. B. Black, 2004) nachgewiesen. Im Rahmen dieser Dissertation wurden differentielle Lernmilieus auch für die Umsetzung der Interaktionsqualität im sprachbildenden Mathematikunterricht identifiziert.

Die *Qualität der Partizipation* zwischen Risiko- und Schulerfolgs-Kontext unterscheidet sich mit mittleren bis großen Effektstärken *d* in allen sechs Qualitätsmerkmalen (Abschnitt 8.1). Hinsichtlich der individuellen Partizipation der Lernenden bestätigen die erzielten Ergebnisse dieser Arbeit, dass diese interindividuell verschieden ist (Decristan et al., 2020; Ing & Webb, 2012; Lipowsky et al., 2007; Sedova et al., 2019) und dass diese Unterschiede auf die Zugehörigkeit zu einem Lernmilieu zurückgeführt werden können. Die vorliegenden Befunde zum Einfluss unterschiedlicher Lernmilieus konnten somit von der bisher vor allem fokussierten kommunikativen Partizipation (z. B. Decristan et al., 2020; Lipowsky et al., 2007) auf weitere Qualitätsdimensionen der Interaktionsqualität und auf sprachbildenden Mathematikunterricht erweitert werden.

Für die *Qualität der Aktivierung* bestehen in einigen Qualitätsmerkmalen signifikante Mittelwertunterschiede (Abschnitt 8.1). In den nicht-signifikanten Modellen zeigt sich auf Basis der erzielten Mittelwerte der Kleingruppen eine Tendenz für eine höhere Qualität der Aktivierung im Schulerfolgs-Kontext als im Risiko-Kontext. Damit reihen sich die Ergebnisse in die bisherigen Befunde zum Einfluss von Lernmilieus ein (Abschnitt 2.3): Dass in bestimmten Lernmilieus anspruchsvollere und reichhaltigere Äußerungen umgesetzt werden als in anderen (z. B. Pauli & Reusser, 2015), zeigt sich auch für die Umsetzung von Interaktion im sprachbildenden Mathematikunterricht.

Zu beachten ist, dass die in den statistischen Modellen ermittelten *Effektstärken* (Abschnitt 8.1) zum Teil deutlich *voneinander abweichen*. Während sich die Qualität der Aktivierung in den aufgabenbasierten Qualitätsmerkmalen zwischen den Lernmilieus nur in der Tendenz der Mittelwerte, aber nicht signifikant unterscheidet, differiert die Umsetzung reichhaltiger Impulsanforderungen und vor allem reichhaltiger Praktiken deutlicher zwischen Risiko- und Schulerfolgs-Kontext. Für dieses Ergebnis sind zwei Interpretationen möglich. Erstens bestätigt und präzisiert es das Resultat von Neugebauer und Prediger (2023), die bereits für Unterrichtsqualität im sprachbildenden Mathematikunterricht zeigen konnten, dass vorab gestaltete Unterrichtsmaterialien in einigen Qualitätsdimensionen eine reichhaltigere Umsetzung gewährleisten können als in anderen. Dass jedoch die impuls- und praktikenbasierten Operationalisierungen stärker divergieren, konnte hier herausgearbeitet werden. Insgesamt verdeutlicht dieses Ergebnis die hohen Anforderungen und Herausforderungen an Lehrkräfte, sprachbildend zu unterrichten (Prediger, 2020; Wessel, 2020) und zugleich eine hohe Interaktionsqualität zu erzielen. Die sich daraus ergebenden Konsequenzen für die Professionalisierung von Lehrkräften und die notwendige Anschlussforschung werden in Abschnitt 9.3 thematisiert. Zweitens unterstreicht dieses Ergebnis die Bedeutung der Konzeptualisierung und Operationalisierung eines Konstrukts wie der Interaktionsqualität. Denn mit unterschiedlichen Konzeptualisierungen und Operationalisierungen von Interaktionsqualität, z. B. mit aufgabenbasierten und praktikenbasierten Qualitätsmerkmalen, wurden verschiedene empirische Unterschiede zwischen den Lernmilieus berechnet. Dieser Befund unterstreicht die von Forschenden artikulierte Notwendigkeit, methodologische Entscheidungen zur Konzeptualisierung und Operationalisierung von Konstrukten zukünftig transparenter zu machen, empirisch zu substantiieren und verstärkt zu diskutieren (Abschnitt 9.1.1, Ing & Webb, 2012; Mu et al., 2022; Praetorius & Charalambous, 2018).

Rolle der Lernmilieus und Lernvoraussetzungen für die Interaktionsqualität
Die Stichprobe wurde gezielt so zusammengesetzt, dass Lernende aus Schulerfolgs- und Risiko-Kontext heterogene Lernvoraussetzungen besitzen (Tabelle 6.1). Bestehende lernmilieubezogene Unterschiede könnten dennoch möglicherweise auf die unterschiedlichen individuellen und familiären Lernvoraussetzungen der Lernenden zurückzuführen sein (Hasselhorn & Gold, 2009; Prediger et al., 2015). Im Rahmen von Forschungsfrage 3 wurde daher die Rolle von Lernvoraussetzungen und Lernmilieus für die Interaktionsqualität im sprachbildenden Mathematikunterricht untersucht.

In den statistischen Modellen wird deutlich, dass die *Lernvoraussetzungen* – zusätzlich zu den *Lernmilieus* – in einigen Qualitätsdimensionen die *Interaktionsqualität* erklären. Die signifikanten Regressionsmodelle zeigen, dass die

Lernmilieus die Interaktionsqualität stärker beeinflussen als die individuellen und familiären Lernvoraussetzungen. Damit bestätigt sich auch für den hier untersuchten Datensatz, was bereits für das Konstrukt der Unterrichtsqualität festgestellt wurde: Sowohl unterschiedliche Lernmilieus (Lipowsky et al., 2007; Pauli & Reusser, 2015) als auch Lernvoraussetzungen der Lernenden (Decristan et al., 2020; Pauli & Lipowsky, 2007; Sedova et al., 2019) können mit der Qualität zusammenhängen.

Für die *individuelle Partizipation* wurde angenommen, dass individuelle Voraussetzungen mit der Beteiligung am Unterrichtsgespräch in Beziehung stehen (Pauli & Lipowsky, 2007; Sedova et al., 2019). Dies konnte bei der Betrachtung der Regressionsmodelle (Abschnitt 8.2.1) für den vorliegenden Datensatz nicht durchgängig festgestellt werden. Während beispielsweise Decristan et al. (2020) einen Einfluss des Vorwissens auf die kommunikative Partizipation im regulären Klassenunterricht nachweisen konnten, zeigt sich dieser Einfluss in der vorliegenden Untersuchung nicht: Die kommunikative Partizipation wird lediglich durch die Zugehörigkeit zum Risiko- bzw. Schulerfolgs-Kontext vorausgesagt. Eine mögliche Ursache könnte im spezifischen Forschungsdesign liegen: In Kleingruppen mit insgesamt weniger Lernenden konnten die Förderlehrkräfte möglicherweise stärker darauf achten, dass sich alle Lernenden gleichermaßen beteiligen. Allerdings muss an dieser Stelle auf die teilweise geringe Varianzaufklärung der Regressionsmodelle hingewiesen werden. Die sich daraus ergebenden Limitationen werden in Abschnitt 9.2 und in der Anschlussforschung in Abschnitt 9.3 thematisiert.

Für die *Qualität der Aktivierung* zeigen die signifikanten Modelle einen stärkeren Einfluss der Lernmilieus als der Lernvoraussetzungen. Allerdings ist die Aussagekraft dieser Interpretation auf der Basis von zwei der zehn signifikanten Modelle möglicherweise in Frage zu stellen. Eine Wiederholung der Studie mit einer größeren Stichprobe und damit einer höheren Teststärke wäre wünschenswert. Die von Erath und Prediger (2021) beschriebenen fehlenden Lerngelegenheiten in der Aktivierung (Gresalfi et al., 2009) wurden also auch in dieser Arbeit für Lernende des Risiko-Kontexts identifiziert, aber nicht nur für bestimmte, ungünstige Lernvoraussetzungen (z. B. geringe Sprachkompetenz), sondern für *alle Lernenden* mit *heterogenen* Lernvoraussetzungen.

Insgesamt ist der Einfluss des *Lernmilieus* auf die Interaktionsqualität *größer* als der Einfluss heterogener Lernvoraussetzungen. Somit erweisen sich insbesondere die *Kompositions-Effekte* als relevant für die Umsetzung von Interaktionsqualität. Obwohl diese Ergebnisse weitgehend den in anderen empirischen Studien erzielten Ergebnissen (Abschnitt 2.3) entsprechen, sind sie vor dem Hintergrund des spezifischen Forschungsdesigns und der in dieser Arbeit untersuchten Stichprobe dennoch überraschend. Zunächst wurde die intendierte Aktivierung in allen Kleingruppen konstant gehalten, um die bereits als qualitativ geringer herausgestellte intendierte Aktivierung in Risiko-Kontexten (de Araujo & Smith, 2022) gering zu halten. Darüber hinaus wurde auch die Expertise der Förderlehrkräfte gleich gehalten, sodass ein weiterer Einflussfaktor auf die Interaktionsqualität minimiert wurde (Abbildung 6.4). Denn normalerweise werden lernmilieubezogene Unterschiede auch auf unterschiedliche Kompetenzen der Lehrkräfte zurückgeführt (z. B. Flores, 2007; Kunter et al., 2013; D. Richter et al., 2018). Dies ist hier nicht der Fall, da es sich bei den Förderlehrkräften teilweise um dieselben Personen handelt, zumindest um Personen mit ähnlicher Expertise. Dennoch ergibt sich im Schulerfolgs-Kontext eine höhere Interaktionsqualität als im Risiko-Kontext. Die geringere Interaktionsqualität im Risiko-Kontext ist in dieser Untersuchung nicht auf die Anwesenheit hauptsächlich von sprachlich schwachen Lernenden oder Lernenden mit anderen ungünstigen Lernvoraussetzungen zurückzuführen. Vielmehr spielt der Schulkontext, in dem sich die Lernenden befinden, eine wichtige Rolle für die realisierte Interaktionsqualität. Baumert et al. (2006) erklären diesbezüglich:

> „dass (…) junge Menschen *unabhängig von und zusätzlich* zu ihren unterschiedlichen persönlichen, intellektuellen, kulturellen, sozialen und ökonomischen Ressourcen je nach besuchter Schulform differenzielle Entwicklungschancen erhalten, die schulmilieubedingt sind" (Baumert et al., 2006, 98f.)

Ihrer Aussage kann durch die in dieser Dissertation erzielten Ergebnisse zugestimmt werden. Im Grunde genommen müsste sie sogar umgedreht werden: Die wesentlichen Lerngelegenheiten beziehungsweise Entwicklungschancen ergeben sich durch die Zugehörigkeit zu einem Lernmilieu und nur *zusätzlich* aus den individuellen und familiären Lernvoraussetzungen. Daraus erwachsende Konsequenzen für Forschung und Praxis werden in Abschnitt 9.3 herausgearbeitet.

9.2   Reflexion der Grenzen

Selbstverständlich müssen die vorgestellten und diskutierten empirischen Ergebnisse vor dem Hintergrund des spezifischen Forschungsdesigns und der gezogenen Stichprobe interpretiert werden.

Zunächst stellt die *Auswahl der Publikationen* zur Aufarbeitung der bisher in Erfassungsinstrumenten verwendeten Konzeptualisierungen und Operationalisierungen von Interaktionsqualität (Kapitel 3 und 4) eine Einschränkung dar.

Da die bisherige Forschung zur Interaktionsqualität im Wesentlichen auf qualitativen Forschungsmethoden und auf dem regulären und nicht sprachbildenden Mathematikunterricht basierte (Abschnitt 2.4, Erath & Prediger, 2021), gestaltete sich die Auswahl der Publikationen für die Identifikation möglicher Konzeptualisierungen und Operationalisierungen von Interaktionsqualität als schwierig. Beispielsweise konnte nicht auf Übersichtsartikel für Interaktionsqualität zurückgegriffen werden, was bei der Untersuchung anderer Bereiche der Unterrichtsqualität möglich gewesen wäre. Die Konzeptualisierungen und Operationalisierungen von Interaktionsqualität wurden daher aus den als valide eingeschätzten Erfassungsinstrumenten von Unterrichtsqualität identifiziert (Bostic et al., 2021). Da in diesen sechs Erfassungsinstrumenten jedoch die intendierte Aktivierung und individuelle Partizipation nur unzureichend repräsentiert waren (Abschnitt 3.2), mussten weitere Publikationen hinzugezogen werden, um alle zwölf potentiellen Konzeptualisierungen von Interaktionsqualität abzudecken. Diese Hinzunahme ist als weniger systematisch zu bewerten. Daher wäre eine Folgestudie wünschenswert, der eine noch systematischere Literaturrecherche zur Konzeptualisierung und Operationalisierung von Interaktionsqualität im sprachbildenden Mathematikunterricht zugrunde liegt. Nur so kann sichergestellt werden, dass alle Möglichkeiten der Konzeptualisierung und Operationalisierung von Interaktionsqualität einbezogen werden.

Es bestehen weiterhin Grenzen aufgrund des spezifischen *Forschungsdesigns* (Abschnitte 6.1, 6.2). Gegenüber dem regulären Mathematikunterricht – mit unterschiedlichen Lerngegenständen, Lernzielen, Aufgabenanforderungen und Darstellungen – könnten in dem hier untersuchten Kleingruppensetting subtilere Unterschiede zwischen aufgaben-, impuls- und praktikenbasierten Operationalisierungen identifiziert worden sein. Darüber hinaus besteht in einer Kleingruppe mit insgesamt weniger Lernenden eine größere Chance zur individuellen, verbalen Beteiligung einzelner Lernender als in einer Gruppe mit 25 oder mehr Lernenden. Daher sind bei Untersuchung von größeren Gruppen größere Unterschiede in der individuellen Partizipation zu erwarten, wenn einzelne Beteiligte längere Beiträge und andere Beteiligte gar keine Beiträge einbringen. Dies ist für den Vergleich der deskriptiven Ergebnisse (m, SD) wichtig: Die verbale Partizipation der Lernenden hängt offensichtlich von der Anzahl der anwesenden Lernenden in der Kleingruppe ab (7,7 % der Zeit für die Aufgabe in dieser Studie gegenüber durchschnittlich 11 Sekunden in 90 Minuten pro Lernendem, SD 18 Sekunden in Sedova et al., 2019). Die geringere Qualität der Partizipation von Lernenden aus dem Risiko-Kontext im Vergleich zu Lernenden aus dem Schulerfolgs-Kontext (Abschnitt 8.1, Lipowsky et al., 2007; Pauli &

Reusser, 2015) konnte möglicherweise von den Förderlehrkräften der Kleingruppen leichter adressiert worden sein, da sie auf weniger Lernende insgesamt eingehen mussten als Lehrkräfte in größeren Gruppen. Über mögliche Unterschiede in der Interaktionsqualität zwischen Klassen- und Kleingruppensetting kann jedoch im Wesentlichen lediglich spekuliert werden. Daher wäre die Übertragung der Untersuchung auf den Klassenunterricht ein interessantes Thema für eine Anschlussstudie (Abschnitt 9.3).

Die *Operationalisierung von Lernmilieus* erfolgte in der vorliegenden Untersuchung durch den Risiko- und Schulerfolgskontext. Dabei wurden nur bestimmte Aspekte berücksichtigt und andere, wie zum Beispiel das Einzugsgebiet der Schule oder Standortfaktoren, ausgeschlossen. Ebenso wurde bei den *Lernvoraussetzungen* eine Vorauswahl getroffen. Es gibt jedoch auch andere Lernvoraussetzungen als die hier erhobenen, die einen Einfluss auf das Mathematiklernen beziehungsweise die Mathematikleistung haben können (z. B. Motivation; Fauth et al., 2021). Weitere Operationalisierungen von Lernmilieus und weitere Lernvoraussetzungen sind in Anschlussforschung zu berücksichtigen.

Weiterhin sollten die *Methoden der Datenerhebung* und *Stichprobenziehung* (Abschnitt 6.3) kritisch reflektiert werden. Der Untersuchung liegt keine repräsentative Stichprobe zugrunde, da die Auswahl der teilnehmenden Schulen freiwillig und zudem räumlich auf die nähere Umgebung des Forschungsstandorts beschränkt war. Die empirischen Ergebnisse müssen daher stets vor dem Hintergrund der gezogenen Stichprobe gedeutet werden. Es kann nicht auf die Grundgesamtheit geschlossen werden. Weiterhin wäre es denkbar, dass bei einer anderen Auswahl an Messinstrumenten für die gleichen Konstrukte die empirischen Ergebnisse anders gewesen wären. So wird der sozioökonomische Status beispielsweise unter anderem auch über das Einkommen, den Beruf der Eltern oder weitere Faktoren erhoben (zur Diskussion vertiefend in T. Lampert & Kroll, 2006). Dass es möglicherweise objektivere, reliablere und validere Erfassungsinstrumente gibt, ist in einer empirischen Studie nie ganz auszuschließen. Um das Risiko von nicht zuverlässigen Messinstrumenten zu minimieren, wurde die Eignung jedes Messinstruments begründet (Abschnitt 6.3). Dennoch ist Anschlussforschung wünschenswert, in der die Objektivität, Reliabilität und Validität verschiedener Messinstrumente miteinander verglichen werden – wie hier für verschiedene Operationalisierungsentscheidungen im Rahmen von Forschungsfrage 1 – wünschenswert.

Ein Aspekt, der mit den *Videos als Datengrundlage* und dem in dieser Arbeit verwendeten Analyserahmen (Tabelle 6.2) zur Videocodierung möglicherweise nicht ausreichend erfasst werden kann, ist die Qualität der Partizipation von stillen, aktiv mitdenkenden Zuhörenden. Obwohl Videos als aktuell beste Daten-grundlage für Unterrichtsforschung gelten (Abschnitt 4.1, u. a. Mu et al., 2022) müsste möglicherweise ein Ansatz zur Erfassung der Qualität der mentalen Par-tizipation der schweigenden Lernenden gefunden werden. Denn es wurde bereits herausgefunden, dass die aktive Beteiligung am Unterrichtsgespräch nicht unbe-dingt in direktem Zusammenhang mit der erreichten Mathematikleistung steht, sondern dass auch stille Lernende durch stumme Beteiligung lernen (O'Connor et al., 2017). Es dürfte jedoch schwierig werden, die stille Partizipation durch VideoCodierung angemessen zu erfassen. Da eine weitere Analyse anderer Daten-grundlagen den Rahmen dieser Arbeit überstiegen hätte, wird dies als eine mögliche Forschungsrichtung zum Erreichen von mehr Transparenz beim Opera-tionalisieren für zukünftige Forschungsarbeiten angeregt. In ihnen könnten daher weitere Datengrundlagen wie beispielsweise Fragebögen zur Selbsteinschätzung (z. B. TALIS, OECD, 2020; Decristan et al., 2020) mit einbezogen werden, um die Bewertung der Interaktionsqualität mit verschiedenen Datengrundlagen systematisch zu vergleichen.

Die hauptsächliche Grenze dieser Arbeit umfasst die getroffene, *zeitba-sierte Messentscheidung* in der Datenauswertung, dass also die relative Länge der Momente der Interaktion oberhalb eines definierten Qualitätsniveaus erfasst wird. Allerdings könnte die zugrunde liegende Annahme, dass je mehr reich-haltige Äußerungen auftreten, dies umso besser für das Mathematiklernen ist, auch falsch sein. Im Moment ist diese Annahme lediglich durch die qualitative Analysen gerechtfertigt, in denen Momente reichhaltiger Interaktion und bedeu-tenden Lerngelegenheiten gemeinsam auftreten (Prediger, Quabeck & Erath, 2022; Webb et al., 2021). Daher wurde in einer weiteren Publikation die Ange-messenheit dieser Annahme untersucht, indem die Vorhersagekraft der einzelnen Qualitätsmerkmale für den Leistungszuwachs der Lernenden berechnet wurde (Prediger et al., accepted). Dennoch sind weitere Untersuchungen zum empiri-schen Vergleich der getroffenen Messentscheidungen notwendig, wie sie in dieser Dissertation zum empirischen Vergleich verschiedener aufgaben-, impuls- und praktikenbasierter Operationalisierungen durchgeführt wurden. Dies könnte zu wichtigen Diskussionen der zu verwenden Datengrundlage führen und so lang-fristig zu mehr Transparenz bei der Operationalisierung. Dies wird immer wieder gefordert (u. a. Mu et al., 2022; Praetorius & Charalambous, 2018).

Eine weitere zentrale Einschränkung besteht durch die vorliegende *Test-stärke* bei der Anwendung statistischer Methoden zur Datenauswertung in der vorliegenden Stichprobe (Abschnitt 6.3.3). Da für die Korrelations- und Regressi-onsmodelle (Forschungsfrage 1) sowie für die Hypothesentests (Forschungsfrage 2) eine gute Teststärke vorliegt, besteht eine hohe Wahrscheinlichkeit, signifikante

Effekte identifiziert zu haben, die auch tatsächlich bestehen. Die Teststärke der Regressionen für die umgesetzte Aktivierung (Forschungsfrage 3) ist aufgrund der nur 49 Datenpunkte hingegen geringer. Dies hat zur Folge, dass möglicherweise interessante, aber noch nicht signifikante Effekte in den Regressionsmodellen der Aktivierung (Abschnitt 8.2.2) übersehen wurden. Um die Wahrscheinlichkeit weiterer Fehler zweiter Art zu minimieren, ist eine Folgestudie mit mehr Kleingruppen unbedingt erforderlich. Die Ergebnisse in Abschnitt 8.2.2 sind daher mit Vorsicht zu interpretieren.

9.3 Mögliche Konsequenzen für Forschung und Praxis

Bezüglich des methodisch-systematisierenden Erkenntnisinteresses zur Konzeptualisierung und Operationalisierung von Interaktionsqualität (Forschungsfrage 1) besteht die Notwendigkeit zur Anschlussforschung.

Zunächst sollten in zukünftigen Untersuchungen die in dieser Arbeit konstant gehaltenen, *weiteren Bereiche des Unterrichts* systematisch *in die Analyse mit einbezogen* werden. Dazu zählen die von Hiebert und Grouws (2007, S. 379) aufgezählten Bereiche (1) die Lernziele, (2) die für bestimmte Themen zur Verfügung stehende Zeit, (3) die Aufgaben und (4) die Darstellungen. Darüber hinaus sollten weitere Faktoren in die Analyse einbezogen werden, die in den Angebot-Nutzungs-Modellen (Abschnitt 3.1.2, Helmke, 2009) enthalten sind, die aber innerhalb dieser Arbeit zunächst zwischen allen Kleingruppen bestmöglich standardisiert wurden. Dazu zählen beispielsweise weitere Faktoren des Kontexts, wie das Schul- oder Klassenklima (Helmke, 2009), oder Merkmale der Lehrpersonen, darunter das Professionswissen (z. B. Flores, 2007; D. Richter et al., 2018). Denn laut Hiebert und Grouws (2007) und Vieluf et al. (2020) stehen diese anderen Bereiche des Unterrichts beziehungsweise Faktoren in Angebot-Nutzungs-Modellen im empirisch nachweisbaren Zusammenhang mit den Lerngelegenheiten, die sich für die Schülerinnen und Schüler ergeben.

Zudem sollten weitere Möglichkeiten zur *Simplifizierung der Codierung* der kommunikativen, mathematischen, diskursiven und lexikalischen Qualitätsdimensionen *empirisch* untersucht werden. Obwohl sich die Codierung der reichhaltigen Impulsanforderungen und Praktiken in dieser Arbeit als gewinnbringend erwiesen hat, um Zusammenhänge zwischen den Qualitätsdimensionen und verschiedenen Operationalisierungen zu bestimmen, war der Aufwand zur Codierung insgesamt sehr hoch. Da sich die untersuchte Vereinfachung auf aufgabenbasierte Operationalisierungen als nicht valide erwiesen hat, sollten in Zukunft weitere Möglichkeiten zur validen Erfassung reichhaltiger Impulsanforderungen und

Praktiken identifiziert werden. In diesem Zusammenhang könnte die Möglichkeit einer Verkürzung des Zeitraums für die Codierung diskutiert werden (Praetorius, Pauli, Reusser, Rakoczy & Klieme, 2014). Weiterhin stellt der Einsatz von *Künstlicher Intelligenz* eine mögliche, gewinnbringende Option für die valide Erfassung der Interaktionsqualität in großen Datensätzen dar. Deren Einsatz müsste allerdings noch weiter erprobt werden.

Hinsichtlich des hypothesenprüfenden Erkenntnisinteresses (Forschungsfragen 2 und 3) zur Rolle von Lernmilieus und Lernvoraussetzungen für die Interaktionsqualität besteht ebenfalls Bedarf an Anschlussforschung.

Der Risiko- und der Schulerfolgs-Kontext haben sich in dieser Studie als zwei unterschiedliche Lernmilieus mit unterschiedlich etablierter Interaktionsqualität herausgestellt. Allerdings liefert die vorliegende Studie keine Erklärungsansätze dafür, warum sich diese unterschiedlichen Lernmilieus herausgebildet haben, das heißt, worauf ihre Existenz zurückzuführen ist. Zu vermuten wären unterschiedliche Erwartungs-Effekte der Lehrkräfte (z. B. Muntoni, Dunekacke, Heinze & Retelsdorf, 2019), die den Lernenden in Risiko-Kontexten eher weniger anspruchsvolles Wissen anbieten, weil sie ihnen weniger zutrauen. Dies wurde jedoch mit den Erhebungsinstrumenten (Abschnitt 6.2.2) nicht erfasst. Bei einer Wiederholung einer ähnlichen Studie könnten Fragebögen für die Lehrkräfte, die auch Erwartungs-Effekte erfassen, eine wichtige Ergänzung darstellen.

Lubienski (2008) plädiert dafür, nicht nur fehlende Lerngelegenheiten zu identifizieren – wie beispielsweise in Form von Aufgabenanforderungen für Lernende in Risiko-Kontexten (de Araujo & Smith, 2022) – sondern sich darauf zu konzentrieren, wie der Zugang zu reichhaltigen Lerngelegenheiten am besten unterstützt werden kann. Sprachbildendes Material bereitzustellen, das auf konzeptuelles Wissen ausgerichtet ist, bietet dafür einen guten Ausgangspunkt (Erath & Prediger, 2021; Prediger, 2022). Allerdings zeigt sich in dieser Arbeit, ebenso wie Prediger und Neugebauer (2021) bereits für Unterrichtsqualität aufgezeigt haben, dass Interaktionsqualität in reichhaltigen Impulsanforderungen und Praktiken nicht ausreichend durch das Unterrichtsmaterial gesteuert werden kann. Eine logische Konsequenz ist demnach Forschung, innerhalb der einerseits weitere Ressourcen für die Umsetzung reichhaltiger Interaktion in Risiko-Kontexten identifiziert werden. Andererseits wird Forschung benötigt, in der die Implementation in Fortbildungen für Lehrkräfte untersucht wird (Prediger, Fischer, Selter & Schöber, 2019), sodass Lehrkräfte Strategien zum Etablieren von Interaktionsqualität erlernen können. Solche Strategien könnten aus dem Datenmaterial dieser Dissertation gewonnen werden, das heißt aus Kleingruppen, in denen im Vergleich zu anderen reichhaltigere Interaktionen umgesetzt wurden.

Weiterhin ist eine teilweise geringe Varianzaufklärung in den Regressionsmodellen (Kapitel 8) festzustellen. Eine mögliche Ursache dafür könnte sein, dass Aktivierung als Faktor bei der Partizipation der Lernenden berücksichtigt werden müsste (z. B. Howe et al., 2019). Innerhalb dieser Arbeit war die Untersuchung solcher Angebot-Nutzungs-Zusammenhänge aufgrund der Gefahr der Produktion von Artefakten nicht möglich. Gegebenenfalls wären engere Zusammenhänge zwischen Aktivierung und Partizipation ermittelt worden, als tatsächlich bestehen, da die Qualität der Aktivierung und Partizipation mit den gleichen Basiscodierungen bestimmt wurden (Abschnitt 6.3.2). Weitere Erkläransätze für die teilweise geringe Varianzaufklärung sollten untersucht werden.

Obwohl aus dieser Dissertation im Wesentlichen Konsequenzen für notwendige Anschlussforschung abgeleitet wurden, gibt es auch für die Praxis Implikationen, vor allem für die Professionalisierung von Lehrkräften: Die Forschungsergebnisse fungieren als evidenzbasierte Grundlage für die Verbesserung der Unterrichtspraxis. Beispielsweise lassen sich Handlungsempfehlungen ableiten, bei der Umsetzung von Interaktionsqualität mehr auf die Unterstützung als auf die Initiierung von reichhaltigen Impulsanforderungen und vor allem reichhaltigen Praktiken zu setzen. Eine mögliche Umsetzung könnte in Fortbildungen durch „Best-Practice-Beispiele" aus der Förderung von Kleingruppen wie von Frau Nell (Abschnitt 7.1.2) thematisiert werden. Darüber hinaus könnten die Ergebnisse Lehrkräfte für die Umsetzung von reichhaltigen und weniger reichhaltigen Lerngelegenheiten sensibilisieren. So erhielten Lernende mit ähnlichen Lernvoraussetzungen mit denselben Materialien eine sehr unterschiedliche Interaktionsqualität und damit sehr unterschiedlich Zugang zu reichhaltigen oder weniger reichhaltigen Lerngelegenheiten. Dies könnte so bewusst gemacht werden.

9.4 Fazit

In der vorliegenden Arbeit wird die Bedeutung der Konzeptualisierung und Operationalisierung von Konstrukten als ein Kernergebnis in der quantitativen Forschung untermauert, hier für die Interaktionsqualität im sprachbildenden Mathematikunterricht. Die bereits von Forschenden artikulierte Forderung nach mehr Transparenz in methodologischen Entscheidungen beim Konzeptualisieren und Operationalisieren von Konstrukten (Ing & Webb, 2012; Mu et al., 2022; Pauli & Reusser, 2015; Praetorius & Charalambous, 2018) wird durch diese Arbeit dringend unterstützt. So wird ein zuverlässiger Vergleich von empirischen Ergebnissen über mehrere Forschungsgruppen hinweg ermöglicht.

Darüber hinaus wurde gezeigt, dass die Lernmilieus eine besonders wichtige Rolle für die Umsetzung von Interaktionsqualität spielen, in dieser Studie eine größere als die Lernvoraussetzungen der Schülerinnen und Schüler. Um Bildungsgerechtigkeit zu erreichen, ist es daher wichtig, in Zukunft weiterhin in den Lernmilieus zu forschen, insbesondere in Risiko-Kontexten. Durch Forschung müssen unterstützende Aspekte für reichhaltige Interaktionen identifiziert werden. Diese unterstützenden Aspekte können dann Lehrkräften vermittelt werden, damit diese Lernende in Risiko-Kontexten bestmöglich beim Mathematiklernen unterstützen können. Dadurch besteht langfristig die Möglichkeit der Verbesserung der Bildungschancen für alle Lernenden und somit auf mehr Bildungsgerechtigkeit im Schulsystem.

Erratum zu: Interaktionsqualität im sprachbildenden Mathematikunterricht

Erratum zu:
K. Quabeck, *Interaktionsqualität im sprachbildenden*
Mathematikunterricht, **Dortmunder Beiträge zur**
Entwicklung und Erforschung des Mathematikunterrichts
54, https://doi.org/10.1007/978-3-658-43697-1

Die Bandnummer dieses Titels wurde nach der Erstveröffentlichung korrigiert. Fälschlicherweise wurde der Titel ursprünglich mit der Bandnummer 2 veröffentlicht; die korrekte Bandnummer lautet 54.

Die aktualisierte Version des Buchs finden Sie unter
https://doi.org/10.1007/978-3-658-43697-1

Literaturverzeichnis

Austin, J. L. & Howson, A. G. (1979). Language and mathematical education. *Educational Studies in Mathematics, 10*(2), 161–197.

Barwell, R. (2012). Discursive demands and equity in second language mathematics classroom. In B. A. Herbel-Eisenmann, J. Choppin, D. Wagner & D. Pimm (Hrsg.), *Equity in discourse for mathematics education. Theories, practices, and policies* (Mathematics education library, Bd. 55, S. 147–163). Dordrecht: Springer.

Barwell, R. (2016). *Mathematics education and language diversity. The 21st ICMI study* (Bd. 21). Cham [u.a.]: Springer.

Barwell, R. (2023). Sourcing mathematical meaning as a dialogic process: meaning-focused and language-focused repairs. *ZDM – Mathematics Education.* https://doi.org/10.1007/s11858-023-01467-6

Bauersfeld, H. (1988). Interaction, construction, and knowledge – Alternative perspectives for mathematics education. In D. A. Grouws & T. J. Cooney (Hrsg.), *Perspectives on research on effective mathematics teaching: Research agenda for mathematics education* (S. 27–46). Reston, VA: NCTM and Lawrence Erlbaum Associates.

Baumert, J. & Schümer, G. (2002). Familiäre Lebensverhältnisse, Bildungsbeteiligung und Kompetenzerwerb im nationalen Vergleich. In J. Baumert, C. Artelt, E. Klieme, M. Neubrand, M. Prenzel, U. Schiefele et al. (Hrsg.), *PISA 2000 — Die Länder der Bundesrepublik Deutschland im Vergleich* (S. 159–202). Wiesbaden: VS Verlag für Sozialwissenschaften. https://doi.org/10.1007/978-3-663-11042-2_6

Baumert, J., Stanat, P. & Watermann, R. (2006). Schulstruktur und die Entstehung differenzieller Lern- und Entwicklungsmilieus. In J. Baumert, P. Stanat & R. Watermann (Hrsg.), *Herkunftsbedingte Disparitäten im Bildungswesen: Differenzielle Bildungsprozesse und Probleme der Verteilungsgerechtigkeit* (S. 95–188). Wiesbaden: VS Verlag für Sozialwissenschaften. https://doi.org/10.1007/978-3-531-90082-7_4

Becker, M., Lüdtke, O., Trautwein, U. & Baumert, J. (2006). Leistungszuwachs in Mathematik. *Zeitschrift für Pädagogische Psychologie, 20*(4), 233–242. https://doi.org/10.1024/1010-0652.20.4.233

Beese, M., Benholz, C., Chlosta, C., Gürsoy, E., Hinrichs, B., Niederhaus, C. et al. (Hrsg.). (2014). *Sprachbildung in allen Fächern* (Deutsch Lehren Lernen, Bd. 16). München: Langenscheidt bei Klett.

Black, L. (2004). Differential participation in whole-class discussions and the construction of marginalised identities. *Journal of Educational Enquiry, 5*(1), 34–54.

Blaeschke, F. & Freitag, H.-W. (Bundeszentrale für politische Bildung, Hrsg.). (2021). *Der sozioökonomische Status der Schülerinnen und Schüler.* Zugriff am 06.12.2022. Verfügbar unter: https://www.bpb.de/kurz-knapp/zahlen-und-fakten/datenreport-2021/bildung/329670/der-soziooekonomische-status-der-schuelerinnen-und-schueler/

Boaler, J. (2002). Learning from teaching: Exploring the relationship between reform curriculum and equity. *Journal for Research in Mathematics Education, 33*(4), 239. https://doi.org/10.2307/749740

Bochnik, K. & Ufer, S. (2016). *Die Rolle (fach-)sprachlicher Kompetenzen für den mathematischen Kompetenzerwerb von Lernenden mit (nicht-)deutscher Familiensprache.* https://doi.org/10.17877/DE290R-17326

Bostic, J., Lesseig, K., Sherman, M. & Boston, M. (2021). Classroom observation and mathematics education research. *Journal of Mathematics Teacher Education, 24*(1), 5–31. https://doi.org/10.1007/s10857-019-09445-0

Boston, M. (2012). Assessing Instructional Quality in Mathematics. *The Elementary School Journal, 113*(1), 76–104. https://doi.org/10.1086/666387

Brophy, J. E. (2000). *Teaching.* Brüssel: International Academy of Education.

Brühwiler, C. & Blatchford, P. (2011). Effects of class size and adaptive teaching competency on classroom processes and academic outcome. *Learning and Instruction, 21*(1), 95–108. https://doi.org/10.1016/j.learninstruc.2009.11.004

Brunner, E. (2018). Qualität von Mathematikunterricht: Eine Frage der Perspektive. *Journal für Mathematik-Didaktik, 39*(2), 257–284. https://doi.org/10.1007/s13138-017-0122-z

Cai, J., Morris, A., Hohensee, C., Hwang, S., Robison, V., Cirillo, M. et al. (2020). Maximizing the quality of learning opportunities for every student. *Journal for Research in Mathematics Education, 51*(1), 12–25. https://doi.org/10.5951/jresematheduc.2019.0005

Carlisle, J. F., Kelcey, B. & Berebitsky, D. (2013). Teachers' support of students' vocabulary learning during literacy instruction in high poverty elementary schools. *American educational research journal, 50*(6), 1360–1391. https://doi.org/10.3102/0002831213492844

Charalambous, C. Y. & Litke, E. (2018). Studying instructional quality by using a content-specific lens: The case of the mathematical quality of instruction framework. *ZDM – Mathematics Education, 50*(3), 445–460. https://doi.org/10.1007/s11858-018-0913-9

Charalambous, C. Y. & Praetorius, A.-K. (2018). Studying mathematics instruction through different lenses: setting the ground for understanding instructional quality more comprehensively. *ZDM – Mathematics Education, 50*(3), 355–366. https://doi.org/10.1007/s11858-018-0914-8

Charalambous, C. Y. & Praetorius, A.-K. (2022). Synthesizing collaborative reflections on classroom observation frameworks and reflecting on the necessity of synthesized frameworks. *Studies in Educational Evaluation, 75.* https://doi.org/10.1016/j.stueduc.2022.101202

Chiu, M. M. (2010). Effects of inequality, family and school on mathematics achievement: Country and student differences. *Social Forces, 88*(4), 1645–1676. https://doi.org/10.1353/sof.2010.0019

Cobb, P. & Bauersfeld, H. (1995). *The emergence of mathematical meaning. Interaction in classroom cultures.* Routledge. https://doi.org/10.4324/9780203053140

Cobb, P., Stephan, M., McClain, K. & Gravemeijer, K. (2001). Participating in classroom mathematical practices. *Journal of the Learning Sciences*, *10*(1–2), 113–163. https://doi.org/10.1207/S15327809JLS10-1-2_6

Cohen, J. (1988). *Statistical power analysis for the behavioral sciences* (2. ed.). Hillsdale, NJ: Erlbaum.

Corno, L. & Snow, R. E. (1986). Adapting teaching to individual differences among learners. In M. C. Wittrock (Ed.), *Handbook of research on teaching. A project of the American Educational Research Association* (3rd ed., S. 605–629). New York: Macmillan.

de Araujo, Z., Roberts, S. A., Willey, C. & Zahner, W. (2018). English learners in K–12 mathematics education: A review of the literature. *Review of Educational Research*, *88*(6), 879–919. https://doi.org/10.3102/0034654318798093

de Araujo, Z. & Smith, E. (2022). Examining English language learners' learning needs through the lens of algebra curriculum materials. *Educational Studies in Mathematics*, *109*(1), 65–87. https://doi.org/10.1007/s10649-021-10081-w

Decristan, J., Fauth, B., Heide, E. L., Locher, F. M., Troll, B., Kurucz, C. et al. (2020). Individuelle Beteiligung am Unterrichtsgespräch in Grundschulklassen: Wer ist (nicht) beteiligt und welche Konsequenzen hat das für den Lernerfolg? *Zeitschrift für Pädagogische Psychologie*, *34*(3–4), 171–186. https://doi.org/10.1024/1010-0652/a000251

Delacre, M., Lakens, D. & Leys, C. (2017). Why psychologists should by default use Welch's t-test instead of student's t-test. *International Review of Social Psychology*, *30*(1), 92. https://doi.org/10.5334/irsp.82

Döring, N. & Bortz, J. (2016). *Forschungsmethoden und Evaluation in den Sozial- und Humanwissenschaften* (5. Auflage). Berlin, Heidelberg: Springer. https://doi.org/10.1007/978-3-642-41089-5

Drageset, O. G. (2015). Student and teacher interventions: a framework for analysing mathematical discourse in the classroom. *Journal of Mathematics Teacher Education*, *18*(3), 253–272. https://doi.org/10.1007/s10857-014-9280-9

Dumont, H., Maaz, K., Neumann, M. & Becker, M. (2014). Soziale Ungleichheiten beim Übergang von der Grundschule in die Sekundarstufe I. Theorie, Forschungsstand, Interventions- und Fördermöglichkeiten. *Zeitschrift für Erziehungswissenschaft*, *17*(Suppl.24), 141–165. https://doi.org/10.25656/01:12370

Dumont, H., Neumann, M., Maaz, K. & Trautwein, U. (2013). Die Zusammensetzung der Schülerschaft als Einflussfaktor für Schulleistungen. *Psychologie in Erziehung und Unterricht*, *60*(3), 163–183. https://doi.org/10.2378/peu2013.art14d

DZLM (Hrsg.). (o.J.). *Sprachbildung im Mathematikunterricht. Konzepte und Materialien für Unterricht und Fortbildung*. Zugriff am 05.03.2023. Verfügbar unter: https://sima.dzlm.de/

Eckes, T. & Grotjahn, R. (2006). A closer look at the construct validity of C-tests. *Language Testing*, *23*(3), 290–325. https://doi.org/10.1191/0265532206lt330oa

Erath, K. (2017a). *Mathematisch diskursive Praktiken des Erklärens. Rekonstruktion von Unterrichtsgesprächen in unterschiedlichen Mikrokulturen*. Wiesbaden: Springer Spektrum.

Erath, K. (2017b). Talking about conceptual knowledge: Case study on challengees for students with low language proficiency. In B. Kaur, W. K. Ho, T. L. Toh & B. H. Choy (Hrsg.), *Proceedings of the 41st Conference of the International Group for the Psychology of Mathematics Education* (Bd. 2, 321–328).

Erath, K., Ingram, J., Moschkovich, J. N. & Prediger, S. (2021). Designing and enacting instruction that enhances language for mathematics learning: A review of the state of development and research. *ZDM – Mathematics Education, 53*(2), 245–262. https://doi. org/10.1007/s11858-020-01213-2

Erath, K. & Prediger, S. (2021). Quality dimensions for activation and participation in language-responsive mathematics classrooms. In N. Planas, C. Morgan & M. Schütte (Hrsg.), *Classroom research on mathematics and language. Seeing learners and teachers differently* (S. 167–183). London, UK: Routledge Taylor & Francis Group.

Erath, K., Prediger, S., Quasthoff, U. & Heller, V. (2018). Discourse competence as important part of academic language proficiency in mathematics classrooms: the case of explaining to learn and learning to explain. *Educational Studies in Mathematics, 99*(2), 161–179. https://doi.org/10.1007/s10649-018-9830-7

Fahrmeir, L., Heumann, C., Künstler, R., Pigeot, I. & Tutz, G. (2016). *Statistik. Der Weg zur Datenanalyse.* Berlin, Heidelberg: Springer Berlin Heidelberg. https://doi.org/10.1007/ 978-3-662-50372-0

Faul, F., Erdfelder, E., Buchner, A. & Lang, A.-G. (2009). Statistical power analyses using G*Power 3.1: tests for correlation and regression analyses. *Behavior research methods, 41*(4), 1149–1160. https://doi.org/10.3758/BRM.41.4.1149

Fauth, B., Atlay, C., Dumont, H. & Decristan, J. (2021). Does what you get depend on who you are with? Effects of student composition on teaching quality. *Learning and Instruction, 71*, 101355. https://doi.org/10.1016/j.learninstruc.2020.101355

Fend, H. (1998). *Qualität im Bildungswesen. Schulforschung zu Systembedingungen, Schulprofilen und Lehrerleistung.* Weinheim: Juventa.

Flanders, N. A. (1970). *Analyzing teaching behavior.* Reading: Addison-Wesley.

Flick, L., Morell, P. & Wainwright, C. (2004). *Oregon Teacher Observation Protocol (OTOP).* Zugriff am 08.06.2022. Verfügbar unter: https://fg.ed.pacificu.edu/wainwright/Presentat ions/OTOP.Instrument.2005.Num.pdf

Flores, A. (2007). Examining disparities in mathematics education: achievement gap or opportunity gap? *The High School Journal, 91*(1), 29–42. https://doi.org/10.1353/hsj. 2007.0022

Freesemann, O. (2014). *Schwache Rechnerinnen und Rechner fördern. Eine Interventionsstudie an Haupt-, Gesamt- und Förderschulen.* Wiesbaden: Springer Spektrum.

Gibbons, P. (2002). *Scaffolding language, scaffolding learning. Teaching second language learners in the mainstream classroom.* Portsmouth, NH: Heinemann.

Götze, D. & Baiker, A. (2021). Language-responsive support for multiplicative thinking as unitizing: results of an intervention study in the second grade. *ZDM – Mathematics Education, 53*(2), 263–275. https://doi.org/10.1007/s11858-020-01206-1

Gresalfi, M., Martin, T., Hand, V. & Greeno, J. (2009). Constructing competence: an analysis of student participation in the activity systems of mathematics classrooms. *Educational Studies in Mathematics, 70*(1), 49–70. https://doi.org/10.1007/s10649-008-9141-5

Groß, M. (2008). *Klassen, Schichten, Mobilität.* Wiesbaden: VS Verlag für Sozialwissenschaften. https://doi.org/10.1007/978-3-531-90819-9

Haag, N., Heppt, B., Stanat, P., Kuhl, P. & Pant, H. A. (2013). Second language learners' performance in mathematics: Disentangling the effects of academic language features. *Learning and Instruction, 28*, 24–34. https://doi.org/10.1016/j.learninstruc.2013.04.001

Hasselhorn, M. & Gold, A. (2009). *Pädagogische Psychologie. Erfolgreiches Lernen und Lehren* (Kohlhammer Standards Psychologie, 2., durchges. Aufl.). Stuttgart: Kohlhammer.

Hefendehl-Hebeker, L. (1996). Brüche haben viele Gesichter. *mathematik lehren, 78,* 20–22, 47–48.

Heller, V. & Morek, M. (2015). Unterrichtsgespräche als Erwerbskontext: Kommunikative Gelegenheiten für bildungssprachliche Praktiken erkennen und nutzen. *Literalität im Schnittfeld von Familie, Frühbereich und Schule. Themenheft im Leseforum.ch,* (3), 1–23.

Helmke, A. (2009). *Unterrichtsqualität und Lehrerprofessionalität. Diagnose, Evaluation und Verbesserung des Unterrichts.* Seelze: Kallmeyer.

Henningsen, M. & Stein, M. K. (1997). Mathematical tasks and student cognition: Classroom-based factors that support and inhibit high-level mathematical thinking and reasoning. *Journal for Research in Mathematics Education, 28*(5), 524–549. https://doi. org/10.2307/749690

Heppt, B., Henschel, S., Hardy, I., Hettmannsperger-Lippolt, R., Gabler, K., Sontag, C. et al. (2022). Professional development for language support in science classrooms: Evaluating effects for elementary school teachers. *Teaching and Teacher Education, 109,* 103518. https://doi.org/10.1016/j.tate.2021.103518

Herbel-Eisenmann, B. A. (2002). Using student contributions and multiple representations to develop mathematical language. *Mathematics Teaching in the Middle School, 8*(2), 100–105. https://doi.org/10.5951/MTMS.8.2.0100

Hiebert, J. & Carpenter, T. P. (1992). Learning and teaching with understanding. In D. A. Grouws (Hrsg.), *Handbook of research on mathematics teaching and learning* (S. 65–97). Reston, Va.: National Council of Teachers of Mathematics.

Hiebert, J., Gallimore, R., Garnier, H., Bogard Givvin, K., Hollingsworth, H., Jacobs, J. et al. (2003). *Teaching mathematics in seven countries: results from the TIMSS 1999 video study.*

Hiebert, J. & Grouws, D. A. (2007). The effects of classroom mathematics teaching on students' learning. In F. K. Lester (Ed.), *Second handbook of research on mathematics teaching and learning. A project of the National Council of Teachers of Mathematics* (S. 371–404). Charlotte, NC: Information Age Pub.

Hill, H. C., Blunk, M. L., Charalambous, C. Y., Lewis, J. M., Phelps, G. C., Sleep, L. et al. (2008). Mathematical knowledge for teaching and the mathematical quality of instruction: An exploratory study. *Cognition and Instruction, 26*(4), 430–511. https://doi.org/ 10.1080/07370000802177235

Hill, H. C., Litke, E. & Lynch, K. (2018). Learning lessons from instruction: Descriptive results from an observational study of urban elementary classrooms. *Teachers College Record, 120*(12), 1–46.

Howe, C. & Abedin, M. (2013). Classroom dialogue: a systematic review across four decades of research. *Cambridge Journal of Education, 43*(3), 325–356. https://doi.org/10.1080/ 0305764X.2013.786024

Howe, C., Hennessy, S., Mercer, N., Vrikki, M. & Wheatley, L. (2019). Teacher–student dialogue during classroom teaching: Does it really impact on student outcomes? *Journal of the Learning Sciences, 28*(4–5), 462–512. https://doi.org/10.1080/10508406.2019.157 3730

Huber, G. L. & Mandl, H. (1982). Lehrer-Schüler-Interaktion unter dem Aspekt handlungsleitender Kognitionen. In F. Achtenhagen (Hrsg.), *Neue Verfahren zur Unterrichtsanalyse* (Studien zur Lehrforschung, Bd. 22, 1. Aufl., S. 185–205). Düsseldorf: Schwann.

Hugener, I., Pauli, C. & Reusser, K. (Hrsg.). (2006). *Dokumentation der Erhebungs- und Auswertungsinstrumente zur schweizerisch-deutschen Videostudie „Unterrichtsqualität, Lernverhalten und mathematisches Verständnis".* Frankfurt (Main): GFPF.

Inagaki, K., Hatano, G. & Morita, E. (1998). Construction of mathematical knowledge through whole-class discussion. *Learning and Instruction, 8*(6), 503–526. https://doi.org/10.1016/S0959-4752(98)00032-2

Ing, M. & Webb, N. M. (2012). Characterizing mathematics classroom practice: impact of observation and coding choices. *Educational Measurement: Issues and Practice, 31*(1), 14–26. https://doi.org/10.1111/j.1745-3992.2011.00224.x

Ing, M., Webb, N. M., Franke, M., Turrou, A. C., Wong, J., Shin, N. et al. (2015). Student participation in elementary mathematics classrooms: the missing link between teacher practices and student achievement? *Educational Studies in Mathematics, 90*(3), 341–356. https://doi.org/10.1007/s10649-015-9625-z

Janczyk, M. & Pfister, R. (2015). *Inferenzstatistik verstehen. Von A wie Signifikanztest bis Z wie Konfidenzintervall* (2. Auflage). Berlin, Heidelberg: Springer Berlin Heidelberg. https://doi.org/10.1007/978-3-662-47106-7

Jansen, N. C., Decristan, J. & Fauth, B. (2022). Individuelle Nutzung unterrichtlicher Angebote – Zur Bedeutung von Lernvoraussetzungen und Unterrichtsbeteiligung. *Unterrichtswissenschaft.* https://doi.org/10.1007/s42010-021-00141-8

Jordan, A., Krauss, S., Löwen, K., Blum, W., Neubrand, M., Brunner, M. et al. (2008). Aufgaben im COACTIV-Projekt: Zeugnisse des kognitiven Aktivierungspotentials im deutschen Mathematikunterricht. *Journal für Mathematik-Didaktik, 29*(2), 83–107. https://doi.org/10.1007/BF03339055

Kempert, S., Edele, A., Rauch, D., Wolf, K. M., Paetsch, J., Darsow, A. et al. (2016). Die Rolle der Sprache für zuwanderungsbezogene Ungleichheiten im Bildungserfolg. In C. Diehl, C. Hunkler & C. Kristen (Hrsg.), *Ethnische Ungleichheiten im Bildungsverlauf* (S. 157–241). Wiesbaden: Springer Fachmedien Wiesbaden. https://doi.org/10.1007/978-3-658-04322-3_5

Kilpatrick, J. & Schifter, D. (Hrsg.). (2003). *A research companion to principles and standards for school mathematics.* Reston: National Council of Teachers of Mathematics.

Klieme, E. (2006). Empirische Unterrichtsforschung: Aktuelle Entwicklungen, theoretische Grundlagen und fachspezifische Befunde. *Zeitschrift für Pädagogik, 52*(6), 765–773.

Köller, O. (2013). Kompositionseffekte auf den schulischen Wissenserwerb. *Psychologie in Erziehung und Unterricht,* (3), 161–162.

Köller, O. & Baumert, J. (2002). Entwicklung schulischer Leistungen. Kapitel 23. In R. Oerter (Hrsg.), *Entwicklungspsychologie. Lehrbuch* (5., vollst. überarb. Aufl., S. 756–786). Weinheim: Beltz.

Krummheuer, G. (2011). Representation of the notion "learning-as-participation" in everyday situations of mathematics classes. *ZDM – Mathematics Education, 43*(1), 81–90. https://doi.org/10.1007/s11858-010-0294-1

Krummheuer, G. & Voigt, J. (1991). Interaktionsanalysen von Mathematikunterricht. Ein Überblick über einige Bielefelder Arbeiten. In H. Maier & J. Voigt (Hrsg.), *Interpretative Unterrichtsforschung. Heinrich Bauersfeld zum 65. Geburtstag* (IDM-Reihe, Bd. 17, S. 13–32). Köln: Aulis Verlag Deubner.

Kunter, M., Baumert, J., Blum, W., Klusmann, U., Krauss, S. & Neubrand, M. (Hrsg.). (2013). *Cognitive activation in the mathematics classroom and professional competence of teachers. Results from the COACTIV Project* (Mathematics Teacher Education, Bd. 8). Boston, MA: Springer. https://doi.org/10.1007/978-1-4614-5149-5

Lamb, S. & Fullarton, S. (2001). *Classroom and school factors affecting mathematics achievement: a comparative study of the US and Australia using TIMSS.* Zugriff am 11.01.23. Verfügbar unter: https://research.acer.edu.au/cgi/viewcontent.cgi?article=1009&context=timss_monographs

Lampert, M. & Cobb, P. (2003). Communication and language. In J. Kilpatrick & D. Schifter (Hrsg.), *A research companion to principles and standards for school mathematics* (S. 237–249). Reston: National Council of Teachers of Mathematics.

Lampert, T. & Kroll, L. E. (2006). Messung des sozioökonomischen Status in sozialepidemiologischen Studien. In M. Richter & K. Hurrelmann (Hrsg.), *Gesundheitliche Ungleichheit. Grundlagen, Probleme, Perspektiven* (S. 297–319). Wiesbaden: VS Verlag für Sozialwissenschaften. https://doi.org/10.1007/978-3-531-90357-6_18

Leisen, J. (2010). *Handbuch Sprachförderung im Fach: Sprachsensibler Fachunterricht in der Praxis.* Bonn: Varus-Verl.

Lipowsky, F., Rakoczy, K., Pauli, C., Drollinger-Vetter, B., Klieme, E. & Reusser, K. (2009). Quality of geometry instruction and its short-term impact on students' understanding of the Pythagorean Theorem. *Learning and Instruction, 19*(6), 527–537. https://doi.org/10.1016/j.learninstruc.2008.11.001

Lipowsky, F., Rakoczy, K., Pauli, C., Reusser, K. & Klieme, E. (2007). Gleicher Unterricht – gleiche Chancen für alle? Die Verteilung von Schülerbeiträgen im Klassenunterricht. *Unterrichtswissenschaft, 35*(2), 125–147. https://doi.org/10.25656/01:5489

Lubienski, S. T. (2008). On gap gazing in mathematics education: the need for gaps analyses. *Journal for Research in Mathematics Education, 39*(4), 350–356. https://doi.org/10.5951/jresematheduc.39.4.0350

Maier, H. & Schweiger, F. (1999). *Mathematik und Sprache. Zum Verstehen und Verwenden von Fachsprache im Mathematikunterricht* (Mathematik für Schule und Praxis, Bd. 4). Wien: oebv und hpt Verlagsgesellschaft.

Maier, H. & Voigt, J. (Hrsg.). (1991). *Interpretative Unterrichtsforschung. Heinrich Bauersfeld zum 65. Geburtstag* (IDM-Reihe, Bd. 17). Köln: Aulis Verlag Deubner.

Maier, H. & Voigt, J. (Hrsg.). (1994). *Verstehen und Verständigung – Arbeiten zur interpretativen Unterrichtsforschung* (IDM-Reihe, Bd. 19). Köln: Aulis Verlag Deubner.

Malle, G. (2004). Grundvorstellungen zu Bruchzahlen. *mathematik lehren*, (123), 4–8.

Marshall, J. C., Smart, J. & Horton, R. M. (2010). The design and validation of EQUIP: an instrument to assess inquiry-based instruction. *International Journal of Science and Mathematics Education, 8*(2), 299–321. https://doi.org/10.1007/s10763-009-9174-y

Mercer, N. & Dawes, L. (2014). The study of talk between teachers and students, from the 1970s until the 2010s. *Oxford Review of Education, 40*(4), 430–445. https://doi.org/10.1080/03054985.2014.934087

Mercer, N., Wegerif, R. & Dawes, L. (1999). Children's talk and the development of reasoning in the classroom. *British Educational Research Journal, 25*(1), 95–111. https://doi.org/10.1080/0141192990250107

Meyer, M. & Tiedemann, K. (2017). *Sprache im Fach Mathematik*. Berlin, Heidelberg: Springer Spektrum. https://doi.org/10.1007/978-3-662-49487-5

Morek, M. & Heller, V. (2012). Bildungssprache – Kommunikative, epistemische,soziale und interaktive Aspekte ihres Gebrauchs. *Zeitschrift für Angewandte Linguistik, 2012*(57), 67–101. https://doi.org/10.1515/zfal-2012-0011

Moschkovich, J. N. (1999). Supporting the participation of English language learners in mathematical discussions. *For the Learning of Mathematics, 19*(1), 11–19.

Moschkovich, J. N. (2002). A situated and sociocultural perspective on bilingual mathematics learners. *Mathematical Thinking and Learning, 4*(2–3), 189–212. https://doi.org/10.1207/S15327833MTL04023_5

Moschkovich, J. N. (Hrsg.). (2010). *Language and mathematics education. Multiple perspectives and directions for research* (Research in mathematics education). Charlotte, NC: Information Age Pub.

Moschkovich, J. N. (2013). Principles and guidelines for equitable mathematics teaching practices and materials for English language learners. *Journal of Urban Mathematics Education, 6*(1), 45–47. https://doi.org/10.21423/JUME-V6I1A204

Moschkovich, J. N. (2015). Academic literacy in mathematics for English Learners. *The Journal of Mathematical Behavior, 40*(A), 43–62. https://doi.org/10.1016/j.jmathb.2015.01.005

Moser Opitz, E., Freesemann, O., Prediger, S., Grob, U., Matull, I. & Hußmann, S. (2017). Remediation for students with mathematics difficulties: an intervention study in middle schools. *Journal of learning disabilities, 50*(6), 724–736. https://doi.org/10.1177/0022219416668323

Mu, J., Bayrak, A. & Ufer, S. (2022). Conceptualizing and measuring instructional quality in mathematics education: A systematic literature review. *Frontiers in Education, 7*. https://doi.org/10.3389/feduc.2022.994739

Muntoni, F., Dunekacke, S., Heinze, A. & Retelsdorf, J. (2019). Geschlechtsspezifische Erwartungseffekte in Mathematik. *Zeitschrift für Entwicklungspsychologie und Pädagogische Psychologie, 51*(2), 84–96. https://doi.org/10.1026/0049-8637/a000212

Neugebauer, P. & Prediger, S. (2023). Quality of teaching practices for all students: multilevel analysis of language-responsive teaching for robust understanding. *International Journal of Science and Mathematics Education, 21*(3), 811–834. https://doi.org/10.1007/s10763-022-10274-6

Neumann, M., Schnyder, I., Trautwein, U., Niggli, A., Lüdtke, O. & Cathomas, R. (2007). Schulformen als differenzielle Lernmilieus. *Zeitschrift für Erziehungswissenschaft, 10*(3), 399–420. https://doi.org/10.1007/s11618-007-0043-6

O'Connor, C., Michaels, S., Chapin, S. H. & Harbaugh, A. G. (2017). The silent and the vocal: Participation and learning in whole-class discussion. *Learning and Instruction, 48*, 5–13. https://doi.org/10.1016/j.learninstruc.2016.11.003

OECD. (2020). *Global Teaching InSights Technical Report*. Verfügbar unter: https://www.oecd.org/education/school/global-teaching-insights-technical-documents.htm

Paetsch, J. & Kempert, S. (2022). Längsschnittliche Zusammenhänge von Wortschatz, Grammatik und Leseverständnis mit mathematischen Fähigkeiten bei Grundschulkindern mit nicht-deutscher Familiensprache. *Zeitschrift für Pädagogische Psychologie*, 1–18. https://doi.org/10.1024/1010-0652/a000342

Paetsch, J., Radmann, S., Felbrich, A., Lehmann, R. & Stanat, P. (2016). Sprachkompetenz als Prädiktor mathematischer Kompetenzentwicklung von Kindern deutscher und nicht-deutscher Familiensprache. *Zeitschrift für Entwicklungspsychologie und Pädagogische Psychologie*, 48(1), 27–41. https://doi.org/10.25656/01:14989

Parade, R. & Heinzel, F. (2020). Sozialräumliche Segregation und Bildungsungleichheiten in der Grundschule – Eine Bestandsaufnahme. *Zeitschrift für Grundschulforschung*, 13(2), 193–207. https://doi.org/10.1007/s42278-020-00080-w

Pauli, C. & Lipowsky, F. (2007). Mitmachen oder zuhören? Mündliche Schülerinnen- und Schülerbeteiligung im Mathematikunterricht. *Unterrichtswissenschaft*, 35(2), 101–124. https://doi.org/10.25656/01:5488

Pauli, C. & Reusser, K. (2015). Discursive cultures of learning in (everyday) mathematics teaching: a video-based study on mathematics teaching in German and Swiss classrooms. In L. B. Resnick, C. S. C. Asterhan & S. N. Clarke (Hrsg.), *Socializing Intelligence Through Academic Talk and Dialogue* (S. 181–193). Washington, DC: AERA.

Paulus, C. (2009). *Die „Bücheraufgabe" zur Bestimmung des kulturellen Kapitels bei Grundschülern*. https://doi.org/10.23668/PSYCHARCHIVES.10915

Pimm, D. (1987). *Speaking mathematically. Communication in mathematics classrooms*. London: Routledge Taylor & Francis Group.

Praetorius, A.-K. & Charalambous, C. Y. (2018). Classroom observation frameworks for studying instructional quality: looking back and looking forward. *ZDM – Mathematics Education*, 50(3), 533–553. https://doi.org/10.1007/s11858-018-0946-0

Praetorius, A.-K., Pauli, C., Reusser, K., Rakoczy, K. & Klieme, E. (2014). One lesson is all you need? Stability of instructional quality across lessons. *Learning and Instruction*, 31, 2–12. https://doi.org/10.1016/j.learninstruc.2013.12.002

Prediger, S. (2009). Inhaltliches Denken vor Kalkül – Ein didaktisches Prinzip zur Vorbeugung und Förderung bei Rechenschwierigkeiten. In A. Fritz & S. Schmidt (Hrsg.), *Fördernder Mathematikunterricht in der Sekundarstufe I. Rechenschwierigkeiten erkennen und überwinden* (S. 213–234). Weinheim: Beltz Verlag.

Prediger, S. (Hrsg.). (2020). *Sprachbildender Mathematikunterricht in der Sekundarstufe. Ein forschungsbasiertes Praxisbuch* (Scriptor Praxis). Berlin: Cornelsen.

Prediger, S. (2022). Enhancing language for developing conceptual understanding: A research journey connecting different research approaches. In J. Hodgen & G. Bolondi (Hrsg.), *Proceedings of Twelfth Congress of the European Society for Research in Mathematics Education (CERME12)* (S. 1–27).

Prediger, S. & Erath, K. (2014). Content or interaction, or both? Sythesizing two german traditions in a video study on learning to explain in mathematics classrooms microcultures. *EURASIA Journal of Mathematics, Science and Technology Education*, 10(4), 313–327. https://doi.org/10.12973/eurasia.2014.1085a

Prediger, S. & Erath, K. (2022). *Abschlussbericht des DFG-Projekts MESUT2* (Unveröffentlichter Bericht).

Prediger, S., Erath, K., Quabeck, K. & Stahnke, R. (accepted). *Effects of interaction qualities beyond task quality: Disentangling instructional support and cognitive demands*.

Prediger, S., Erath, K., Weinert, H. & Quabeck, K. (2022). Only for multilingual students at risk? Cluster-randomized trial on language-responsive mathematics instruction. *Journal for Research in Mathematics Education, 53*(4), 255–276. https://doi.org/10.5951/jresem atheduc-2020-0193

Prediger, S., Fischer, C., Selter, C. & Schöber, C. (2019). Combining material- and community-based implementation strategies for scaling up: the case of supporting low-achieving middle school students. *Educational Studies in Mathematics, 102*(3), 361–378. https://doi.org/10.1007/s10649-018-9835-2

Prediger, S., Götze, D., Holzäpfel, L., Rösken-Winter, B. & Selter, C. (2022). Five principles for high-quality mathematics teaching: Combining normative, epistemological, empirical, and pragmatic perspectives for specifying the content of professional development. *Frontiers in Education, 7.* https://doi.org/10.3389/feduc.2022.969212

Prediger, S. & Neugebauer, P. (2021). Capturing teaching practices in language-responsive mathematics classrooms Extending the TRU framework "teaching for robust understanding" to L-TRU. *ZDM – Mathematics Education, 53*(2), 289–304. https://doi.org/10. 1007/s11858-020-01187-1

Prediger, S. & Neugebauer, P. (2023). Can students with different language backgrounds profit equally from a language-responsive instructional approach for percentages? Differential effectiveness in a field trial. *Mathematical Thinking and Learning, 25*(1), 2–22. https://doi.org/10.1080/10986065.2021.1919817

Prediger, S. & Pöhler, B. (2015). The interplay of micro- and macro-scaffolding: an empirical reconstruction for the case of an intervention on percentages. *ZDM – Mathematics Education, 47*(7), 1179–1194. https://doi.org/10.1007/s11858-015-0723-2

Prediger, S., Quabeck, K. & Erath, K. (2022). Conceptualizing micro-adaptive teaching practices in content-specific ways: Case study on fractions. *Journal on Mathematics Education, 13*(1), 1–30. https://doi.org/10.22342/jme.v13i1.pp1-30

Prediger, S. & Wessel, L. (2013). Fostering German-language learners' constructions of meanings for fractions—design and effects of a language- and mathematics-integrated intervention. *Mathematics Education Research Journal, 25*(3), 435–456. https://doi.org/ 10.1007/S13394-013-0079-2

Prediger, S. & Wessel, L. (2018). Brauchen mehrsprachige Jugendliche eine andere fach- und sprachintegrierte Förderung als einsprachige? *Zeitschrift für Erziehungswissenschaft, 21*(2), 361–382. https://doi.org/10.1007/s11618-017-0785-8.

Prediger, S., Wilhelm, N., Büchter, A., Gürsoy, E. & Benholz, C. (2015). Sprachkompetenz und Mathematikleistung – Empirische Untersuchung sprachlich bedingter Hürden in den Zentralen Prüfungen 10. *Journal für Mathematik-Didaktik, 36*(1), 77–104. https://doi.org/ 10.1007/s13138-015-0074-0

Prediger, S. & Zindel, C. (2017). School academic language demands for understanding functional relationships: A design research project on the role of language in reading and learning. *EURASIA Journal of Mathematics, Science and Technology Education, 13*(7b). https://doi.org/10.12973/eurasia.2017.00804a

Quabeck, K. & Erath, K. (2022). Measuring quality interaction: how much detail is necessary? Results from a quantitative video study on the conceptual dimension. In J. Hodgen & G. Bolondi (Hrsg.), *Proceedings of Twelfth Congress of the European Society for Research in Mathematics Education (CERME12)* (S. 1–8).

Quabeck, K., Erath, K. & Prediger, S. (2023). Measuring the quality of interaction in mathematics instruction: How do operationalizations matter? *The Journal of Mathematical Behavior*, (70), 101054. https://doi.org/10.1016/j.jmathb.2023.101054

Quabeck, K., Erath, K., & Prediger, S. (2024, online first). Differential instructional quali-ties despite equal tasks: Relevance of school contexts for subdomains of cognitive demands. ZDM – Mathematics Education, 56(5).

QUA-LiS NRW (Hrsg.). (o.J.). *Nutzung der Standorttypen für faire Vergleiche.* Zugriff am 10.03.2023. Verfügbar unter: https://www.schulentwicklung.nrw.de/e/lernstand8/hin tergrundinformationen/standorttypenkonzept/index.html

Quasthoff, U. (2012). Globale und lokale Praktiken in unterschiedlichen diskursiven Genres:. Wie lösen L2-Sprecher globale Anforderungen bei eingeschränkter sprachstruktureller Kompetenz im Deutschen? In H. Roll (ed.), *Mehrsprachiges Handeln im Fokus von Linguistik und Didaktik. Wilhelm Grießhaber zum 65. Geburtstag* (S. 47–65). Duisburg: Universitätsverl. Rhein-Ruhr.

Quasthoff, U., Heller, V. & Morek, M. (2017). On the sequential organization and genre-orientation of discourse units in interaction: An analytic framework. *Discourse Studies, 19*(1), 84–110. https://doi.org/10.1177/1461445616683596

Quasthoff, U., Heller, V., Prediger, S. & Erath, K. (2021). Learning in and through classroom interaction: On the convergence of language and content learning opportunities in subject-matter learning. *European Journal of Applied Linguistics.* https://doi.org/10.1515/eujal-2020-0015

Riccomini, P. J., Smith, G. W., Hughes, E. M. & Fries, K. M. (2015). The language of mathematics: the importance of teaching and learning mathematical vocabulary. *Reading & Writing Quarterly, 31*(3), 235–252. https://doi.org/10.1080/10573569.2015.1030995

Richter, D., Marx, A. & Zorn, D. (2018). *Lehrkräfte im Quereinstieg: sozial ungleich verteilt? Eine Analyse zum Lehrermangel an Berliner Grundschulen* (Bertelsmann Stiftung, Hrsg.). https://doi.org/10.11586/2018048

Sawada, D., Piburn, M. D., Judson, E., Turley, J., Falconer, K., Benford, R. et al. (2002). Measuring reform practices in science and mathematics classrooms: the reformed teaching observation protocol. *School Science and Mathematics, 102*(6), 245–253. https://doi.org/10.1111/j.1949-8594.2002.tb17883.x

Schiepe-Tiska, A. (2019). School tracks as differential learning environments moderate the relationship between teaching quality and multidimensional learning goals in mathematics. *Frontiers in Education, 4.* https://doi.org/10.3389/feduc.2019.00004

Schilcher, A., Röhrl, S. & Krauss, S. (2017). Sprache im Mathematikunterricht – eine Bestandsaufnahme des aktuellen didaktischen Diskurses. In D. Leiß, M. Hagena, A. Neumann & K. Schwippert (Hrsg.), *Mathematik und Sprache. Empirischer Forschungsstand und unterrichtliche Herausforderungen* (Sprachliche Bildung, Band 3, S. 11–42). Münster, New York: Waxmann.

Schleppegrell, M. J. (2004). *The language of schooling. A functional linguistics perspective.* Mahwah, New Jersey: Lawrence Erlbaum Associates.

Schleppegrell, M. J. (2007). The linguistic challenges of mathematics teaching and learning: a research review. *Reading & Writing Quarterly, 23*(2), 139–159. https://doi.org/10.1080/10573560601158461

Schlesinger, L., Jentsch, A., Kaiser, G., König, J. & Blömeke, S. (2018). Subject-specific characteristics of instructional quality in mathematics education. *ZDM – Mathematics Education, 50*(3), 475–490.

Schoenfeld, A. H. (2013). Classroom observations in theory and practice. *ZDM – Mathematics Education, 45*(4), 607–621. https://doi.org/10.1007/s11858-012-0483-1

Schoenfeld, A. H. (2014). What makes for powerful classrooms, and how can we support teachers in creating them? A story of research and practice, productively intertwined. *Educational Researcher, 43*(8), 404–412. https://doi.org/10.3102/0013189X14554450

Schütte, M., Friesen, R.-A. & Jung, J. (2019). Chapter 5. Interactional analysis: a method for analysing mathematical learning processes in interactions. In G. Kaiser & N. C. Presmeg (Hrsg.), *Compendium for Early Career Researchers in Mathematics Education* (S. 101–129). Springer International Publishing. https://doi.org/10.1007/978-3-030-15636-7

Schütte, M., Jung, J. & Krummheuer, G. (2021). Diskurse als Ort der mathematischen Denkentwicklung – Eine interaktionistische Perspektive. *Journal für Mathematik-Didaktik, 42*(2), 525–551. https://doi.org/10.1007/s13138-021-00183-6

Schwarz, C. V., Braaten, M., Haverly, C. & de los Santos, E. (2021). Using sense-making moments to understand how elementary teachers' interactions expand, maintain, or shut down sense-making in science. *Cognition and Instruction, 39*(2), 113–148. https://doi.org/10.1080/07370008.2020.1763349

Secada, W. G. (1992). Race, ethnicity, social class, language, and achievement in mathematics. In D. A. Grouws (Hg.), *Handbook of research on mathematics teaching and learning. A project of the National Council of Teachers of Mathematics* (8. Auflage, S. 623–660). New York, NY [u.a.]: Macmillan.

Sedova, K., Sedlacek, M., Svaricek, R., Majcik, M., Navratilova, J., Drexlerova, A. et al. (2019). Do those who talk more learn more? The relationship between student classroom talk and student achievement. *Learning and Instruction, 63.* https://doi.org/10.1016/J.LEARNINSTRUC.2019.101217

Seidel, T. & Shavelson, R. J. (2007). Teaching effectiveness research in the past decade: the role of theory and research design in disentangling meta-analysis results. *Review of Educational Research, 77*(4), 454–499. https://doi.org/10.3102/0034654307310317

Smit, J. (2013). *Scaffolding language in multilingual mathematics classrooms.* Utrecht: Faculteit Bètawetenschappen FIsme.

Smit, J. & van Eerde, D. (2013). What counts as evidence for the long-term realisation of whole-class scaffolding? *Learning, Culture and Social Interaction, 2*(1), 22–31. https://doi.org/10.1016/j.lcsi.2012.12.006

Snow, C. E. & Uccelli, P. (2009). The challenge of academic language. In D. R. Olson & N. Torrance (Hrsg.), *The Cambridge handbook of literacy* (Cambridge handbooks in psychology, S. 112–133). Cambridge: Cambridge University Press. https://doi.org/10.1017/CBO9780511609664.008

Spreitzer, C., Hafner, S., Krainer, K. & Vohns, A. (2022). Effects of generic and subject-didactic teaching characteristics on student performance in mathematics in secondary school: a scoping review. *European Journal of Educational Research, 11*(2), 711–737. https://doi.org/10.12973/eu-jer.11.2.711

Stanat, P. (2006). Schulleistungen von Jugendlichen mit Migrationshintergrund: Die Rolle der Zusammensetzung der Schülerschaft. In J. Baumert, P. Stanat & R. Watermann (Hrsg.), *Herkunftsbedingte Disparitäten im Bildungswesen: Differenzielle Bildungsprozesse und Probleme der Verteilungsgerechtigkeit* (S. 189–219). Wiesbaden: VS Verlag für Sozialwissenschaften. https://doi.org/10.1007/978-3-531-90082-7_5

Stanat, P., Schipolowski, S., Mahler, N., Weider, S. & Henschel, S. (2019). *IQB-Bildungstrend 2018. Mathematische und naturwissenschaftliche Kompetenzen am Ende der Sekundarstufe I im zweiten Ländervergleich.* Münster, New York: Waxmann.

Stanat, P., Schipolowski, S., Schneider, R., Sachse, K. A., Weirich, S. & Henschel, S. (Hrsg.). (2022). *IQB-Bildungstrend 2021. Kompetenzen in den Fächern Deutsch und Mathematik am Ende der 4. Jahrgangsstufe im dritten Ländervergleich.* Münster: Waxmann. https://doi.org/10.31244/9783830996064

Stein, M. K. & Lane, S. (1996). Instructional tasks and the development of student capacity to think and reason: an analysis of the relationship between teaching and learning in a reform mathematics project. *Educational Research and Evaluation, 2*(1), 50–80. https://doi.org/10.1080/1380361960020103

Stigler, J. W., Gonzales, P., Kwanaka, T., Knoll, S. & Serrano, A. (1999). *The TIMSS videotape classroom study. Methods and findings from an exploratory research project on eighth-grade mathematics instruction in Germany, Japan, and the United States.* Washington, D.C.: National Center for Education Statistics.

Swain, M. (1985). Communicative competence: Some roles of comprehensible input and comprehensible output in its development. In S. M. Gass & C. G. Madden (Eds.), *Input in second language acquisition* (Issues in second language research, S. 235–253). Rowley, Mass.: Newbury House Publ.

Tillack, C. & Mösko, E. (2013). Der Einfluss familiärer Prozessmerkmale auf die Entwicklung der Mathematikleistung der Kinder. In F. Lipowsky, G. Faust & C. Kastens (Hrsg.), *Persönlichkeits- und Lernentwicklung an staatlichen und privaten Grundschulen. Ergebnisse der PERLE-Studie zu den ersten beiden Schuljahren* (S. 129–150). Münster: Waxmann.

Ufer, S. & Bochnik, K. (2020). The role of general and subject-specific language skills when learning mathematics in elementary school. *Journal für Mathematik-Didaktik, 41*(1), 81–117. https://doi.org/10.1007/s13138-020-00160-5

Ufer, S., Reiss, K. & Mehringer, V. (2013). Sprachstand, soziale Herkunft und Bilingualität. Effekte auf Facetten mathematischer Kompetenz. In M. Becker-Mrotzek, K. Schramm, E. Thürmann & H. J. Vollmer (Hrsg.), *Sprache im Fach. Sprachlichkeit und fachliches Lernen* (Ciando library, Bd. 3, S. 185–201). Münster: Waxmann.

van den Heuvel-Panhuizen, M. (2003). The didactical use of models in realistic mathematic education: An example from alongitudinal trajectory on percentage. *Educational Studies in Mathematics, 54,* 9–35. https://doi.org/10.1023/B:EDUC.0000005212.03219.dc

Vieluf, S., Praetorius, A.-K., Rakoczy, K., Kleinknecht, M. & Pietsch, M. (2020). Angebots-Nutzungs-Modelle der Wirkweise des Unterrichts. *Zeitschrift für Pädagogik,* (66. Beiheft), 63–80. https://doi.org/10.3262/ZPB2001063

Walshaw, M. & Anthony, G. (2008). The teacher's role in classroom discourse: a review of recent research Into mathematics classrooms. *Review of Educational Research, 78*(3), 516–551. https://doi.org/10.3102/0034654308320292

Webb, N. M., Franke, M., Ing, M., Chan, A. G., De, T., Freund, D. et al. (2008). The role of teacher instructional practices in student collaboration. *Contemporary Educational Psychology, 33*(3), 360–381. https://doi.org/10.1016/j.cedpsych.2008.05.003

Webb, N. M., Franke, M., Ing, M., Turrou, A. C., Johnson, N. C. & Zimmerman, J. (2019). Teacher practices that promote productive dialogue and learning in mathematics classrooms. *International Journal of Educational Research, 97,* 176–186. https://doi.org/10.1016/j.ijer.2017.07.009

Webb, N. M., Franke, M., Johnson, N. C., Ing, M. & Zimmerman, J. (2021). Learning through explaining and engaging with others' mathematical ideas. *Mathematical Thinking and Learning*, 1–27. https://doi.org/10.1080/10986065.2021.1990744

Wendt, H., Bos, W., Selter, C. & Köller, O. (2012). TIMSS 2011: Wichtige Ergebnisse im Überblick. In W. Bos, H. Wendt, O. Köller & C. Selter (Hrsg.), *TIMSS 2011. Mathematische und naturwissenschaftliche Kompetenzen von Grundschulkindern in Deutschland im internationalen Vergleich* (S. 13–26). Münster: Waxmann.

Wessel, L. (2015). *Fach- und sprachintegrierte Förderung durch Darstellungsvernetzung und Scaffolding. Ein Entwicklungsforschungsprojekt zum Anteilbegriff*. Wiesbaden: Springer Spektrum.

Wessel, L. (2017). How do students develop lexical means for understanding the concept of relative frequency? Empirical insights on the basis of trace analyses. In T. Dooley & G. Gueudet (Hrsg.), *Proceedings of the Tenth Congress of the European Society for Research in Mathematics Education (CERME10, February 1–5, 2017)* (S. 1388–1395).

Wessel, L. (2020). Vocabulary in learning processes towards conceptual understanding of equivalent fractions—specifying students' language demands on the basis of lexical trace analyses. *Mathematics Education Research Journal, 32*(4), 653–681. https://doi.org/10. 1007/s13394-019-00284-z

Wessel, L. & Erath, K. (2018). Theoretical frameworks for designing and analyzing language-responsive mathematics teaching–learning arrangements. *ZDM – Mathematics Education, 50*(6), 1053–1064. https://doi.org/10.1007/s11858-018-0980-y

Wessel, L., Prediger, S. & Kuzu, T. (DZLM, Hrsg.). (2018). *Brüche verstehen und vergleichen. Sprach- und fachintegriertes Fördermaterial*. Zugriff am 05.03.2023. Verfügbar unter: Open Educational Resources unter sima.dzlm.de/um/6–001

Wilhelm, O., Schroeders, U. & Schipolowski, S. (2014). *BEFKI 8–10: Berliner Test zur Erfassung fluider und kristalliner Intelligenz für die 8. bis 10. Jahrgangsstufe*. Hogrefe.

Woerfel, T., Höfler, M., Witte, A., Knaus, A., Twente, L., Wanka, R. et al. (MERCATOR INSTITUT, Hrsg.). (2020). *Protokoll: Systematisches Review zur Wirkung von didaktisch-methodischen Ansätzen des sprachsensiblen Unterrichts*. Verfügbar unter: https://www.mercator-institut-sprachfoerderung.de/fileadmin/Redaktion/PDF/ Forschung/Protokoll_WisU_29-04-2020.pdf

Yackel, E. & Cobb, P. (1996). Sociomathematical norms, argumentation, and autonomy in mathematics. *Journal for Research in Mathematics Education, 27*(4), 458. https://doi. org/10.2307/749877

Printed in the United States
by Baker & Taylor Publisher Services